Felix Klein und Georg Pick

Renate Tobies
(Hrsg.)

Felix Klein und Georg Pick

Mathematische Talente fordern und fördern

Springer Spektrum

Hrsg.
Renate Tobies
Jena, Deutschland

ISBN 978-3-662-67544-1 ISBN 978-3-662-67545-8 (eBook)
https://doi.org/10.1007/978-3-662-67545-8

Die Deutsche Nationalbibliothek verzeichnet diese Publikation in der Deutschen Nationalbibliografie; detaillierte bibliografische Daten sind im Internet über http://dnb.d-nb.de abrufbar.

Umschlagabbildungen: Georg Pick. Quelle: BÖLLING 1994, Anhang, Seite 11, Bild 6 Felix Klein in Leipzig. Quelle: Springer Verlag; Fotograf Georg Brokesch (1849–1896).
Layout: Stefan Tobies

Planung/Lektorat: Nikoo Azarm, Bettina Saglio
Springer Spektrum ist ein Imprint der eingetragenen Gesellschaft Springer-Verlag GmbH, DE und ist ein Teil von Springer Nature.
Die Anschrift der Gesellschaft ist: Heidelberger Platz 3, 14197 Berlin, Germany

Abb. 1: Felix Klein (1849-1925)

Abb. 2: Georg Pick (1859-1942)

Lassen Sie mich wiederholt versichern, daß ich Ihnen immer für die Fülle von geistiger Anregung dankbar bleiben werde, welche ich von meinem Leipziger Aufenthalte mitgebracht habe, wie nicht minder für die teilnehmenden und ermutigenden Worte, welche Sie mir, dem so leicht Verzweifelnden, öfters zu Teil werden ließen. Ich betrachte in der Tat meinen Leipziger Aufenthalt als die glücklichste Zeit meines bisherigen Lebens.

Georg Pick an Felix Klein, am 28. November 1884, Brief [17]

VORWORT

Das Verhältnis zwischen dem aus jüdischer (mittelloser) Familie stammenden Mathematiker *Georg* Alexander Pick und Felix Klein ist beispielhaft für Kleins Fordern und Fördern mathematischer Talente. Georg Pick studierte im Wintersemester 1883/84 und Sommersemester 1884 mit österreichischem Staatsstipendium in Leipzig, wo Klein sein Talent erkannte. Obgleich schon Privatdozent in Prag, mangelte es Pick an Selbstvertrauen. Klein ermutigte ihn und regte ihn mathematisch an, sodass Pick seinen *Leipziger Aufenthalt als die glücklichste Zeit* seines bisherigen Lebens empfand.

Klein widmete sich in diesen Jahren in Lehre und Forschung dem Ausbau der Theorie der elliptischen (Modul-)Funktionen – Forschungen, die heute noch eine wichtige Rolle spielen.[1] Klein strebte damals vor allem danach, seine auf Riemanns geometrisch-physikalischem Herangehen basierenden Methoden stärker mit dem analytischen Ansatz von Weierstraß zu verknüpfen. Pick, der den Doktortitel beim Weierstraß-Schüler Leo Königsberger in Wien erworben hatte, war gut vorgebildet, um daran mitzuarbeiten.

Georg Picks fünf Vorträge in Kleins Forschungsseminaren zeugen davon, wie Klein zu neuen publikationswürdigen Ergebnissen inspirierte.

Georg Picks Briefe und Postkarten an Felix Klein aus der Zeit von Mai 1884 bis Januar 1898 erlauben tiefe Einblicke in ihre Kooperation, die über Picks Studienzeit bei Klein weit hinausreichte. Da Pick ein Opfer des Holocaust wurde, existiert kein Nachlass von ihm. Kleins Gegenbriefe gelten als verloren. Dennoch lässt sich Kleins intensives Fordern und Fördern erschließen.

Die Dokumente offenbaren, dass Klein Georg Pick für befähigt hielt, seine *Vorlesungen über die Theorie der elliptischen Modulfunktionen* zu einer Monographie auszuarbeiten. Pick sagte erst nach anfänglichem Zögern zu. Die Tatsache der Zusage allein ist bemerkenswert, da Klein das Endprodukt mit Robert Fricke realisierte (KLEIN/FRICKE 1890/92).

Pick erkannte bei der Arbeit für die Monographie zahlreiche offene Probleme, die er zu lösen suchte. Er konnte sich jedoch weniger auf das kontinuierliche systematische Ausarbeiten der Grundlagen des Themas konzentrieren. Wir erfahren, wie Klein immer wieder regelmäßiges Arbeiten einforderte, Pick zu Beratungen nach Leipzig und später auch nach Göttingen bat. Wir erfahren, dass es Pick aufgrund seiner begrenzten Mittel als Privatdozent schwer fiel, Reisen zu finanzieren, dass er intensiv nach einer selbständigen Position strebte, um unabhängig zu sein. Wir erfahren, wie er seinen Hauptkonkurrenten in Prag beurteilte und dass seine

1 Elliptische Modulfunktionen waren u.a. maßgeblich für den Beweis des großen (letzten) Fermatschen Satzes (WILES 1995) und stehen z.B. auch im Zentrum der Arbeiten von Don Bernard Zagier (*1951).

erfolgreiche Karriere in Österreich nicht nur eine hinreichende Menge eigenständiger Publikationen erforderte, sondern auch unterstützende Urteile deutscher Mathematiker.

Klein erkannte, dass er diesem Talent mehr Zeit für eigene neue Ideen einräumen müsse. Er gab das Editionsprojekt mit ihm auf und förderte Pick, indem er dessen neue Resultate schnell zur Publikation brachte. Klein profitierte auch selbst von Picks Ergebnissen.

Wir erfahren, dass Klein wiederholt positive Urteile über Picks mathematische Leistungen an Entscheidungsträger sandte. Klein war bewusst, dass sein Urteil in dieser Zeit des weit verbreiteten Antisemitismus entscheidend für die Karriere eines aus jüdischer Familie stammenden Talents sein kann. Er trug in hohem Maße bei, dass Pick im Jahre 1888 eine außerordentliche Professur und wenig später eine ordentliche Professur an der Deutschen Universität in Prag erhielt.

Georg Pick erzielte auch nach dem Ende der Kooperation mit Klein zahlreiche wichtige Resultate. Dazu gehört ein Lehrsatz, mit dem der Flächeninhalt von Vielecken bestimmt werden kann, Picks Flächenformel. Diese gilt als seine bekannteste Entdeckung. Sie erfordert keine mathematische Vorbildung und kann selbst Zwölfjährigen Spaß bereiten. Wenig bekannt ist, dass dieser Picksche Lehrsatz auch einen Bezug zu Ergebnissen von Felix Klein besitzt.

Mit dem vorliegenden Buch soll diesem Mathematiker aus jüdischer Familie ein ehrendes Gedenken bewahrt werden.

Das Fördern von Pick lässt sich in Kleins generelle Intention einbetten, mathematische Begabungen unabhängig von Konfession, Herkunft, Geschlecht auf den Weg zu bringen und in seine „mathematische Schule“ zu integrieren.

Jena, im Juni 2023 Renate Tobies

INHALT

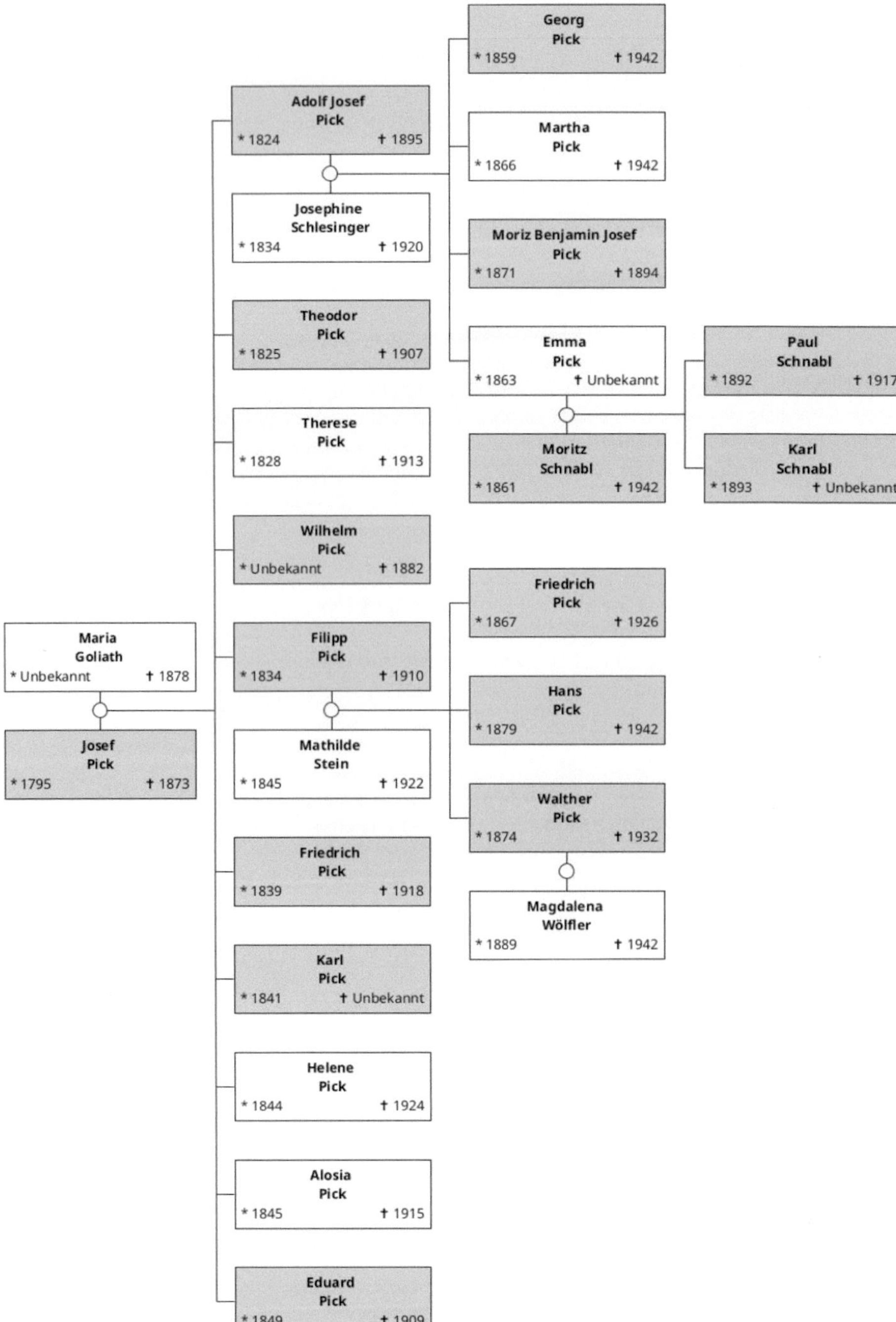

Abb. 3: Stammbaum der Familie Pick (Auszug)

I EINFÜHRUNG

1 FELIX KLEIN: „EINE SCHULE GEOMETRISCHER PRODUKTION GRÜNDEN“

Felix Klein war durch zwei bedeutende Hochschullehrer gefordert und gefördert worden, durch Julius Plücker (1801-1868) an der Universität Bonn und durch Alfred Clebsch (1833-1872) an der Universität Göttingen.

Plücker hatte Klein im zweiten Studiensemester als Assistenten für seine Experimentalphysik-Vorlesung ausgewählt und zugleich in seine geometrischen Forschungen einbezogen. Als Plücker am 22. Mai 1868 plötzlich verstarb, war der 19-jährige Klein in der Lage, dessen zweiten (unvollständigen) Band der *Liniengeometrie* zu edieren (PLÜCKER 1868/69). In diesem Gebiet fand Klein, dank eines Literaturhinweises durch Clebsch, ein offenes Problem für seine Dissertation, womit er am 12. Dezember 1868 in Bonn mit *summa cum laude* promovierte.

Anschließend erlebte Klein als junger Doktor in Göttingen unter Clebsch „eine lebendige Gemeinschaft mit jüngeren Mathematikern, mit einem Wort: die Gründung einer Schule“, wie es Igor R. SHAFAREVICH (1983: 139) ausdrückte. Es war der sich damals „gerade erst bildende Stil mathematischen Lebens, der für die Zukunft kolossale Erfolge versprach.“ (Ebd.: 149) Zu dieser Clebsch-Schule gehörten Paul Gordan (1837-1912), Max Noether (1844-1921), Alexander Brill (1842-1935) u.a., mit denen Felix Klein zeitlebens in gutem Kontakt blieb.

Im Alter von 21 habilitierte sich Felix Klein bei Clebsch in Göttingen. Dieser erkannte und förderte dessen Talent und empfahl ihn als 23-Jährigen auf eine ordentliche Mathematik-Professur, die er zum 1. Oktober 1872 an der Universität Erlangen antrat. Als Clebsch kurz darauf am 7. November 1872 ebenfalls unerwartet verstarb, versuchte Klein, dessen Visionen fortzusetzen. Dazu gehörte *eine eigene mathematische Schule geometrischer Forschungen*. Noch im selben Monat schrieb Klein dem französischen Mathematiker Gaston Darboux (1842-1917) über sein Ziel, „[…] in Erlangen eine Schule geometrischer Production zu gruenden, wie dazu in Göttingen, so lange Clebsch da war, der beste Anfang gemacht war.“[1]

Diese Vision, eine eigene wissenschaftliche Schule aufzubauen, erforderte eine Arbeitsweise, die durch Kooperation geprägt war. Klein hatte die Fruchtbarkeit einer engen Zusammenarbeit mit Plücker und Clebsch erfahren und selbst neue Kooperationspartner gesucht und gefunden. Mit seinen Studenten, Doktoranden und weiteren jungen Mathematikern setzte er ein kreatives Miteinander fort. Aurel Voss (1845-1931), der vier Monate lang fast täglich mit Klein verkehrte und zur Habilitation angeregt wurde, bezeichnete es als großes Glück, von ihm lernen zu dürfen. Voss sprach von Kleins „[…] Fähigkeit, überall in den Un-

1 [Paris] Klein an Darboux, Brief v. 29.11.1872, Bl. 64.

R. Tobies (Hrsg.), *Felix Klein und Georg Pick*,
https://doi.org/10.1007/978-3-662-67545-8_1

tersuchungen anderer gerade *den* Punkt zu entdecken, der mit seinen eigenen Gedanken in Verbindung stand“ und Kleins „[…] Gabe, jeden seiner Schüler auf das Thema hinzuweisen, das dessen besonderer Begabung und Entwicklung entsprach.“ (VOSS 1919: 286).

Forschungsseminare[2], Diskussion mit einzelnen Talenten und Einbeziehen in Projekte erwiesen sich als geeignete Mittel. Ein erstes Buch-Projekt war die Edition der geometrischen Vorlesungen von Clebsch, wozu Klein Ferdinand Lindemann (1852-1939) veranlasste und beriet (CLEBSCH/LINDEMANN 1876/1891); Band 1 erschien mit Kleins Vorwort und wurde ins Französische übersetzt. Nach dem Beispiel französischer und italienischer Kollegen ließ Klein seine Vorlesungen von Studenten handschriftlich ausarbeiten und vervielfältigen (Autographien), dies bereits seit seiner Zeit in München (1875-80). Seit der Leipziger Zeit (1880-86) strebte Klein danach, Ergebnisse in Monographien zu präsentieren, wovon er zwei selbst verfasste (KLEIN 1882; 1884a). Da er die nächste seiner (geplanten) Monographien, über elliptische Modulfunktionen[3], nicht mehr selbst systematisch auszuarbeiten gedachte, kam es zu einer intensiven Zusammenarbeit mit Georg Pick. Dieser war während seiner Studiensemester in Leipzig schnell Mitglied von Kleins kooperativer Gemeinschaft geworden.

Diese Art enger Kooperation von Mathematikern war im 19. Jahrhundert keineswegs selbstverständlich, sondern eher die Ausnahme. Über die Situation im Berlin der 1880er Jahre berichtete Iris Runge (1888-1966), älteste Tochter des Mathematikers Carl Runge (1856-1927), dass es dort nicht üblich war, ein Dissertationsthema von einem Professor zu erhalten. Von Ernst Eduard Kummer (1810-1893) war überliefert worden, dass er die Bitte um ein Dissertationsthema mit dem Ansinnen verglichen habe, „als ob ein junger Mann ihn bitten würde, ihm ein hübsches junges Mädchen vorzuschlagen, in das er sich verlieben könnte.“ (RUNGE 1949: 40) Leopold Kronecker (1832-1891) habe es schon missbilligt, „wenn die jungen angehenden Gelehrten als seine Schüler bezeichnet wurden“. (Ebd.) Kronecker bestritt gar entschieden den Nutzen kooperativer mathematischer Arbeit, wie er in einem Brief vom 18. September 1891 an Georg Cantor (1845-1918), den Begründer der Mengenlehre und ersten Präsidenten der 1890 gegründeten Deutschen Mathematiker-Vereinigung, ausdrückte:

> […] Während andere Disciplinen mancherlei Arbeiten erfordern, die den Bearbeitern „aufgegeben“ werden können, und auch solche, die geradezu von vereinten Kräften geleistet werden müssen (die Astronomie bietet ja hierfür viele Beispiele), während es also in fast allen anderen naturwissenschaftlichen Disciplinen vorkommt, dass, „wenn die Könige bauen, die Kärrner zu thun haben“, muss bei uns jeder Forscher König und Kärrner zugleich sein. Darum geben wir Mathematiker eigentlich das Beispiel einer echten Gelehrtenrepublik, in welcher jeder einzelne seine volle Forscherselbständigkeit bewahrt. Ich mag auch deshalb bei uns nicht den Ausdruck „Schüler“ gern; wir wollen und brauchen keine Schule, sondern wir gehen nur in den Wegen fort, die uns ein Lehrer oder Vorgänger geebnet und gewiesen hat, wenn wir

2 Klein veranstaltete das erste Seminar gemeinsam mit Clebsch im SS 1872 [Protokolle], Bd. 1.

3 Der Begriff stammt von Richard Dedekind (1877): „Schreiben an Hrn. Borchardt über die Theorie der elliptischen Modulfunctionen“. *Crelle Journal* 83: 265–92; woran Klein anknüpfte, vgl. dazu auch KLEIN/FRICKE 1890: 141–42.

> meinen, auf diesen Wegen weitere Ziele erreichen zu können. „Wir wollen und brauchen keine Schule“, weil in unserer absolut klaren Wissenschaft jede neue Entdeckung die bisherige Schulweisheit wertlos machen kann. […] Wir können deshalb aber auch durchaus nichts Förderliches von einer in der Weise „gemeinsamen Arbeit“ erwarten. Im Gegenteil, solcherlei Arbeit kann nur den Fortschritt der Mathematik hindern. (KRONECKER 1891: 23–24)[4]

Hier verkannte Kronecker offenbar, dass eine „Lehrerpersönlichkeit“ Forschungsgebiete besser überschauen konnte als ein begabter Anfänger. Wenn diese Lehrerpersönlickeit so geartet war, dass sie offene Probleme nicht nur für sich allein zu lösen gedachte, sondern bewusst jungen Talenten als Aufgabe stellte und den Lösungsfortschritt im organisierten Austausch lenkte, so haben wir ein Lehrer-Schüler-Verhältnis, wie es uns bei Klein entgegentritt.

Wilhelm Wirtinger (1865-1945), der 1889 bei Klein studierte und der in Picks Briefen mehrfach erwähnt ist, überlieferte: „*Klein* hat niemals mit der Mitteilung seiner Ergebnisse gekargt und auch die Wege, auf denen er vordrang, hat er offen dargelegt. […] Er hat seine Schüler nicht bloß in den Gegenstand, sondern auch in die Kunst der Disposition und in die wissenschaftliche Ausdrucksweise überhaupt eingeführt. […] Klein hat uns […] die mannigfachen Spannungen und ihre Lösungen an mathematischen Problemen miterleben lassen […].“ (WIRTINGER 1919)

Beim damals dritten großen Berliner Mathematiker, Karl Weierstraß (1815-1897), sprechen Weierstraß-Experten von einer Schule im Gebiet der Funktionentheorie (vgl. BÖLLING 2016). Dies beruht vornehmlich darauf, dass viele der Weierstraß-Studenten den in den Vorlesungen präsentierten analytischen Methoden folgten, weniger darauf, dass Weierstraß Dissertationsthemen empfahl oder Probleme regelmäßig mit den Kandidaten besprach. Er konnte aber noch selbst einige seiner wichtigsten Schüler für die Edition seiner *Mathematischen Werke* gewinnen (WEIERSTRAß 1894: Vorwort).

Der von Bernhard Riemann (1826-1866) und Clebsch bevorzugte physikalisch-geometrische Ansatz in der Theorie komplexwertiger Funktionen – dem sich Klein besonders verpflichtet fühlte – stand dem von Weierstraß vertretenen analytischen Herangehen offenbar gegenüber.[5]

Als Klein erstmals 1873 nach Großbritannien reiste, drückte er in einem Brief an den norwegischen Mathematiker Sophus Lie (1842-1899) – damals sein wichtigster Koorperationspartner – aus, wie stark er Differenzen empfand:

4 Der Spruch „wenn die Könige bauen, die Kärrner zu thun haben“, geht auf Friedrich Schiller (1759-1805) zurück; er war auf den Philosophen Immanuel Kant (1724-1804) und dessen „Follower“ gemünzt: „Wie doch ein einziger Reicher so viele Betteler in Nahrung setzt! Wenn die Könige baun, haben die Kärrner zu thun.“ In F. Schiller (Hg.) (1896): *Musenalmanach für das Jahr 1797* (Xenien-Almanach). Tübingen: J.G. Cotta, S. 212.

5 Die Riemannsche Fläche, die für Klein maßgebliche Basis seiner funktionentheoretischen Arbeiten werden sollte (vgl. KLEIN 1926: 256–58), wollte Weierstraß „nicht unter die eigentlichen Grundlagen der Funktionentheorie aufnehmen“ […]. Weierstraß meinte aber, dass „diese Vorstellung der *n-blättrigen Fläche*“ ausreicht, „solange man es mit einer algebraischen Funktion einer Variablen zu tun hat […]“ (vgl. SIEGMUND-SCHULTZE 1988: 144). – Wenn LAMOTKE (2009) jedoch behauptet, dass die Riemannsche Fläche bei Weierstraß und seinen Schülern verpönt gewesen sei, so kann dieser Aussage nicht zugestimmt werden. Zur Analyse des Verhaltnisses von Weierstraß zu Riemann vgl. BÖLLING 2016: 83–85.

Kirkcaldy 14.9.1873

Lieber Lie!

Nachdem ich nun schon fünf Wochen auf meiner Reise bin, will ich Dir endlich doch ein paar Zeilen schreiben, wenn es auch nichts Besonderes Wissenschaftliches ist. Von Mathematikern, die außerhalb England bekannt sind, sah ich bis jetzt nur Tait von Edinburgh. Er gehört einer Richtung an, die in England übermächtig scheint und für die nächste Zeit die alleinige zu werden droht, der Richtung, die mathematische Forschung nur in dem Masse treibt und hochschätzt als sie unmittelbare Anwendung gestattet.[6] – im Sinne dieser Leute zunächst physicalische Anwendung. Cayley[7] ist merkwürdigerweise von Ihnen sehr wenig geachtet; sie haben vor seinen Fähigkeiten allerdings Respect aber halten die ganze Art seiner Thätigkeit für eine verfehlte.

Als ich eine andere Meinung äusserte, antwortete Tait mit der Frage: Was nützen denn die 27 Linien der F_3?[8] Du wirst über eine solche Auffassung vielleicht noch erregter sein, als ich. Auf mich hat sie in dem Sinne Eindruck gemacht, als ich gerne einmal irgend ein Beispiel der Anwendung späterhin behandeln würde, um den Leuten zu zeigen, dass wir wirklich viel besser Mathematik können, als sie – abgesehen davon, dass ich neben dem mathematischen ja auch physicalisches Interesse habe.

Aber vor allen Dingen bin ich über diesen Gegensatz, dem ich hier entgegen trete, erstaunt. Ich bin in Deutschland einen Gegensatz ganz anderer Art gewohnt, den Gegensatz der Functionen-theoretischen Schule, die uns[9] womöglich gar nicht als Mathematiker hinstellen möchte. Hier gelten wir für die ganz ächten Mathematiker, aber eben desshalb für überflüssig. [...]

Bestens grüssend

Dein Felix Klein [Oslo]

Leo Koenigberger (1837-1921), bedeutender Vertreter von Weierstraß' „funktionentheoretischer Schule" und Georg Picks Doktorvater, urteilte später über die empfundenen Unterschiede zur „Göttinger Schule" (Riemann-Clebsch-Klein):

> Auch wir jüngeren Mathematiker hatten damals sämtlich das Gefühl, als ob die *Riemann*schen Anschauungen und Methoden nicht mehr der strengen Mathematik der *Euler*, *Lagrange, Gauß, Jacobi, Dirichlet* u.a. angehörten — wie dies ja stets der Fall zu sein pflegt, wenn eine neue große Idee in die Wissenschaft eingreift, welche erst Zeit braucht, um in den Köpfen der lebenden Generation verarbeitet zu werden. So wurden die Leistungen der Göttinger Schule von uns, zum Teil wenigstens, nicht so geschätzt, als es ihrer großen Bedeutung zukam, und wir gaben ihnen häufig nicht sogleich die Stelle, welche die Wissenschaft ihnen sehr bald anwies. (KOENIGSBERGER 1919: 55)

Zu Clebschs *großem Programm* (vgl. TOBIES 2019: 44) gehörte das Ziel, Gebiete der Mathematik und Personen zusammenzuführen, damit unterschiedliche Herangehensweisen in der Forschung akzeptiert und anerkannt werden. Klein blieb in dieser Spur. Dazu gehörte, dass er sich nicht auf das geometrische Herangehen

6 Peter Guthrie Tait (1831-1901), schottischer Mathematiker und Physiker, der u.a. dafür eintrat, die Theorie der Quaternionen in der Physik anzuwenden.

7 Arthur Cayley (1821-1895), englischer Mathematiker mit wichtigen Ergebnissen auf zahlreichen Gebieten. Klein hatte bereits 1869 dessen Maßsystem als eine Möglichkeit erkannt, die Widerspruchsfreiheit der nichteuklischen Geometrien zu begründen, was ihm 1871 gelang.

8 Hier ist die kubische Fläche gemeint, für die Clebsch ein Modell angab mit 27 rellen Geraden; diese *Clebsche Diagonalfläche* bildete für Klein u.a. einen maßgeblichen Ausgangspunkt für weitere Forschungen.

9 Hier meinte Klein „uns Geometer".

beschränkte, sondern analytische Mittel ebenfalls in sein Methodenarsenal integrierte. So studierte er auch Weierstraß' Theorie der elliptischen und der hyperelliptischen Funktionen ausgiebig. Obgleich Klein nicht alle Begriffe eins-zu-eins übernahm (vgl. insbes. KLEIN 1885b, 1886b), äußerte er: „Weierstraß hat tatsächlich auf uns alle stark gewirkt, die wir, auf anderem Boden gewachsen, zu den elliptischen und verwandten Funktionen kamen." (KLEIN 1926: 293)

Klein fühlte sich verantwortlich, die 1868 durch Clebsch und Carl Neumann (1832-1925) gegründete Zeitschrift *Mathematische Annalen* fortzuführen. Er engagierte sich seit 1873 im Redaktionskollegium und hatte mit Band 10 (1876) die Herausgabe übernommen, gemeinsam mit dem Leipziger Mathematiker Adolph Mayer (1839-1908) (vgl. TOBIES/ROWE 1990). Klein sorgte dafür, dass die Zeitschrift nicht auf ein enges Gebiet begrenzt blieb, sondern neu entstehenden mathematischen Forschungsrichtungen – national wie international – Raum gegeben wurde. Die Zeitschrift ermöglichte ihm zugleich, eigene Arbeiten und diejenigen junger Talente wie Georg Pick rasch zu publizieren.

2 FELIX KLEINS FRÜHE BEKANNTSCHAFT MIT MATHEMATIKERN AUS JÜDISCHEM ELTERNHAUS

Wilhelm I (1797-1888), König von Preußen, hatte am 3. Juli 1869 ein Gesetz mit einem einzigen Artikel erlassen:

> Alle noch bestehenden, aus der Verschiedenheit des religiösen Bekenntnisses hergeleiteten Beschränkungen der bürgerlichen und staatsbürgerlichen Rechte werden hierdurch aufgehoben. Insbesondere soll die Befähigung zur Theilnahme an der Gemeinde- und Landesvertretung und zur Bekleidung öffentlicher Aemter vom religiösen Bekenntniß unabhängig sein.[10]

Dennoch wurden Personen mit religiösem jüdischen Bekenntniss beim Ruf auf akademische Positionen noch lange Zeit zurückgesetzt. Es herrschte ein weit verbreiteter Antisemitismus in den Gremien, die zu entscheiden hatten. Inzwischen ist gut analysiert worden, zu welchen schlimmen Folgen Antisemitismus führte und sich auf das Gebiet der Mathematik im deutschsprachigen Raum auswirkte (vgl. bes. SIEGMUND-SCHULTZE 2009; BERGMANN/EPPLE/RUTI 2012; ROWE/FELSCH 2019; BRIESKORN/PURKERT 2021). Kleins Verhältnis zu Mathematikern aus jüdischer Familie wurde bisher insbesondere für seine Zeit als Professor in Göttingen ins Blickfeld genommen (ROWE 1886; 2007).

Hier seien die Wurzeln hervorgehoben, auf denen Kleins Haltung basierte, mathematische Talente unabhängig von ihrer Religionszugehörigkeit zu beurteilen und zu fördern.[11]

In Kleins (evangelischem) Elternhaus dominierte ein eher „rationales" Verhältnis zur Religion. Ein Ausdruck dafür war u.a. Kleins schriftliche Abiturarbeit im Fach Religion. Er besuchte das städtische Gymnasium in Düsseldorf, das be-

10 Bundesgesetzblatt des Norddeutschen Bundes, Band 1869, Nr. 28, S. 292.
11 Für die Quellenbelege hierzu sei auf TOBIES 2019/2021 verwiesen.

reits während der Zeit der Reformation (1545) im humanistisch-reformatorischen Geist gegründet worden war, danach eine wechselvolle Geschichte erlebte und zurzeit von Klein ein Königlich Preußisches Gymnasium war. Hier absolvierte Felix Klein im Alter von 16, am 3. August 1865, die Reifeprüfung mit Noten in den Fächern Religion, Deutsch, Latein, Griechisch, Französisch, Hebräisch, Mathematik, Geschichte/Geographie und Naturkunde.

Moritz Abraham Stern (1807-1894) war der erste Mathematiker mit jüdischer Konfession, dem Felix Klein intensiv begegnete. Er hörte Sterns Vorlesung *Theorie der numerischen Gleichungen*, als er sich 1868–1869 in Göttingen aufhielt. Stern war deutschlandweit der erste ungetaufte Mathematiker, der zum ordentlichen Universitäts-Professor ernannt worden war, am 30. Juli 1859. Er hatte zwar viele Jahre darauf warten müssen, erhielt die Position aber noch vor dem erwähnten Gesetz von 1869. Klein blieb mit M.A. Stern und mit dessen Sohn, dem Historiker Alfred Stern (1846-1936), zeitlebens befreundet. Es sollte der vormalige Lehrstuhl von M.A. Stern sein, den Klein zum 1. April 1886 erhielt.

Im Kreis um Alfred Clebsch hatte Klein mit Paul Gordan und Max Noether kooperiert, die aus jüdischen Elternhäusern stammten.[12] Als Klein im Alter von 23 o. Professor an der Universität Erlangen geworden war, nutzte er die Möglichkeit, diese älteren Partner – die in ihren Karrieren nicht vorankamen – in Positionen zu bringen und erreichte weitere gute Zusammenarbeit.

Dem Clebsch-Kreis hatte auch Hermann C.H. Schubert (1848-1911) angehört. Dieser entdeckte als Gymnasiallehrer in Hildesheim das mathematische Talent von Adolf Hurwitz (1859-1919)[13] und empfahl diesem, bei Klein zu studieren. Hurwitz, ebenfalls Sohn jüdischer Eltern, sollte einer der bedeutendsten Schüler von Klein werden. Er wird im vorliegenden Buch häufig erwähnt.

Hurwitz, der auch einige Semester in Berlin studierte, vereinigte in seinen Forschungen sowohl den von Riemann herrührenden Ansatz in der Funktionentheorie also auch die Methoden von Weierstraß. David Hilbert urteilte, dass Hurwitz „[…] auf Anregung von Klein mit Benutzung Eisensteinscher Ansätze eine von der Theorie der elliptischen Funktionen unabhängige Theorie der elliptischen Modulfunktion schuf." (HILBERT 1921: 161– 62) Das Buch Hurwitz' *Vorlesungen über Allgemeine Funktionentheorie und Elliptische Funktionen* (HURWITZ 1922), von Richard Courant aus dem Nachlass ediert und mit einem Anhang über geometrische Funktionentheorie ergänzt, bietet einen guten Überblick über Methoden und Begriffe, die für die vorliegende Edition der Vorträge und Briefe von Georg Pick wichtig sind. Kleins Bezeichnungen entwickelten sich im Verlaufe

12 Gordan hatte sich im Alter von 18 in der St. Nikolai Kirche in Berlin evangelisch taufen lassen. – Als die Weimarer Reichsverfassung von 1919 erstmals ermöglichte, dass Beamte keiner Religion angehören mussten, trat Max Noether am 5.11.1920 aus der „israelitischen Religionsgemeinschaft" aus (Stadtarchiv Erlangen); seine Tochter Emmy Noether (1882-1935) folgte ihm darin am 29.12.1920. – Beide Angaben verdankt die Autorin Cordula Tollmien, die dies für ihre detaillierte Emmy-Noether-Lebens- und Familiengeschichte recherchierte, wovon bisher die ersten beiden Bände (ohne diese Angaben) erschienen, TOLLMIEN 2021.

13 Zu A. Hurwitz und dessen Bruder Julius (1857-1919), der ebenfalls mathematisch begabt war, vgl. insbes. OSWALD/STEUDING 2014.

seiner Arbeiten, sein Abweichen von Weierstraß ist erklärt in KLEIN 1885a; 1886b (GMA Bd.3: 202–06; 334–37); KLEIN/FRICKE 1890.

Felix Klein erfuhr beim Bemühen um die Karrieren seiner jüdischen Kollegen und Schüler, wie außerordentlich tief der akademische Antisemitismus an den Fakultäten verankert war. Ludwig Kiepert (1846-1934), ein mit Klein befreundeter „Weierstraß-Schüler", informierte am 25. Januar 1884, dass ihm die (jüdischen) Mathematiker „Pasch,[14] Gundelfinger,[15] Noether und Hurwitz" für die Nachfolge von Franz Bessel (1825-1883) an der Technischen Hochschule Hannover empfohlen worden seien und fügte hinzu: „[…] doch wäre es mir nicht gelungen, einen Juden durchzusetzen."[16] Das ist nur eines derartiger Beispiele.

Felix Klein dagegen half, dass Max Noether schließlich eine o. Profesur in Erlangen erreichte. Für Hurwitz ebnete er den Weg zur Habilitation in Göttingen (1882), zur ao. Professur in Königsberg (1884) und zur o. Professur am Polytechnikum (ETH) Zürich (1892). Auch für die Karriere von Georg Pick engagierte sich Klein bereits 1884 (s.u. I.3.2) und fortgesetzt bis das Ziel Professur erreicht war (Abschnitt I.3.6). Klein war bewusst, dass es Talente aus jüdischem Elternhaus schwerer hatten, eine angemessene Position zu erhalten.

3 FORDERN UND FÖRDERN VON GEORG PICK

„Ich betrachte in der Tat meinen Leipziger Aufenthalt als die glücklichste Zeit meines bisherigen Lebens." (Georg Pick an Felix Klein, zitiert aus Brief [7])

Der Mathematiker *Georg* Alexander Pick nahm zwei Semester lang an den Lehrveranstaltungen des zehn Jahre älteren Felix Klein an der Universität Leipzig teil. Er hörte im Wintersemester 1883/84 und im Sommersemester 1884 Kleins Vorlesungen und beteiligte sich intensiv an dessen Forschungsseminaren, in denen er fünf Vorträge hielt. Diese Vorträge und seine an Klein gerichteten Schreiben dokumentieren Kleins Fordern und Fördern, Picks Arbeitsweise und wichtige der mathematischen Ergebnisse, die er in Zusammenarbeit mit Klein erzielte. Es wird erkennbar, wie Klein zur erfolgreichen Karriere von Pick beitrug.

3.1 Georg Pick, von Wien bis zur Privatdozentur in Prag

Der am 10. August 1859 in Wien geborene Georg Pick wurde ein Opfer der Shoa. Er verlor sein Leben am 26. Juli 1942 im KZ Theresienstadt (Terezín).

Georg Pick war der älteste Sohn von Dr. phil. Adolf Josef Pick (1824-1895) und Josefine (Josephine; Josefa) Pick geb. Schlesinger (1834-1920).

14 Moritz Pasch (1843-1930) hatte 1874 ein Extraordinariat in Gießen erhalten und war dort 1876 zum sog. persönlichen Ordinarius ernannt worden.

15 Sigmund Gundelfinger (1846-1910) war 1873-79 ao. Prof. in Tübingen und seit 1879 o. Prof. an der TH Darmstadt.

16 [UBG] Cod. Ms. F. Klein 10: 103, Kiepert an Klein, Brief vom 25.1.1884.

Die Mutter Josefine Pick geb. Schlesinger entstammte einer böhmischen jüdischen Familie. Ihr Vater war in Velichovky geboren worden und schließlich in Wien ansässig. Sie war die jüngste von vier Geschwistern. Ihre älteren Schwestern Caroline (1828-1912) und Katharine (1829-1909) heirateten die Brüder Josef und Simon Szántó (1819-1882) und hatten je fünf Kinder. Emil Szántó (1857-1904), Sohn des Pädagogen und Schriftstellers Simon Szántó, ein Cousin von Georg Pick, erwarb sich als Althistoriker und Epigraphiker einen Namen.

Der Vater Adolf Josef Pick war das älteste Kind einer Familie mit sieben Söhnen und drei Töchtern aus Chotěboř, ebenfalls in Böhmen gelegen, wo der Familienname Pick sehr verbreitet war. Adolf Josef Pick studierte in Wien und eröffnete dort eine private Erziehungsanstalt. Dass er vom Lithographen Adolf Dauthage (1825-1883) porträtriert wurde (Abb. 4), deutet auf Anerkennung. Er war jedoch nicht begütert und konnte seine vier Kinder nur wenig unterstützen.

So verbrachte Georg Pick noch als Privatdozent den Urlaub mit seinen Eltern und z.T. mit seinem jüngeren Bruder (vgl. Brief [88], September 1886).

Abb. 4: Adolf Josef Pick, Lithographie von Adolf Dauthage

Als Adolf Josef Pick am 19. September 1895 verstarb, fand das Leichenbegängnis in Pohrlitz (Südmähren) statt, wo seit dem 15. Jahrhundert eine jüdische Gemeinde existierte (Abb. 5). Sein Sohn Georg Pick war inzwischen Professor, seine Tochter Emma (*19. März 1863) mit Moritz Schnabl (1861-1942) verheiratet, seine Tochter Martha (*10. Februar 1866) unverheiratet und sein jüngster Sohn Moritz Benjamin Josef (*31. Juli 1871) hatte ein Jahr zuvor sein Leben verloren. Zu den engsten Verwandten zählten zudem die Enkel Paul Schnabl (1892-1917) – der bereits promoviert war, als er im Alter von 25 verstarb – und Karl Schnabl (1893-?). Letzerer konnte mit seiner Frau Franziska/Frances Schnabl (1896–?) in die USA emigrieren. Ihr Sohn Ernst (Eric) Schnabl (1929–2021) gelangte mit einem Kindertransport über Großbritannien ebenfalls in die USA.[17]

17 https://www.legacy.com/us/obituaries/chicagotribune/name/ernst-schnabl-obituary?id=3985472

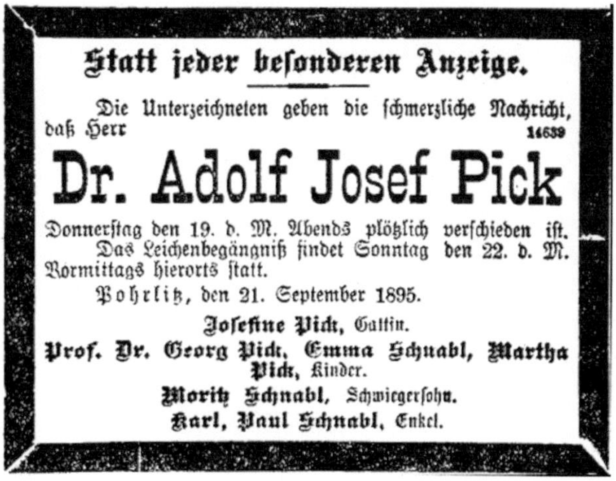

Statt jeder besonderen Anzeige.

Die Unterzeichneten geben die schmerzliche Nachricht, daß Herr 14639

Dr. Adolf Josef Pick

Donnerstag den 19. d. M. Abends plötzlich verschieden ist.
Das Leichenbegängniß findet Sonntag den 22. d. M. Vormittags hierorts statt.

Pohrlitz, den 21. September 1895.

Josefine Pick, Gattin.

Prof. Dr. Georg Pick, Emma Schnabl, Martha Pick, Kinder.

Moritz Schnabl, Schwiegersohn.

Karl, Paul Schnabl, Enkel.

Abb. 5: Traueranzeige für Adolf Josef Pick, Georg Picks Vater

Von den Geschwistern des Vaters erreichten vor allem zwei einen Namen: Friedrich Pick (1838-1918), der als Kaiserlich-Königlicher Linienschiffskapitän i.R. und dem Zusatznamen Edler v. Seewart bekannt wurde,[18] sowie der Dermatologe Filipp [Philipp] Josef Pick (1834-1910). Letzterer wurde für Georg Pick besonders wichtig.

Abb. 6: Filipp Joseph Pick, Dermatologe

Filipp Joseph Pick hatte Geologie und Biologie an der Universität in Wien studiert und dort 1860 an der medizinischen Fakultät promoviert. Nach Tätigkeit als Assistent an der Dermatologischen Klinik in Wien wechselte er 1866 nach Prag, wo

18 https://www.geni.com/photo/view/6000000014327328309?album_type=photos_of_me&photo_id=6000000029200895738

er sich 1868 mit dem Thema „Ueber das Eczema marginatum" habilitierte. 1869 wurde er zum Mitbegründer der ersten deutschsprachigen dermatologischen Zeitschrift *Archiv für Dermatologie und Syphillis*. Im Jahre 1873 erfolgte der Ruf als ao. Professor und Vorstand der neugegründeten II. Klinik für Haut- und Geschlechtskrankheiten in Prag. Er erzielte bedeutende Ergebnisse im Gebiet der Dermatologie, u.a. ist die „Pick-Herxheimer-Krankheit" nach ihm benannt. Im Jahre 1889 wurde er Mitbegründer und erster Präsident der Deutschen Dermatologischen Gesellschaft, deren erste Tagung er im selben Jahr in Prag organisierte. 1896 erfolgte schließlich die Ernennung zum *ordentlichen* Professor.[19] Ein Jahr später nahm ihn die Leopoldina als Mitglied auf.

Filipp Joseph Pick und seine Ehefrau Mathilde Pick geb. Stein (1845–1922) unterstützten Georg Pick wie ihre eigenen drei Söhne.[20] Dennoch erstrebte Georg Pick möglichst schnell eine selbständige Position. Brief [66] ist ein Brief von Picks Onkel an Felix Klein, in welchem er sich für dessen positives Urteil über die mathematische Befähigung seines Neffens bedankte.

Georg Pick hatte 1875 die Reifeprüfung am Leopoldstädter Communalgymnasium in Wien absolviert und danach an der Universität studiert. Nebenher war er genötigt gewesen, Privatstunden zu erteilen (vgl. Brief [41]). 1879 bestand er das Lehramtsexamen für die Fächer Mathematik und Physik und promovierte ein Jahr später mit der Dissertation *Über eine Klasse abelscher Integrale*,[21] die Leo Koenigsberger (1837-1921) und Emil Weyr (1848-1894) begutachteten.

Nach seiner Promotion in Wien erhielt Georg Pick eine Assistentenstelle bei Ernst Mach (1838-1916) in Prag. Mach hatte Studium, Promotion und Habilitation an der Universität Wien absolviert, war 1864 einem Ruf als Mathematikprofessor (1866 Physik-Professur) nach Graz gefolgt und 1867 als Professor der Physik an die Karl-Ferdinands Universität nach Prag gewechselt. Aus Georg Picks Brief [41] an Felix Klein erfahren wir, dass Filipp Joseph Pick seinem Neffen die Stelle bei Mach vermittelt hatte. Nach Rücksprache mit seinem Doktorvater Koenigsberger hatte Georg Pick das Angebot angenommen.

Die Karl-Ferdinands-Universität wurde 1882 in eine tschechische und eine deutschsprachige Universität geteilt. Pick reichte 1882 seine Habilitationsschrift, *Über die Integration hyperelliptischer Differentiale durch Logarithmen*[22] an der deutschsprachigen Universität ein und wurde dort 1883 Privatdozent (vgl. BEČVÁŘOVÁ 2016: 46). Das Thema rührte noch aus Leo Koenigsbergers Forschungsfeld und sollte auch bei Klein wichtige Bezugspunkte finden.

19 Vgl. SCHOLZ, A. et al. (2009). *Geschichte der deutschsprachigen Dermatologie*: 560–64.

20 Friedrich Pick (1867-1926), später Prof., Internist und Medizinhistoriker; Dr. Walther Pick (1874-1932), Doz., Dermatologe, sowie Dr. Hans Pick (1879–1942). Hans Pick wurde ein Opfer der Shoa in Lublin; Walther Picks Ehefrau Madgalena (auch Madeleine), geb. Wölfler (1889-1942), heiratete ein zweites Mal (Peters) und verlor ihr Leben im Ghetto in Riga.

21 Ergebnisse davon flossen ein in PICK/UNGAR 1880. Vgl. auch NEUMANN 1884, sowie KLEIN 1926: 100–08 zur damaligen historischen Einordnung der Hauptergebnisse des norwegischen Mathematikers Niels Henrik Abel (1802-1829).

22 Vgl. PICK 1882.

3.2 Studien bei Felix Klein in Leipzig

Für seine Leipziger Studienzeit bei Felix Klein hatte Georg Pick ein Stipendium der österreichischen Regierung erhalten, beantragt durch Ernst Mach und weitere Prager Fakultätskollegen (vgl. Brief [41], auch BEČVÁŘOVÁ 2016: 46). Pick konnte seine Privatdozentur in Prag unterbrechen. Die funktionentheoretische Ausbildung unter Leo Koenigsberger ermöglichte es ihm relativ schnell, an Kleins damaligem Forschungsprogramm mitzuarbeiten. Neben dem Vorlesungsbesuch, *Elliptische Funktionen* I (1883/84) und *Elliptische Funktionen* II (1884), beteiligte sich Pick besonders aktiv an Kleins Forschungsseminaren; im Seminar über elementare Funktionentheorie (1883/84) hielt er als einziger der Beteiligten drei Vorträge; im Seminar des folgenden Semesters, über elliptische Funktionen (1884), war er der einzige, der an zwei Terminen vortrug. Nebenher beriet Pick auch einige Doktoranden Kleins bei ihren Arbeiten (vgl. Brief [2]).

Picks Vorträge (vgl. Teil II dieses Buches) ließen Klein schnell erkennen, dass er fähig war, anspruchsvolle Themen klar zu erfassen und systematisch darzustellen. Schon nach dem Wintersemester 1883/84 war Klein von Picks Leistungsfähigkeit überzeugt, sodass er ihn zu einem neuen Thema anregte (komplexe Multiplikation). Darüber sprach Pick im Seminar des folgenden Semesters und publizierte dazu schließlich in den *Mathematischen Annalen*.

Noch bevor Georg Picks erste kleine Arbeit erschienen war (PICK 1884a)[23], engagierte sich Felix Klein aus eigenem Antrieb für dessen berufliches Vorwärtskommen. Am 28. Mai 1884 wandte sich Klein an seinen österreichischen Kollegen Otto Stolz (1842-1905), den er seit seinem Studiensemester 1869/70 in Berlin kannte und der inzwischen eine Mathematik-Professur an der Universität Innsbruck bekleidete. Klein empfahl Pick für eine Professur in Innsbruck:

> Lieber Stolz! Ganz gegen meinen gewöhnlichen Grundsatz setze ich mich heute hin und schreibe, um für gewisse Eventualitäten von mir aus einen Candidaten zu empfehlen. Man erwartet hier, dass Ihr College Gegenbauer nach Wien gerufen wird, also seine Stellung in Innsbruck vacant wird.[24] Nun meine ich einen oesterreichischen Mathematiker zu kennen, der bislang kaum publicirt hat, so dass Sie vielleicht nicht auf ihn aufmerksam geworden sind, der aber so ausgezeichnete Qualitäten besitzt, dass ich ihm gern vorwärts helfe, und zwar ausdrücklich von dem allgemeinen Gesichtspuncte aus, dass es in Oesterreich der tüchtigen Kräfte nicht zu viele gibt und diese immer Gefahr laufen, hinter anderen minder qualificirten zurückstehen zu müssen. Mein Candidat ist Privatdocent Dr. Pick in Prag. Ursprünglich Schüler von [Leo] Königsberger habilitirte er sich vor 3 – 4 Jahren und war dann Assistent bei [Ernst] Mach, bis er Herbst 83 mit Urlaub hierher kam und seitdem Mitglied meines Seminars ist. Pick ist in erster Linie functionentheoretisch und namentlich zahlentheoretisch disponirt. Er hat eine sehr klare und tiefgehende Auffassung, so dass es mir immer ein Vergnügen ist, mit ihm zu sprechen, er hat aber namentlich einen ganz ausgezeichneten pädagogisch disponirten Vortrag, wie ich es nur bei wenigen meiner Schüler (bei Dyck u. Harnack[25])

23 Georg Pick wurde eine Zeitlang zu einem wichtigen Autor für die *Mathematischen Annalen*, vgl. TOBIES/ROWE 1990: 38–39.

24 Leopold Gegenbauer (1849-1903), Professor an der Universität Innsbruck, 1878 bis 1893.

25 Walther Dyck (1856-1934) promovierte 1879 in München, habilitierte sich 1882 in Leipzig und folgte 1884 einem Ruf als Professor an der TH München. – Axel Harnack (1851-1888)

beobachtet habe. Dass er noch wenig publicirt hat, – nun es ist ihm gegangen wie Vielen, er hatte früher nicht die nöthige Anregung, worauf sich in erster Linie Selbstkritik entwickelte und die Ansätze zur Productivität zurückdrängte. Voraussichtlich kommt er noch vor Schluss des Semester's darüber hinaus; ich lasse ihn über complexe Multiplication arbeiten,[26] wo er die Kronecker'schen Resultate[27] begründen und weiterführen soll – Pick ist, wie sein Name andeutet, natürlich Jude; aber er gehört zu den Ausnahmen, die im Verkehr angenehm sind, wie er denn in meinem Seminare allgemein beliebt ist und den jüngeren Mitgliedern gegenüber der allgemeine Rathgeber geworden ist.
Doch genug! Brauchen Sie nähere Nachrichten, so schicke ich sie umgehend; im uebrigen entschuldigen Sie meine Initiative, die, wie ich doch sagen muss, nicht durch Dr. Pick provocirt ist sondern einzig von mir selbst ausgeht.

Mit bestem Gruss
Ihr F. Klein[28]

Gegenbauer verließ Innsbruck zu diesem Zeitpunkt nicht, sodass sich dort keine Stelle für Georg Pick ergab. Später sorgte Gegenbauer dafür, dass Pick auf einer Berufungsliste in Czernowitz mit genannt wurde (Briefe [89], [91], [92], [93]).

Kleins soeben zitiertes Schreiben lässt erkennen, dass ihm der auch in Österreich verbreitete Antisemitismus bekannt war. Aus Picks Briefen geht ebenfalls hervor, dass ihm selbst bewusst war, dass er mit Nachteilen bei der Karriere zu rechnen hatte, weil er aus einer jüdischen Familie stammte (Briefe [41], [84]).

3.3 Mitarbeiter an Kleins Projekt Monographie der elliptischen Modulfunktionen

Felix Klein hatte am 6. Dezember 1879 eine Zusammenfassung seiner Ergebnisse zur Theorie der elliptischen Modulfunktionen bei der Bayerischen Akademie der Wissenschaften in München präsentiert. Da die *Sitzungsberichte* dieser Akademie weniger zugänglich waren, ließ Klein seinen Aufsatz in den *Mathematischen Annalen* erneut abdrucken. (Klein 1879/1880). Außerdem sorgten Francesco Brioschi in Italien und Arthur Cayley in London schnell dafür, dass die Resultate übersetzt publiziert wurden (vgl. Tobies 2019: 166–67). Als Klein die Herausgabe seiner *Gesammelten Mathematischen Abhandlungen* noch selbst dirigierte, gab er dem Titel einen Zusatz „Zur [Systematik der] Theorie der elliptischen Modulfunktionen“ (Klein 1923, GMA Bd. 3: 169–78). Er erklärte in diesem Artikel, wie er sein Programm zu realisieren versuchte, diejenigen algebraischen Gleichungen zu finden, die sich mit elliptischen Funktionen lösen lassen und leitete den Satz her: „Wir haben also schließlich für jeden Transformationsgrad n unend-

erwarb 1874 den Doktortitel bei Klein in Erlangen, mit der Dissertation „Ueber die Verwertung der elliptischen Functionen für die Geometrie der Curven dritten Grades“. *Math. Ann.* 9 (1875) 1–54; seit 1877 hatte er eine Professur an der TH Dresden inne.

26 Vgl. Vortrag Picks in Kleins Seminar (16.6.1884) und die Publikationen Pick 1885a, 1885b, 1886b. Entwürfe, Fehlerberichtigungen u.a. spiegeln sich in Picks Briefen, ab Brief [3].

27 Pick (1885a: 15; 1885b: 433) bezieht sich auf Kroneckers Arbeiten in *Berliner Monatsberichte* 1857, 1862, etc., wo u.a. ein einfacher Beweis für einen Hauptsatz aus der Theorie der komplexen Multiplikation gegeben wird, der bereits von Abel angedeutet worden war.

28 Zitiert in Tobies 2019: 265 (Engl. in Tobies 2021: 295–96).

lich viele Gleichungssysteme, die sämmtlich als Modulargleichungen bezeichnet werden können.“ (KLEIN 1879, in *Math. Ann.* 17 (1880) 68)

Dieses Kleinsche Programm war nicht abgeschlossen. Nachdem er dazu bereits in München seit 1877/78 Vorlesungen und Seminare gehalten, mit Paul Gordan kooperiert und Doktorschüler auf das Thema gelenkt hatte, setzte er seit 1883/84 in Leipzig damit fort und formulierte bereits im Vorwort seines Ikosaederbuches das Ziel, auch „die Lehre von den elliptischen Modulfunctionen“ ähnlich zu bearbeiten (KLEIN 1884: III). An Adolf Hurwitz, der mit seiner Dissertation (HURWITZ 1881) und mit weiteren Arbeiten half, die Theorie zu entwickeln, schrieb Klein am 3. Juni 1884:

> Ich habe mir heute eine grosse Disposition für das zu schreibende Buch über Modulfunctionen gemacht. Ob ich das je fertig bekomme? Es fehlt da in theoretischer Hinsicht noch sehr. Aber auch abgesehen davon ist das Bücherschreiben eine grosse Arbeit, die mir aeusserst unangenehm ist. (Zitiert in TOBIES 2019: 260)

Klein war ausgehend von seinen Untersuchungen über das Ikosaeder dazu gekommen, die Auflösungsmethoden der Gleichungen fünften Grades durch elliptische Funktionen zu verstehen, wobei er an Methoden von Hermite[29], Kronecker und Brioschi anknüpfte. Klein war damit auf die Transformationstheorie der elliptischen Funktionen gestoßen und hatte sich schon in München mit der von Hermite gestellten Aufgabe befasst, die Resolventen 5., 7. und 11. Grades aufzustellen, die nach Galois[30] bei Transformation 5., 7. und 11. Ordnung bestehen.

Indem Klein gruppentheoretische bzw. invariantentheoretische Ansätze mit den geometrisch-anschaulichen Methoden der Riemannschen Funktionentheorie kombinierte, gewann er einen Überblick über die verschiedenen Arten von Modulargleichungen und Multiplikatorgleichungen und über das Wesen der algebraischen Gleichungen, die durch elliptische Funktionen gelöst werden können.[31]

Klein beschränkte sich darauf, Untergruppen mit endlichem Index zu betrachten und dabei speziell Kongruenzgruppen (die damals als Untergruppen in der Literatur ausschließlich existierten). Letztere wurden definiert, indem die Konstanten m_1, m_2, α, β, γ, δ bestimmten Kongruenzforderungen bezüglich eines Zahlenmoduls n unterworfen wurden. Er gliederte die Entwicklungen in 1., 2., 3., … n-te Stufe, anknüpfend an Ansätze, die er bei Weierstraß, Jacobi[32] u.a. gefun-

29 Charles Hermite (1822-1901) nahm Kleins Arbeiten euphorisch auf, vgl. TOBIES 2016.

30 Die von Évariste Galois (1811-1832) entwickelte Galoistheorie befasste sich mit der Auflösung algebraischer Gleichungen (mit der Faktorisierung von Polynomen). Galois untersuchte Gruppen von Vertauschungen der Nullstellen des Gleichungspolynoms; er gilt als einer der Begründer der Gruppentheorie. Klein ging, im Austausch mit Paul Gordan, über Galois hinaus. Sie entwickelten ein Programm, dass sie als „Hypergalois“ bezeichneten (vgl. Klein 1926: 90). Als Klein im Sommerr 1886 erstmals eine (Einführungs-)Vorlesung zur Algebra hielt, rückte er Galois-Theorie ins Zentrum. Zur Analyse vgl. Henning HELLER (2023).

31 Vgl. zur historischen Einordnung und Bezeichnungen auch Teil III, 7.

32 Carl Gustav Jacob Jacobi (1804-1851) entstammte einer begüterten jüdischen Bankiersfamilie, wechselte (aus Karriere-Gründen) im ersten Berliner Studiensemester zum christlichen Glauben. Er kreierte an der preußischen Universität Königsberg (o. Prof. 1829) viele neue

den hatte. Diese Stufentheorie baute Klein in München mit seinen Schülern Gierster[33], Hurwitz, Bianchi[34] u.a. aus. In Leipzig bezog er weitere junge Mathematiker, darunter Georg Pick, in dieses Forschungsfeld ein.

Seit dem Wintersemester 1883/84 – als Georg Pick in Leipzig weilte, konzentrierte Klein seine Lehrveranstaltungen mehrere Semester lang auf elliptische (Modul-)Funktionen. Dabei standen Anwendungen der Theorie stärker im Zentrum (vgl. hierzu auch KLEIN/FRICKE 1890: V). Klein ließ seine vierstündige Spezialvorlesungen *Elliptische Functionen* (WS 1883/84; dienstags bis freitags jeweils 11-12 Uhr) und *Elliptische Functionen II. Theil* (SS 1884; dieselben Zeiten) von zwei seiner Doktoranden ausarbeiten.[35] In den Forschungsseminaren versuchte er, offene Fragen mit den Teilnehmern zu klären. Bis April 1885 erarbeitete er selbst noch einen langen Artikel über die *elliptischen Normalkurven n-ter Ordnung* (KLEIN 1885b), worin er seine Ergebnisse aus der Münchener Zeit mit den Theoremen der traditionellen Theorie (Jacobi, Weierstraß) zu verbinden suchte. Dabei benutzte er jedoch die Sprache der mehrdimensionalen projektiven Geometrie (vgl. KLEIN 1923 GMA Bd. 3: 7). Weitere, mit seinen Doktoranden erreichte Resultate fasste Klein in zwei Abhandlungen (KLEIN 1885a; 1886a) zusammen, die er im März und im September 1885 zur Publikation übergab, erschienen in den *Berichten über die Verhandlungen der Kgl. Sächsischen Gesellschaft der Wissenschaften zu Leipzig* und in den *Mathematischen Annalen.*

Bereits im Februar 1885 meinte Klein, an das Ausarbeiten der Monographie über die elliptischen Modulfunktionen gehen zu können. Er wollte das Buchschreiben allerdings nicht mehr allein realisieren, hatte zunächst an die redaktionelle Mitarbeit von Hurwitz gedacht und sich schließlich für Georg Pick entschieden. Klein informierte Hurwitz am 10. März 1885:

> Was mich angeht, so gerathe ich immer tiefer in Geschäfte untergeordneter Art hinein, so dass mir zu selbständigem wissenschaftlichen Denken fast alle Zeit fehlt. Ebenso wenig komme ich zu umfassender redaktioneller Thätigkeit. Ich hatte schon daran gedacht, Sie doch zu bitten mich bei der in Aussicht genommenen Bearbeitung der Modulfunctionen zu unterstützen. Ich glaubte eigentlich, Sie würden einen solchen Vorschlag annehmen, sagte mir aber zugleich, dass Ihnen damit wenig gedient sein würde, da Sie auch schon überreich beschäftigt sind und es besser ist dass Sie freie Kräfte für eigene Untersuchungen übrig behalten. Ich habe mich also mit dem betr.[effenden] Anliegen an Dr. Pick gewandt, der noch ganz ohne sonstige Verpflichtungen dahin lebt und dessen redactionelle Begabung Sie kennen. P.[ick]

mathematische Ideen (Theorie der elliptischen Funktionen, u.a.) und setzte wissenschaftsorganisatorische Pläne um.

33 Josef Gierster (1854-1893) hatte bei Klein an der TH München studiert, war dessen Assistent (WS 1877/78 – SS 1879) und promovierte 1881 an der Universität Leipzig mit der Dissertation „Die Untergruppen der Galois'schen Gruppe der Modulargleichungen für den Fall eines primzahligen Transformationsgrades". *Math. Ann.* 18 (1881) 319–65.

34 Der italienische Mathematiker Luigi Bianchi (1856-1928) studierte 1879-80 bei Felix Klein an der TH München, beteiligte sich an Kleins Programm der elliptischen Modulfunktionen, wobei er für Klein den Weg ebnete, elliptische (Normal-)Kurven mit σ-Funktionen zu behandeln, vgl. TOBIES 2019: 175–77; TOBIES 2021: 200–01.

35 Die Ausarbeitungen der Vorlesungen durch Otto Fischer (1861-1916) bzw. Paul Biedermann (*1862) sind im Mathematischen Institut der Universiät Leipzig aufbewahrt.

hat denn auch zugesagt und wird in etwa 8 (?)[36] Tagen herkommen, worauf ich ihm so viel Material zustellen will, dass er den ganzen Sommer zu thun haben wird. Hoffen wir, dass Alles so in ein günstiges Geleise kommt![37]

Klein hatte Pick *vor* dem 11. Februar 1885 um diese Mitarbeit gebeten, und dieser hatte nach einigem Zögern zugesagt (vgl. Briefe [19] [20]). Am 17. März 1885, vor dem ersten Treffen mit Pick, äußerte Klein gegenüber Hurwitz noch immer, wie unsicher er über die theoretischen Grundlagen des Gebietes war:

Die Frage ist, ob wirklich bei den höheren Problemen die Geometrie zu Gunsten der Functionentheorie abdanken muss, wie ich immer mehr glaube. Das wirft mir dann manche Lieblingsanschauung über den Haufen. Ueberhaupt steht es mit einer systematischen Abrundung meiner Ansichten sehr schlimm und ich fürchte fast, meine Besprechungen mit Pick, die Freitag beginnen sollen, werden resultatlos verlaufen.[38]

Georg Picks Briefe dokumentieren, dass er selbst in die Details einzudringen suchte und bevorzugt an ungelösten Problemen interessiert war, über die er gesondert publizieren konnte. So schrieb er am 30. April 1885 an Klein: „Sie werden mir vielleicht vorwerfen, daß ich zu viel an das Neue, zu wenig an die Redaction denke.“ (Auszug aus Brief [27])

Die Briefe erhellen manche Unklarheiten von Pick sowie dessen wiederholten Wunsch, als wichtig erkannte Einzelheiten näher zu untersuchen (vgl. z.B. Brief [35]). Neben Phasen von steter Unzufriedenheit mit sich, Selbstzweifel, Schwierigkeiten bei der Literaturbeschaffung, Überlastung, Gesundheitsproblemen sind Zeiten der Hochstimmung über erreichte Ergebnisse erkennbar. Pick wurde durch diese Zusammenarbeit vor allem angeregt, offene Fragen zu behandeln.

Hinsichtlich des Ausarbeitens der Monographie bezichtigte sich Pick jedoch der „Systemlosigkeit und Nachgiebigkeit gegen meine Launen“ (vgl. Brief [38]). Er konnte sich häufig nicht darauf konzentrieren und bombardierte Klein mit vielen Fragen, sandte Post in kurzen Abständen. Oft benötigte er eine Rückversicherung und drückte sich – im Vergleich zu anderen Kooperationspartnern Kleins – ungeheuer vorsichtig und devot (ehrerbietig, ergeben) aus.

Als Privatdozent in Prag musste Pick viel Zeit für Lehrtätigkeit aufbringen, hatte meist wenig Zeit für die Redaktionsarbeit. Gegen Ende des ersten Semesters der Kooperationszeit bat Pick Klein darum, ihm seine „ewigen Lamentationen nicht übel zu nehmen“. [Brief 34] Nachdem Pick am 26. November 1885 erneut sich selbst analysierend lamentiert und geschrieben hatte, dass er „energielos“ sei und nicht vom Flecke komme (Brief [44]), schrieb Klein enttäuscht an Hurwitz:

Pick hat die Modulfunctionen nicht so gefördert, wie ich erwartete; immer hoffe ich, daß die Sache noch zusammengeht und Pick Weihnachten herkommt, worauf ich dann mein erstes Göttinger Semester sammt den Ferien auf die energische Förderung der Angelegenheit verwenden würde.[39]

36 Klein überschrieb die Zahl, die somit nicht richtig erkennbar ist.
37 [UBG] Math. Archiv 77: 136, Klein an Hurwitz, am 10.3.1885.
38 [UBG] Math. Archiv 77: 137, Klein an Hurwitz, am 17.3.1885.
39 [UBG] Math. Archiv 77: 149, Klein an Hurwitz, Brief v. 27.11.1885.

Klein erbat im selben Brief Hurwitz' neueste Forschungsergebnisse zum Themenfeld und setzte die Kooperation mit Pick fort. Bei Picks Aufenthalt in Leipzig zur Zeit des Jahreswechsels 1885/86 (vgl. Briefe [46] [47]) gab es einen intensiven Austausch. Zu diesem Zeitpunkt traf Pick auch erstmals David Hilbert (1862-1943), der nur in diesem Wintersemester 1885/86 bei Klein studierte. Beide, Hilbert und Pick, waren u.a. gemeinsam zur Silvesterfeier (31.12.1885) bei Felix Kleins Familie eingeladen (vgl. TOBIES 2019: 289; TOBIES 2021: 321). Über Picks Leipziger Aufenthalt berichtete Klein an Hurwitz:

> Gestern ist Dr. Pick abgereist, nachdem wir die ganze Woche ausführlich conferirt haben. Möge nun die Sache, an deren Fertigstellung mir natürlich ausserordentlich viel liegt, glatt vorwärts gehen! Ich habe Pick seine Aufgabe in's Einzelne gehend zurecht gemacht. Er hat sich bis Ostern nur mit Abschnitt I zu beschäftigen, nach alle 14 Tage eines der 5 Kapitel in vorläufiger Redaction zu schicken. Gelingt das nun wieder nicht, lasse ich Pick fallen. Er ist ein so vernünftiger und auch ein so fähiger Mensch, aber nicht an Concentration auf praktische Aufgaben gewöhnt.[40]

Zu Jahresbeginn 1886 schritt Picks redaktionelle Arbeit etwas zügiger voran, wenn auch immer wieder Probleme auftauchten. So wünschte er am 18. Januar 1886, dass Klein den Buchtitel nicht *Vorlesungen [...]* nennen möge, damit er selbst bei seinen Prager Kollegen im besseren Lichte erscheinen könne. Pick hatte dort – in anderem Kontext – die Ansicht gehört, dass die Herausgabe von Vorlesungen „keine Arbeit" sei (Brief [49]). Klein vertrat jedoch die Ansicht, dass mit dem Buch keine vollständige Theorie der elliptischen Modulfunktionen geliefert werden könne und blieb bei der Ausdrucksweise „Vorlesungen über ..."

Als Klein zum 1. April 1886 auf die ordentliche Professur nach Göttingen wechselte, wünschte er auch dort Kooperationsgespräche mit Georg Pick. Die Briefe erhellen, dass es diesem jedoch aus finanziellen Gründen sehr schwer fiel, derartige Reisen zu unternehmen. So fand außer einem Treffen im April 1886 keine weitere derartige Zusammenkunft statt (vgl. Briefe [60], [64]).

Klein nutzte sein erstes Semester als Göttinger Ordinarius, um auch eine Spezialvorlesung über elliptische Modulfunktionen zu halten und den ersten Teil der bisher durch Pick ausgearbeiteten Kapitel der Monographie noch einmal selbst zu redigieren. Am 15. Mai 1886 erfuhr Hurwitz:

> Wissen Sie, was ich unterdessen angefangen habe? Zunächst natürlich vor 14 Tagen die Vorlesungen mit Zubehör, was sich mittlererweile eingerichtet hat:
> 4 Stunden algebr.[aische] Gleichungen (Galois)[41]
> 2 Stunden Modulfunctionen
> 2 Stunden Seminar unter Zugrundelegung des Ikosaeders –
> Alles consequente Vorbereitung auf eine große Vorlesung im Sommer [18]87 über eindeutige Functionen mit linearen Transformationen in sich [=*automorphe Funktionen*].
> Dann aber habe ich seit 8 Tagen auf Grund der Pick'schen Vorarbeiten begonnen, den ersten Abschnitt meines Buches über ellipt.[ische] Modulfunctionen zu redigiren! Unterdessen fördert Pick den zweiten Abschnitt (Hauptheil), den wir Ende der Osterferien ausführlich durchgesprochen haben. Möge es zum guten Ende kommen. Ich schwanke zwischen Zuver-

40 [UBG] Math. Archiv 77: 151, Klein an Hurwitz, Brief v. 3.1.1886.
41 Zur Analyse dieser Vorlesung Kleins sei noch einmal auf HELLER 2023 verwiesen.

> sicht und einem Mittelding von Langeweile und Misstrauen. Mich reut auch die Zeit, die ich nun noch einmal auf diese alten Geschichten wenden soll. Aber es wird ja wohl vernünftig sein.[42]

Mit seiner Spezialvorlesung des SS 1886 über elliptische Modulfunktionen wollte Klein das Thema selber weiter systematisieren und die kleine Anzahl interessierter Hörer in sein Gebiet einführen, diejenigen [...] „die an engem persönlichen Anschlusse an den einzelnen Docenten moderne Probleme der Wissenschaft erfassen und möglichst bis zur eigenen Productivität durchdringen wollen", wie er in seiner ersten Vorlesungsstunde am 5. Mai 1886 ausführte.[43]

Nach den Briefen zu urteilen, redigierte Pick nach dem Aufenthalt bei Klein in Göttingen im April 1886 nur langsam weiter an den Modulfunktionen. Zwei Monate später war Klein nahe daran, das Buchprojekt aufzugeben, wie aus Picks Brief [73] vom 10. Juni 1886 hervorgeht. Klein hatte offensichtlich auch eigene gesundheitliche Probleme ins Feld geführt, „Asthma und sonstige Beschwerden", wie wir aus einem Brief Kleins an Hurwitz wissen.[44] Pick äußerte sich besorgt über diese Aussicht. Er hatte Angst davor, dass das Scheitern des Projekts seinem eigenen Ansehen schaden und seine Aussichten bei Berufungen verschlechtern könne. Er wollte die Arbeit an der Monographie über die elliptischen Modulfunktionen deshalb unbedingt fortsetzen.

Dass die Kooperation beim Buchprojekt letztlich scheiterte, lässt sich auch aus der ungenügenden Selbständigkeit erklären, die Pick beim Schreiben eingeräumt wurde bzw. die er sich zu nehmen wagte. Zugleich ist der Einfluss eines von Paul Gordan ausgesprochenen Verdikts zu beachten. Pick weilte nach seinem Aufenthalt bei Klein in Göttingen im April 1886 noch eine Woche lang in Erlangen. Dort äußerte Gordan u.a., dass er (Pick) nur die „Maschine" für Klein zu sein habe. Gordan verglich Picks Aufgabe mit derjenigen von Georg Kerschensteiner (1854-1932), der Gordans Vorlesungen über Invariantentheorie edierte (vgl. KERSCHENSTEINER 1885/1887). Pick schlussfolgerte daraus: „Man kann nicht ein fremdes Buch schreiben; man kann dazu höchstens Material liefern." (Brief [74])

Es musste Klein – ebenso wie Pick – entsetzt haben, dass Gordan den Vergleich mit Kerschensteiner gezogen hatte, der vor allem Pädagoge war und nach der Promotion kaum schöpferisch mathematisch tätig. Klein gewann somit die Erkenntnis, dass es für Pick (und den Fortschritt des Forschungsfeldes) sinnvoller ist, ihm Zeit für eigene kreative Ideen zu belassen (vergleichbar mit Kleins Verhalten gegenüber Hurwitz). Die gemeinsame Arbeit am Editionsprojekt lief allmählich aus, auch wenn Pick Anfang Juli 1886 noch an Weiterarbeit dachte. Im Brief [80] vom 15. Juli 1886 listete Pick das Material auf, welches er für das Projekt bis zu diesem Zeitpunkt ausgearbeitet hatte. Aus Picks Briefen ist es möglich zu schließen, dass Klein ihm den Vorschlag unterbreitet hatte, alles ausgearbeitete Material an ihn nach Göttingen zu senden, das Projekt zunächst ruhen zu lassen und seine eigenen neuen Resultate für die Publikation aufzuschreiben.

42 [UBG] Math. Archiv 77: 156, Klein an Hurwitz, Brief v. 15.5.1886.
43 [UBG] Cod. Ms. F. Klein 14 K (58 Bl., Vorlesung elliptische Modulfunktionen, SS 1886).
44 [UBG] Math. Archiv 77: 158, Klein an Hurwitz, Brief v. 26.6.1886.

3.4 Weitere Kooperation und wechselseitige Anregung

In der Folgezeit berichtete Georg Pick weiterhin über seine neuen Erkenntnisse. Abgestimmt mit Klein reichte er im Juni und Juli 1886 Arbeiten bei den *Sitzungsberichten der Kaiserlichen Akademie der Wissenschaften in Wien* ein (PICK 1886b c,d,e) und publizierte detaillierter in den *Math. Annalen* (PICK 1887a,b,c).

Ein Ergebnis sei hervorgehoben. Im Sommer 1886 lieferte Pick einen Beweis für eine wichtige Aussage Kleins, die die Kongruenzmoduln betraf.[45] Die Aussage stammte aus Kleins Arbeit „Zur Theorie der elliptischen Modulfunctionen", die er am 6. Dezember 1879 in der Bayerischen Akademie der Wissenschaften präsentiert hatte und als Ausgangspunkt für die weiteren Arbeiten betrachtete. (KLEIN 1879) Klein inspirierte, am Gegenstand weiter zu feilen. Pick fand den Beweis Anfang Juli 1886 (Brief [78]), stellte den Beweisgang in Brief [79] dar (vgl. auch Abb. 14) und merkte in Brief [80] an, dass Robert Fricke möglicherweise einen übereinstimmenden Beweis gefunden haben könnte.

Klein hatte auch Robert Fricke in einem Brief vom 20. Januar 1886 ermuntert, mit diesem Thema fortzusetzen.[46] Somit gelangte Fricke ebenfalls nahezu gleichzeitig zu einem Beweis für dieselbe Aussage Kleins. Fricke informierte Pick darüber in einem Brief vom Juli 1886 (vgl. Picks Brief [81]).

Klein entschied, beide Arbeiten mit den Beweisen seiner Behauptung in ein Heft der *Mathematischen Annalen* nacheinander aufzunehmen (FRICKE 1887; PICK 1887a) und setzte die folgene Anmerkung hinzu:

> Ich möchte hier vor allem hinzufügen, dass die Untersuchungen der Herren Fricke und Pick, über die ich durch persönliche Bezugnahme fortlaufend unterrichtet war, durchaus gleichzeitige gewesen sind und dass die Darstellung des Herrn Fricke hier nur darum vorangestellt wurde, weil das ausgeführte Manuscript einen Tag früher bei der Redaction einlief als das des Herrn Pick.
> Was meinen eigenen Beweis[47] des in Rede stehenden Theorems angeht, so beruhte derselbe auf einem Vergleich der gruppentheoretischen Eigenschaften, welche einerseits den zu $\sqrt[s]{k^2}$ gehörigen Substitutionen, andererseits irgendwelcher zu einem Zahlenmodul m gehörigen Untergruppen zukommen. Durch die Betrachtungen der Herren Fricke und Pick ist die Beweisführung wesentlich einfacher und durchsichtiger geworden.[48]

Das Thema *Congruenzmoduln* ist in KLEIN/FRICKE 1890 (659ff.) ausführlich dargestellt und aus Kleins Behauptung wurde die Aussage: „Unter den unendlich vielen Modulfunctionen $\sqrt{\lambda}$ sind ausser λ selbst nur die drei: $\sqrt{\lambda}$, $\sqrt[4]{\lambda}$, $\sqrt[8]{\lambda}$ Congruenzmoduln; alle übrigen werden wir dagegen als Nichtcongruenzmoduln bezeichnen müssen." (Ebd: 663) Zugleich ist ebenda betont, dass für die Darstellung des diesbezüglichen Textes die Abhandlung PICK 1887a verwertet wurde.

45 Vgl. KLEIN (1879), in *Math.Ann.* 17 (1880): 65; in KLEIN 1923, GMA Bd. 3: 173. Georg Pick bezieht sich in Brief [78] darauf.

46 [Archiv TU Braunschweig] Brief Felix Kleins an Robert Fricke, datiert 20.1.1886.

47 In KLEIN/FRICKE (1890: 663) steht, dass KLEIN 1879 keinen Beweis dafür enthielt.

48 Felix Kleins Anmerkung in *Math.Ann.* 28 (1887) 118.

Im Folgenden ermunterte Klein Pick weiterhin, seine Ideen für Publikationen auszuarbeiten und fragte – wie aus Picks Briefen ersichtlich –, mit welchen Themen er sich demnächst befassen wolle. Auch forderte Klein offensichtlich noch einmal von Pick ein Versprechen zu kontinuierlicherem Arbeiten ein. Pick ließ sich daraufhin zu einer Selbstanalyse ein (Brief [98] vom 3. Januar 1887), die darin mündete, dass er zu keinerlei Versprechen mehr bereit war:

> Was die Dispositionen für künftige Zeiten betrifft, so will ich nur für meine Person keine Garantien mehr übernehmen. Ich habe nun zur Genüge erfahren, wie sehr meine Beschäftigung von der eigenen Laune abhängt, und ich kann also ehrlicher Weise nichts versprechen. Augenblicklich zieht mich die Invariantentheorie (an sich), und vielleicht ist da mehr als der bloße Reiz der Neuheit schuld; ich habe ja in meinen frühesten Jahren immer an Algebra den meisten Gefallen gefunden. Indes habe ich doch noch nirgends Ausdauer gehabt; ich mache immer nur das, was mich augenblicklich interessiert, und nicht schwer ist. Also, ich bitte mich nicht miszuverstehn; ich fühle mich nicht stark genug, irgend ein Versprechen zu geben. (Zitiert aus Brief [98])

In der Korrespondenz trat eine Pause ein. Nach Picks Brief vom 17. Februar 1887 (Brief [101]) folgte der nächste Brief erst am 12. Juli 1887 [102]. Hier berichtete Pick wieder über neue Ideen, die in den *Mathematischen Annalen* (PICK 1888a) bzw. den *Wiener Berichten* (PICK 1888b) publiziert wurden.

Als Felix Klein seine Arbeiten über elliptische Modulfunktionen für den Reprint in Band 3 seiner *Gesammelten Mathematischen Abhandlungen* vorbereitete, ergänzte er lange Vormerkungen über das Entstehen dieser Arbeiten (KLEIN 1923: 3–9). Dabei ordnete Klein die Arbeiten von Georg Pick und Robert Fricke sowie sein eigenes Hinwenden zu neuen Themen wie folgt ein:

> Ich bin dann aber bald doch wieder zu neuen Untersuchungen geschritten, insbesondere zu den Arbeiten über hyperelliptische und Abelsche Funktionen [...]. Unterdessen arbeiteten von meinen früheren Seminarmitgliedern Pick und Fricke auf dem Gebiet der elliptischen Modulfunktionen weiter. Ersterer unternahm (Math. Annalen Bd. 25, 26 (1885/86)), um nur dies hervorzuheben, den ersten Vorstoß in das damals noch wenig zugängliche Gebiet der Gleichungen der komplexen Multiplikation,* während Fricke nach verschiedenen Vorarbeiten, die in den Math. Annalen Bde. 28 bis 31 (1886 bis 1888) abgedruckt sind, unter vollständiger Fühlungnahme mit mir die Ausarbeitung der geplanten systematischen Darstellung der elliptischen Modulfunktionen durchführte und seitdem mein nächster Mitarbeiter geworden ist. [...].
>
> *(*Fußnote Kleins*) H. Webers *Elliptische Funktionen und algebraische Zahlen*, die den Gegenstand zum ersten Male im Zusammenhang behandelten, erschienen erst 1890/1891 (2. Auflage als Bd.3 des *Lehrbuchs der Algebra*, 1908). (KLEIN 1923: 7)

Georg Pick arbeitete jedoch nicht nur über elliptische Modulfunktionen weiter. Er folgte auch Kleins Hinwenden zu hyperelliptischen (PICK 1888a) und Abelschen Funktionen (PICK 1886d, 1887c), zur Theorie der linearen Differentialgleichungen zweiter Ordnung, insbesondere die Theorie der Lamésche Funktionen (PICK 1888b) und die algebraische Normierung von Differentialgleichungen betreffend (vgl. Briefe [114], [119], [120], [121]).

Die Arbeit PICK 1887c aus Band 29 der *Math. Ann.* ordnete Klein beim späteren Reprint in seine Arbeiten zu den hyperelliptischen Funktionen ein. Um diese Funktionen mit der Formentheorie bzw. Invariantentheorie erfolgreich zu verbinden, hatte Klein vorausgesetzt, „[…] erstens, daß man sich hinsichtlich der Zahl der zu benutzenden homogenen Variablen volle Freiheit vorbehält (also je nach Bedarf binär, ternär,…operiert), und zweitens, daß man einen geeigneten Rationalitätsbereich (sowohl für die Konstanten als auch für die zu verwendenden algebraischen Formen) zugrunde legt und insbesondere auch die transzendenten Funktionen (z.B. die Integrale und ihre Perioden) nach ihrem invarianten Verhalten betrachtet.“ (KLEIN 1923 GMA Bd. 3: 317)[49] Als sein Hauptziel hatte Klein erklärt, „[…] für ein beliebiges algebraisches Gebilde vom Geschlechte p den Aufbau der 2^{2p} Thetafunktionen[50] eines gegebenen Riemannschen Querschnittsystems systematisch zu bewerkstelligen.“ (Ebd.)[51] Dazu untersuchte er „die Abhängigkeit der Thetafunktionen von den Koeffizienten des algebraischen Gebildes, von den Moduln einer Riemannschen Klasse“, und wollte zugleich „die Thetafunktionen in ihrer Abhängigkeit von den Stellen des Gebildes, zwischen denen die in den Argumenten auftretenden Integrale genommen werden“ zeigen.

Klein stützte sich hierbei bewusst auf Weierstraß’ Theorie der elliptischen Funktionen und war bestrebt, diese stärker mit Ansätzen der Invariantentheorie zu verknüpfen. Klein definierte von den 2^{2p} zu einem Querschnittsystem gehörigen Thetafunktionen „[…] 2^{2p} *Sigmafunktionen*, die sich bei linearen Periodentransformationen glatt vertauschen und […] vom Querschnittsystem unabhängig sind.“ (Ebd.: 318) Seine Sigmafunktionen waren ein Analogon der von Weierstaß in seiner Theorie der elliptischen Funktionen bezeichneten σ, σ_1, σ_2, σ_3, und zugleich Spezialfälle der allgemeinen Jacobischen Funktionen erster Ordnung. Kleins Sigmafunktionen zeichneten sich dadurch aus, „[…] daß sie Reihenentwicklungen nach Potenzen der Argumente zulassen, welche nach *rationalen, ganzen Kovarianten* der zugehörigen Formen φ und ψ fortschreiten.“ (Ebd.)

Um zu erklären, was der Beitrag von Pick im Anschluss an Kleins Arbeiten hierzu war, sei noch Kleins Übergang von den Theta- zu den Sigmafunktionen erläutert. Er schrieb selbst: „Dem Übergang von den Thetafunktionen zu den Sigmafunktionen entspricht, daß es mir gelang, statt des vom Querschnittssystem abhängige Clebsch-Gordanschen Normalintegrals dritter Gattung Π unter allen denjenigen Integralen dritter Gattung P, welche Vertauschung von Argument und Parameter gestatten, ein invariantentheoretisch ausgezeichnetes Integral Q aufzustellen. In bekannter Weise schreibe ich die Integrale dritter Gattung als Doppelintegrale. […]“ (KLEIN 1923: 318) Über Picks Beitrag urteilte Klein: „Das Analogon des Integrals Q ist in unmittelbarem Anschluß an meine erste Arbeit über hyperelliptische Funktionen von Pick in den math. Annalen, Bd. 29 (1887) für ebene Kurven n-Ordnung ohne Doppelpunkt gebildet worden.“ (Ebd.: 319). Klein bezeichnete Picks Ergebnis als „ersten Schritt für den Aufbau der zugehörigen Sigmafunktionen bzw. Thetafunktionen“. (Ebd.: 319, vgl. auch Picks Brief [72])

49 Vgl. hierzu Anmerkung 2 zu Brief [72].

50 Thetafunktionen sind elliptische Funktionen, die als elliptische Gegenstücke der Exponential- bzw. trigonometrischen Funktionen verstanden werden können.

51 Zu Riemanns Querschnitten von Flächen (Schnitte längs doppelpunktfreien Kurven von einem Randpunkt der Fläche zu einem anderen) vgl. den Überblick in SCHOLZ 1980: 57–59.

Picks Arbeit „Ueber die Integration der Lamé'schen Differentialgleichung", die dieser am 14. Juli 1887 bei der Akademie der Wissenschaften in Wien eingereicht hatte (PICK 1888b), würdigte Klein mit einem besonderen Kommentar, als er seine eigene Arbeit „Zur Theorie der allgemeinen Laméschen Funktionen" in seine *Gesammelten Abhandlungen* aufnahm (KLEIN 1890/1922). Dazu sei vorausgeschickt, dass Klein die Theorie der Laméschen Funktionen[52] als vorbildlich für die allgemeine Lehre von den linearen Differentialgleichungen zweiter Ordnung ansah. Er fragte bei seinen Untersuchungen nach der zweckmäßigsten Definition der zu einem n-fach ausgedehnten Raume (R_n) gehörigen Laméschen Differentialgleichung und gelangte zu einem Resultat, das er als überraschend einfach bezeichnete und an die Spitze der Theorie zu stellen gedachte. Er führte aus,

> [...] dementsprechend Laméschе Funktionen, oder vielmehr Laméschе Formen, des R_n geradezu als solche Formen $\left(\frac{2-n}{4}\right)$-ten Grades von λ_1, λ_2 zu definieren,[53] welche zweimal über eine gegebene f_{n+2} geschoben, sich selbst bis auf einen Faktor φ_{n-2} reproduzieren. (KLEIN 1922 GMA Bd. 2: 542–43)

Im ergänzten Kommentar hob Klein hervor, dass Hilbert wohl als Erster eine lineare Differentialgleichung zweiter Ordnung durch ein Aggregat von Überschiebungen ersetzt hatte, sich aber auf den Fall rationaler ganzer Lösungen beschränkte. Und Klein fuhr fort, dass aber erst Georg Pick in seiner Arbeit (PICK 1888b) nachdrücklich betont habe, „daß auch im Falle transzendenter Lösungen das gleiche Verfahren anwendbar und und in mancherlei Hinsicht vorteilhaft ist." (KLEIN 1922 GMA Bd. 2: 543) Klein merkte an, dass Pick beim Hermiteschen Fall der Laméschen Differentialgleichung anders als er selbst vorgegangen war und erläuterte dessen Herangehen:

> Er [Pick] hat zunächst eine Differentialgleichung mit vier singulären Punkten, welche bzw. die Exponenten
>
> $$\begin{matrix} \tfrac{1}{2} & \tfrac{1}{2} & \tfrac{1}{2} & -\frac{s}{2} \\ 0 & 0 & 0 & +\frac{s+1}{2} \end{matrix}$$
>
> besitzen. Durch eine in der Theorie der elliptischen Funktionen übliche algebraische Transformation kann sie in eine andere, ebenfalls mit vier singulären Punkten verwandelt werden, die nun aber sämtlich die Exponenten $-\frac{s}{2}, +\frac{s+1}{2}$ besitzen. Seien diese vier singulären Punkte durch $f(x_1, x_2) = 0$ gegeben, so führt Pick statt der Lösung v der Differentialgleichung die Form $\varphi = vf^{\frac{s}{2}}$ oder auch die andere $\psi = vf^{-\frac{s+1}{2}}$ ein, worauf die zweite Überschiebung von f und φ gleich $C'\psi$ wird. Merkwürdigerweise findet sich genau dieselbe Umformung der Hermite-Laméschen Differentialgleichung in der Darstellung, welche Halphen von der Ge-

52 Zur Weiterentwicklungen in diesem Gebiet vgl. u.a. Triebel, Hans (1965): „Über die LAMÉsche Differentialgleichung". *Mathematische Nachrichten* 30 (3-4): 137–54.

53 $f(\lambda)$ gibt Klein als Funktion (n+2)-ten Grades an (KLEIN 1922: 541).

samtheorie dieser Gleichung in Bd. 2 seiner Théorie des fonctions elliptiques gibt (1888, vgl. S. 472–473), nur daß hier wieder alle Aufmerksamkeit darauf gerichtet ist, die polynomialen Lösungen herauszuheben. K.[lein] (KLEIN 1922 GMA Bd. 2: 543)

Klein empfahl Picks Arbeiten seinen Schülern. So benutzte Henry Seely White (1861-1943) Ergebnisse aus PICK 1889 in seiner Dissertation „Abel'sche Integrale auf singularitätenfreien, einfach überdeckten, vollständigen Schnittcurven eines beliebig ausgedehnten Raumes“ (*Nova Acta Leopoldina* Bd. LVII, 1891: 41–128), was in Picks Brief [124] thematisiert ist.

Nachdem Pick zum außerordentlichen Professor berufen worden war (vgl. Abschnitt 3.6), trat wiederum eine längere Pause in der Korrespondenz ein. Da Klein zwischen Oktober 1888 und Juni 1889 nichts von Pick hörte, glaubte er, ihn zur Arbeit ermuntern zu müssen. Dies empfand Pick allerdings als unnötiges Dirigat und reagierte ungewöhnlich scharf (vgl. Brief [118] vom 15. November 1889).

Picks nächster Brief datiert erst vom November 1890, in dem er ein Manuskript über Differentialgleichungen an Klein mitschickte. Die Arbeit erschien in den *Math. Ann.*, PICK 1891a (vgl. dazu auch Brief [124], Anm. 4).

Georg Pick schritt in diesem Gebiet voran. Er konnte einen Fehler korrigieren, der in Kleins Vortrag „Über die zu einem algebraischen Gebilde gehörigen, auf dem Gebilde nirgends singulären linearen Differentialgleichungen der zweiten Ordnung“ (Jahresversammlung der Deutschen Mathematiker-Vereinigung, Wien 1894) enthalten war. Die Wiener Vorträge wurden erst 1897 publiziert, sodass KLEIN 1897 bereits die Korrektur mit Verweis auf Pick enthält. Dies sei zitiert, auch weil Klein hier Bezeichnungen erklärte, die in Picks Briefen wiederholt benutzt werden. Klein betonte eingangs, dass es ∞^{3p-3} der genannten Differentialgleichungen zweiter Ordnung gibt, dass die homogene Bezeichnungsweise eine einfache Darstellung erlaubt, und erläuterte:

> Man denke sich das Gebilde als kanonische *Riemann*'sche Fläche gegeben und setze die zugehörige complexe Variable $x = x_1 : x_2$ [...]. Eine derartige Fläche hat die Eigentümlichkeit, dass ihre Windungspunkte die Nullpunkte einer zur Fläche gehörigen algebraischen ganzen Form, der *Verzweigungsform* σ, sind. Dieses bedingt, dass die Blätterzahl *m* der Fläche ein Teiler von 2p – 2 ist. Ich setze 2p – 2 = mδ und habe dann als Grad der Verzweigungsform $\delta + 2$. Nun sei ferner Ω die allgemeinste auf der Fläche existirende ganze algebraische Form vom Grade 2 δ; Σ bezeichne eine Form vom Grade $3\delta+2$, die so bestimmt werden muss, dass der Quotient $\frac{\Sigma}{\sigma}$ in denVerzweigungspunkten in bestimmter Weise unendlich wird. Ich bezeichne endlich mit Π die unbekannte Form, welche durch die Differentialgleichung definirt werden soll, und wähle ihren Grad $= -\frac{\delta}{2}$. *Die aufzustelllende Differentialgleichung lautet dann einfach*: $\left(\Pi\sigma^2\right)_2 = \left(\frac{\Sigma}{\sigma} + \Omega\right)\Pi$. Hier steht linker Hand die zweite Überschiebung von Π über das *Quadrat* der Verzweigungsform σ *).
>
> *) Ich hatte ursprünglich den Term mit Σ fortgelassen; auf die Notwendigkeit desselben hat mich Herr Pick aufmerksam gemacht. (KLEIN 1897: 91)

Klein hatte diese Korrektur, mit Verweis auf Pick, auch bereits zwei Jahre zuvor in seinem Selbst-Referat über die Vorlesung des Sommersemesters 1895 „Über lineare Differentialgleichungen der zweiten Ordnung" aufgenommen (KLEIN 1895: 78). Zudem ermöglichte Klein, dass Pick sein Resultat noch einmal detailliert in eigenen Arbeiten veröffentlichen konnte (PICK 1895; 1898). Dies geschah auch deshalb, weil im Bericht über *Die Entwicklung der Theorie der algebraischen Functionen* (BRILL/NOETHER 1894) Georg Picks Ergebnisse unzureichend gewürdigt und nicht exakt zitiert worden waren (vgl. dazu Picks Briefe [128], [130] und [131]). Alexander Brill und Max Noether hatten diesen Bericht für die 1890 gegründete Deutsche Mathematiker-Vereinigung[54] ausgearbeitet.

3.5 Übergang des Editionsprojekts elliptische Modulfunktionen an Robert Fricke

Klein ahnte, dass mit seinem Doktoranden Robert Fricke ein brauchbarer Mathematiker für die „Kärrnerarbeit" des Aufschreibens und Fortsetzens seiner Ideen heranwachsen könnte. Fricke war – wie Pick – zum Wintersemester 1883/84 nach Leipzig gekommen, – nach vorausgegangenen Studien in Göttingen, Zürich, Berlin und Straßburg (vgl. FRICKE 1886: 90, Vita). Als Klein den Entwurf von Frickes Dissertation *Ueber Systeme elliptischer Modulfunctionen von niederer Stufenzahl* (FRICKE 1886) im Mai 1885 durchsah, begutachtete er dies positiv, gab aber noch zahlreiche Hinweise zur verbesserten Darstellung, die Fricke bis Anfang September 1885 fertigstellte. Klein las auch die korrigierte Version noch einmal gründlich und gab weitere Hinweise, die Fricke bei der Drucklegung berücksichtigte. Somit schrieb ihm Klein am 20. Januar 1886: „Es machte mir gestern viel Freude, Ihre Dissertation durchzusehen, in der nun eine Menge sorgfältiger Detailuntersuchungen zuverlässig zusammengestellt sind."[55]

In Picks Briefen ist die Übernahme des Editionsprojekts durch Robert Fricke nur am Rande sichtbar. Als Pick im Sommer 1887 in Wien weilte, schrieb er von dort an Klein: „Dr. Fricke, der zu meiner großen Freude sich auf der Durchreise hier aufhält, erzählte mir viel von seinem letzten Aufenthalt in Göttingen. Er bittet mich, Ihnen seine Grüße zu übermitteln." (Brief [102]).

Mit Brief [117] vom 21. Juni 1889 sandte Pick eine „Bestimmung des Geschlechts der Transformationsgleichung für zusammengesetzten Transformationsgrad" an Klein mit der Bemerkung, dass dies für Frickes Arbeit an den Modulfunktionen willkommen sein könnte.

Fricke unterrichtete nach Oberlehrerprüfung (1885) und Promotion in Leipzig an Braunschweiger höheren Schulen als Referendar und Studienassessor. Von Ostern 1887 bis zum 1.1.1892 ließ er sich vom Schuldienst beurlauben, weil ihn der Regent des Herzogtums Braunschweig, Prinz Albrecht von Preußen (1837-

54 Da dieser Bericht offensichtlich weitere Kritik erhielt (vgl. auch das darin enthaltene Urteil über das Buch BIERMANN 1887), verwundert es nicht, dass er nicht in die *ENCYKLOPÄDIE* einfloss. – Pick war 1892 der DMV als Mitglied beigetreten (auch Waelsch seit 1892 und Bobek seit 1893 gehörten der DMV früh an), vgl. TOEPELL 1991: 50, 289, 401.

55 [Archiv TU Braunschweig] Briefe Kleins an Fricke v. 16.5., 2.9. und 19.9.1885, 20.1.1886.

1906), als Privatlehrer für seine Söhne engagiert hatte.[56] Nebenher blieb Zeit für mathematische Forschungen.

Im Vorwort zu Band I der Monographie KLEIN/FRICKE 1890 (S. VI) vermerkte Robert Fricke, dass er selbst seit Sommer 1887 den Gedanken gefasst habe, die (ruhende) Edition zu übernehmen, Klein ihn aber erst im Herbst 1887 dazu aufgefordert habe. Hurwitz erfuhr am 21. September 1887 von Klein: „Mein Plan, mit Pick zusammen die Elliptischen Modulfunctionen zu bearbeiten, ist mit beiderseitigem Einverständnis lange aufgegeben.“ ([UBG] Math.Archiv 77: 190)

In einem Brief an Fricke vom 11. Oktober 1887 erklärte Klein, wie er sich die Anlage des Buches denke und was als Grundlage dienen solle. Klein erwähnte zwei Teile (I und II) und erläuterte zur „einleitenden Partie I“: „An der Ausführung von I haben Pick und ich verschiedentlich gearbeitet.“ (5 Kapitel)[57] Klein empfahl als Basis für die Weiterarbeit an Teil I PICK 1887b (Elliptische Funktionen), seine eigene zweistündige Vorlesung vom Sommersemester 1886 sowie seine „Elliptischen Notizen“. Zu diesen Notizen merkte Klein an:

> Vielleicht sollte man mit den letztgenannten Ideen überhaupt beginnen:
> Reguläre Körper sind Dreiecksfunctionen. Nun wollen wir überhaupt Dreiecksfunctionen betrachten. Eine Classe derselben zieht unsere Aufmerksamkeit besonders auf sich, wegen ihres Zusammenhangs mit der Theorie der elliptischen Functionen. etc. etc.
> Ich hatte das ursprünglich nicht gewollt [...]
> Ein wenig bestimmte mich auch die Rücksicht, meine Priorität den Franzosen gegenüber gut hervortreten zu lassen, so dass ich nicht gleich im ersten Kapitel Halphen's, Goursat's u.A. Untersuchungen über Dreiecksfunctionen stark hervortreten mochte.[58] Dies ist selbstverständlich eine untergeordnete Rücksicht.
> Ueber alles Andere und insbesondere das Programm II müssen wir persönlich sprechen.[59]

Die Anlage und Gesamtstruktur des Buchprojekts sollte sich noch mehrfach ändern, wobei Klein Fricke größere Freiheiten bei der Darstellung einräumte. Dreiecksfunktionen sind in Band 1, Kapitel 3 des ersten Abschnitts (Einführung), behandelt (KLEIN/FRICKE 1890).

Am 5. August 1888 berichtete Klein an Hurwitz:

> Nun muss ich Ihnen vor allen Dingen erzählen, dass Fricke wirklich an den Modulfunctionen arbeitet: jedenfalls mit mehr Consequenz und ich hoffe also auch mit mehr Energie als Pick seiner Zeit. Ich lasse ihn möglichst selbständig machen. Wir haben nur Weihnachten und Ostern jedes Mal kurz conferirt, und nun erwarte ich ihn eben wieder für die nächsten Tage.[60]

Fricke arbeitete drei Jahre lang am Projekt und brachte eigene Forschungsergebnisse ein. Die Idee, das Buch in zwei Bände zu teilen, stammte von ihm. Sie entstand im März 1890, nachdem Klein und Fricke gerade die ersten zwanzig, im

56 [Archiv TU Braunschweig] Personalakte R. Fricke 87F: 8; 60R.

57 [Archiv TU Braunschweig] Klein an Fricke, 11.10.1887.

58 In KLEIN/FRICKE 1890 (1–2; 33) sind die Bände 1 und 2 von Georges-Henri Halphen (1844-1889) zitiert, vgl. HALPHEN 1886/1888. – Édouard Goursat (1858-1936), nach ihm ist u.a. ein Tetraeder benannt (Tétraèdre de Goursat).

59 [Archiv TU Braunschweig] Nachlass R. Fricke, Brief Klein an Fricke v. 11.10.1887.

60 [UBG] Math. Archiv 77: 196.

Verlag B.G. Teubner gesetzten Druckbogen zum Buch durchgesehen hatten.[61] Klein und der Verlag stimmten der Teilung zu; somit konnten neuere Ergebnisse des im Flusse befindlichen Forschungsgebiets noch in Band 2 integriert werden.

Mit Band 1 habilitierte sich Fricke 1891 an der Universität Kiel.[62] Er schrieb in der Einleitung zu diesem Band, dass er darauf verzichtete, Covarianten zu betrachten, dass aber damit in jüngeren Arbeiten das Gebiet der elliptischen Funktionen bereichert worden sei, wobei er auf KLEIN 1886b, PICK 1887b, und auf Halphens zweiten Band des *Traité des fonctions elliptiques et de leurs applications* (HALPHEN 1888) verwies (vgl. KLEIN/FRICKE 1890: 2).

Um das Manuskript zu Band 2, *Vorlesungen über die Theorie der elliptischen Modulfunctionen: Fortbildung und Anwendung der Theorie* (KLEIN/FRICKE 1892) inhaltlich auf den neuesten Stand zu bringen, schrieb Klein am 19. Oktober 1890 an Fricke, er solle die jüngsten Resultate studieren und sich insbesondere während eines geplanten Berlin-Aufenthalts darüber informieren, was Lazarus Fuchs (1833-1902) und dessen Schüler Ludwig Schlesinger (1864-1933) in ihren Vorlesungen über Modulfunktionen und Differentialgleichungen vortragen. Fricke sollte zudem die Ideen Kroneckers – trotz dessen „Verschiedenartigkeit der Ausdrucksweise" – verstehen lernen: „Sie dürfen nicht ruhen, ehe Sie da ganz klar sehen", betonte Klein. Mit demselben Brief sandte Klein auch die jüngste Arbeit von Georg Pick (PICK 1889) an Fricke und empfahl, sie zu verwenden.[63]

Georg Pick wurde auch in Band 2 der elliptischen Modulfunktionen KLEIN/FRICKE 1892 mehrfach zitiert. Im Abschnitt über Modulargleichungen lesen wir Seite 55, dass die „zahlentheoretischen Eigenschaften der Coefficienten" der angegebenen Gleichung in PICK (1885c) eingehender behandelt werden. Im selben Abschnitt sind Picks Arbeiten (1885b, 1886a) zitiert, seine Arbeiten zur complexen Multiplication der elliptischen Functionen erneut genannt (S. 193); im Abschnitt über elliptische Normalcurven, § 10 *Deutung von Problemen aus der Teilungs- und Transformationstheorie vermittelst der Normalcurven* (S. 270) ist – wie in Band 1 – PICK 1887b erwähnt, nebst KLEIN (1880) und Halphens Band 2. In der zugehörigen Fußnote wird erläutert, dass im Text genannte Ideen für $n = 3$ ganz besonders den Entwicklungen von PICK 1887b entsprechen, wo „die elliptischen Functionen als Covarianten zweier Punkte der Normal-C_3 betrachtet und speciell für $\wp(u)$, $\wp'(u)$ dementsprechende Darstellungen explicite angegeben" sind,[64] und dass Untersuchungen für $n = 4$ in Halphens Band 2 (HALPHEN 1888) und in PICK 1889 (1888 fertiggestellt) enthalten sind (KLEIN/FRICKE 1892: 270).

61 [Archiv TU Braunschweig] Briefe Kleins an Fricke v. 18.3.1890 und 27.4.1890.

62 Klein ebnete den Weg für Frickes Habilitation in Kiel (1891) über Leo Pochhammer (1841-1920), weil Versuche in Berlin und Göttingen gescheitert waren. Nach H.A. Schwarz' Wechsel nach Berlin konnte sich Fricke im Sommer 1892 nach Göttingen umhabilitieren und erhielt zum 1.4.1894 eine o. Professur an der TH Braunschweig (Nachfolge Dedekind).

63 [Archiv TU Braunschweig] Nachlass R. Fricke, Klein an Fricke, 19.10.1890.

64 Den Buchstaben $\wp$ für die elliptische Funktion $\wp$(u) hatte Weierstraß 1865 eingeführt. Rainer BÖLLING (2016: 63) gab an, dass dieser Buchstabe auf Weierstraß' Lehrtätigkeit im Schönschreiben am Gymnasium zurückgehen soll. Zur Erklärung von $\wp$(u) etc. vgl. HURWITZ 1922:

Wir können insgesamt konstatieren, dass der mathematische Inhalt, der in den Briefen von Pick an Klein enthalten ist, über das hinausgeht, was in KLEIN/FRICKE 1890/92 dargelegt ist. KLEIN/FRICKE 1890/1892 zielte darauf, gesicherte Grundlagen und deren Anwendungen systematisch darzustellen, wozu Pick gleichfalls wichtige Beiträge leistete.

3.6 Eine Professur für Georg Pick

Am 5. August 1888 teilte Klein Hurwitz mit:

> [...] Pick ist nun endlich wirklich [...] ausserordentlicher Professor geworden. [...][65]

Georg Pick hatte als Privatdozent in Prag wiederholt Felix Klein über Berufungsvorgänge im damaligen Österreich (Graz, Czernowitz, Prag) informiert. Er erhoffte und erhielt Kleins Hilfe, um angemessen beurteilt zu werden (vgl. Briefe [57], [59], [93], [94], [109], [111]).

Personen mit jüdischer Konfession hatten noch immer mit Zurücksetzung zu rechnen, obgleich bereits der (katholische) Minister für Cultus und Unterricht Leopold Graf von Thun und Hogenstein (1811-1888), von 1849 bis 1860 im Amt, das österreichische Bildungswesen passend reformiert hatte. Seine Bildungspolitik war von Toleranz geprägt; er hatte die Berufung von Gelehrten aus dem Ausland sowie von Personen mit evangelischer oder jüdischer Konfession ermöglicht.

Georg Pick sah sich in Prag der Konkurrenz mit dem Privatdozenten Otto Biermann (1858-1909) ausgesetzt, der in Prag, Wien und Berlin studiert, in Wien promoviert (1880) und sich 1883 in Prag habilitiert hatte. Er arbeitete im gleichen Gebiet, gab allerdings Ergebnisse als neu und eigenständig aus, die es nicht waren (vgl. Briefe [41], [54], [59]). Bei Berufungen wurde oft nach der Quantität der Publikationen geurteilt (vgl. Brief [50]), da Entscheidungsträger den mathematischen Inhalt selten selbst beurteilen konnten. Biermanns Buch *Theorie der analytischen Functionen* (BIERMANN 1886/1887) erhielt viel Aufmerksamkeit, obgleich bereits die zeitgenössischen Urteile sehr kritisch waren.[66]

147–152. – Picks Briefe dokumentieren den Versuch, Kleins leicht abweichende Bezeichnungen damit in Übereinstimmung zu bringen, vgl. z.B. Brief [52].

65 [UBG] Math. Archiv 77: 196.

66 Die tschechische wikipedia-Seite gibt an: „Biermann nebyl zdaleka první, kdo přišel s myšlenkou obsah těchto přednášek zpracovat, jeho kniha byla ovšem asi nejznámější, protože vyvolala nevoli u samotného Weierstrasse. Třebaže je v ní řada chyb a nepřesností, své uplatnění na konci 80. let kniha našla, neboť podávala přehledné shrnutí široké látky.“ (Biermann war keineswegs der erste, der auf die Idee kam, den Inhalt von W.'s Vorlesungen zusammenzustellen, aber sein Buch war wahrscheinlich das bekannteste, da es die Missbilligung von Weierstraß selbst hervorrief. Obwohl es eine Reihe von Fehlern und Ungenauigkeiten enthält, fand das Buch in den späten 1880er Jahren seine Verwendung, da es eine klare Zusammenfassung eines breiten Spektrums an Material bot.)
Eine Quelle für das Urteil von Weierstraß konnte bisher nicht gefunden werden.

Im Review-Journal *Jahrbuch über die Fortschritte der Mathematik* (vgl. SIEGMUND-SCHULTZE 1993) wurden die Arbeiten vom Jahr 1887 erst in Bd. 19 (1890) besprochen. Adolf Hurwitz schrieb hier über das Buch BIERMANN 1887:

> „Die Theorie der analytischen Functionen, wie sie von Herrn Weierstrass begründet ist, hat bisher in der Literatur keine zusammenhängende Darstellung gefunden. Das vorliegende Werk soll diese Lücke ausfüllen und namentlich den Studirenden in den Stand setzen, in die genannte Theorie einzudringen. An ein derartiges Werk muss man die Anforderung stellen, dass es die zum Teil recht schwierigen Begriffe der Theorie in klarer Weise auseinandersetzt, und dass es in den Beweisen und Resultaten durchaus zuverlässig ist. Leider genügt das vorliegende Werk dieser Anforderung nicht. Dasselbe enthält fast in jedem Capitel Unklarheiten oder unrichtige Sätze [...]". (*Jahrbuch* ... 19 (1890): 361)

Dennoch listeten BRILL/NOETHER (1894: 404) beim Kapitel VII *Die Weierstrass'-sche Richtung* das Buch BIERMANN 1887 als grundlegende Literatur auf. Wir können nur vermuten, dass sie selbst das Buch nicht detailliert analysierten.

Leo Koenigsberger orientierte sich wohl nur am äußeren Karriereweg, wenn er in seiner Autobiographie über seine Zeit in Wien formulierte:

> Sehr erfreulich entfaltete sich meine akademische Wirksamkeit; eine überaus große Zahl von Zuhörern der Universität und des Polytechnikums besuchten meine Vorlesungen mit dem größten Fleiß, und ich hatte auch dort wieder viele ausgezeichnete Schüler [...], die später in der Wissenschaft hervorragendes geleistet haben, wie Otto Biermann, Georg Pick, Gustav Kohn u.a. (KOENIGSBERGER 1919: 86–87)

KLEIN (1926: 291) listet BIERMANN 1887 als Lehrbuch mit dem Bemerken: „[...] es ist nicht unbedingt zu empfehlen, da es nicht ganz zuverlässig ist."

Franz Meyer (1856-1934) besprach im *Jahrbuch* 19 (1890) eine algebraische Arbeit Biermanns (*Wiener Berichte* XCV: 523–48) und urteilte, dass alle betrachteten Aspekte bereits von anderen gelöst wurden (S. 143). Im Review von Hurwitz über eine dritte Arbeit Biermanns aus dem Jahre 1887 (*Wiener Berichte* XCV, 202–24) lesen wir: „Der Verfasser versucht die Grundlagen der Theorie der algebraischen Functionen von *n* unabhängigen Veränderlichen zu entwickeln. Dieser Versuch ist indessen nicht gelungen. [...]" (*Jahrbuch* 19 (1890): 401).

Die Rezensionen zu Picks Arbeiten im selben *Jahrbuch*-Band sind dagegen ausnahmslos positiv (S. 447 zu PICK 1887b; S. 483 zu PICK 1887c).

Georg Pick konnte sich in Prag durchsetzen, obgleich die genannten Reviews noch nicht zur Verfügung standen. Es gelang, Expertenurteile bereits zuvor einzuholen. An der Deutschen Universität in Prag wurde am 13. Oktober 1887 ein Ausschuss gebildet, um einen Kandidaten für die außerordentliche Professur zu bestimmen, die durch die Wegberufung von Anton Puchta (1851-1903)[67] frei geworden war. Der Ausschuss bestand aus Ferdinand Franz Lippich (1838-1913),[68]

67 Puchta hatte nach Studium und Promotion in Prag von 1876-78 Lehrveranstaltungen Kleins an der TH München besucht, sich 1878 in Prag habilitiert und dort 1882 eine ao. Professur für Mathematik an der Deutschen Universität erhalten.

68 Lippich, als Sohn eines früh verstorbenen österreichischen Medizinprofessors in Padua geboren, bei einem Onkel in Prag aufgewachsen, hatte hier seit 1874 die o. Professur für theoretische Physik inne.

dem Mathematiker Heinrich Durège (1821-1893) und Ernst Mach. Sie beschlossen am 14. Dezember 1887 eine Zweierliste, die an das Ministerium in Wien ging: erstens Georg Pick; zweitens Otto Biermann (vgl. BEČVÁŘOVÁ 2016: 45). Pick informierte Klein am 17. Dezember 1887 darüber (Brief [108]). Er schrieb außerdem am 5. Januar 1888 aus Wien an Klein und bat ihn, in einem Schreiben an Durège zu betonen, dass er – als ausländischer Mathematiker – den Prager Berufungsvorschlag ausdrücklich unterstütze (Brief [109]). Damit sollte das Ministerium in Wien bewogen werden, die ao. Professur tatsächlich mit ihm, dem (jüdischen) Mathematiker Georg Pick, zu besetzen.

Durège war 1864 Professor in Prag geworden, nach Studien in Bonn, Aufenthalt in den USA und Karrierestufen in Zürich. Er hatte u.a. ein Lehrbuch zur *Theorie der elliptischen Funktionen* (Leipzig: B.G. Teubner, 1861) publiziert. Im Brief [110] vom 26. Januar 1888 bedankte sich Pick bei Klein dafür, dass er den erbetenen Brief an Durège so schnell gesandt hatte.

Das Ministerium in Wien ließ sich offensichtlich Zeit mit der Entscheidung. Am 4. April 1888 (Brief [111]) informierte Pick Klein darüber, dass Ernst Mach noch an H.A. Schwarz geschrieben habe, um zusätzlich ein vergleichendes Urteil über Pick und Biermann von einem Weierstraß-Schüler zu erhalten. Schwarz, damals Kollege von Klein in Göttingen, hatte jedoch nicht geantwortet. Klein konnte ihn veranlassen, die Anfrage von Mach nicht zu ignorieren, sondern im Interesse von Pick zu beantworten (vgl. Brief [115]). Klein empfahl außerdem, dass sich Mach noch an Alfred Pringsheim (1850-1941), Repräsentant der Weierstraß'schen Funktionentheorie (vgl. KLEIN 1926: 292), sowie an Max Noether wenden solle, um Urteile zu erhalten (vgl. Picks Brief [113] vom Juni 1888).

Georg Pick wurde schließlich offiziell am 16. Juli 1888 zum ao. Professor ab 1. Oktober 1888 ernannt (BEČVÁŘOVÁ 2016: 45–46). Klein erfuhr durch Picks Brief vom 31. Juli 1888 über den erfolgreichen Ausgang.

Pick fand weitere äußere Anerkennung. Ernst Mach wandte sich am 19. März 1889 in einem Schreiben an den Hallenser Mathematiker Albert Wangerin (1844-1933) und schlug vor, „Dr. G. Pick, a.o. Prof. d. Mathematik an d. deutschen Universität Prag“, in die Kaiserlich Leopoldinisch-Carolingische Deutsche Akademie der Naturforscher (Leopoldina) aufzunehmen ([Archiv-Leopoldina] Bl. 110–111). Mach, der seit 1873 selbst Leopoldina-Mitglied war, erwähnte in seinem Schreiben Felix Klein, der Auskunft über Pick erteilen könne (vgl. Abb. 7).

Klein gehörte der Leopoldina seit dem 18. Juni 1886 an. Er unterstützte den Antrag wie dies auch Albert Wangerin und die weiteren Mitglieder taten. Somit wurde Georg Pick zum 18. August 1889 in die *Fachsection für Mathematik und Astronomie* der Leopoldina aufgenommen ([Archiv-Leopoldina] Bl. 4, 119, 178).

Georg Picks Leopoldina-Mitgliedschaft konnte beitragen, dass er drei Jahre später in Prag das Ordinariat erhielt, als Durège seine Versetzung in den Ruhestand beantragte. Pick stand an erster Stelle des Berufungsvorschlags, gefolgt von Anton Puchta und Otto Biermann. Ab 1. Oktober 1892 hatte Georg Pick die ordentliche Professur inne ([BEČVÁŘOVÁ 2016: 46–47]).

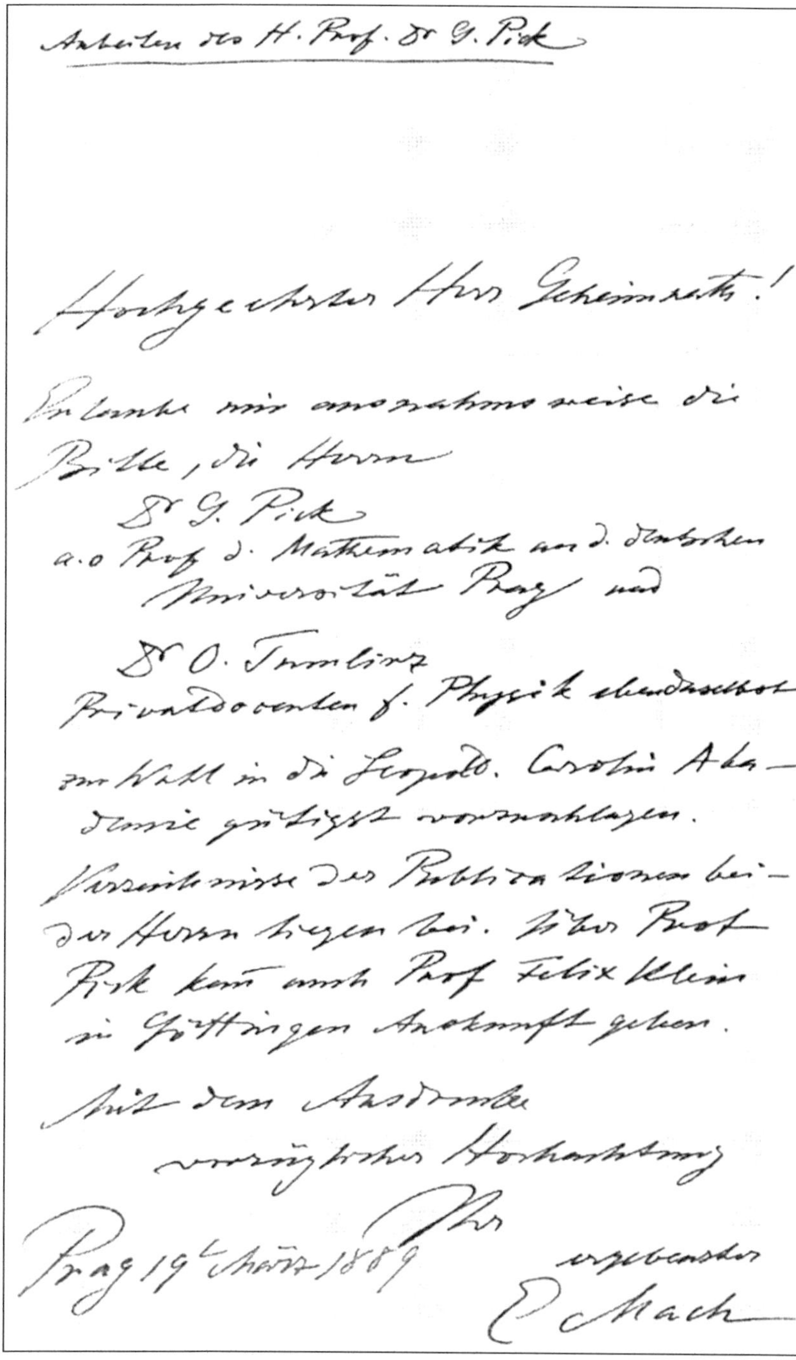

Arbeiten des H. Prof. Dr G. Pick

Hochgeehrter Herr Geheimrath!

Erlaube mir ausnahmsweise die Bitte, die Herrn
Dr G. Pick
a.o Prof d. Mathematik an d. deutschen Universität Prag und
Dr O. Tumlirz
Privatdocenten f. Physik ebendaselbst
zur Wahl in d. Leopold. Carolin. Akademie gütigst vorzuschlagen.

Verzeichnisse der Publicationen beider Herren liegen bei. Über Prof Pick kann auch Prof Felix Klein in Göttingen Auskunft geben.

Mit dem Ausdrucke vorzüglicher Hochachtung

Prag 19t März 1889

Ihr ergebenster
E Mach

Abb. 7: Vorschlag Ernst Machs, Georg Pick in die Leopoldina aufzunehmen.

Durch seine Berufung zum ordentlichen Professor kam Georg Pick in die Lage, für sein frei gewordenes Extraordinariat einen Nachfolger vorzuschlagen. Hierzu suchte er wieder den Kontakt zu Felix Klein. Pick bat darum, seine Liste und seinen bevorzugten Kandidaten zu unterstützen (Brief [127]). Der Wunschkandidat Emil Waelsch (1863-1927), der vom Prager Professorenrat an erste Stelle gesetzt worden war, stammte aus einer angesehenen jüdischen Prager Familie. Er hatte ebenfalls zwei Semester lang bei Klein in Leipzig studiert (1884/85 und 1885) und anschließend – empfohlen und gefördert durch Klein – bei Paul Gordan an der Universität Erlangen promoviert. Waelsch war seit 1890 Privatdozent für *Darstellende Geometrie* an der Technischen Hochschule in Prag. Klein besaß ebenfalls ein positives Urteil über Emil Waelsch (vgl. auch Picks Brief [65]).[69]

Das Extraordinariat erhielt Karl Bobek (1855-1899), zu dem Pick auch früh guten Kontakt besessen hatte (vgl. Brief [6]), der aber erst an die zweite Stelle der Liste gesetzt worden war [Brief 127]. Bobek hatte – wie Waelsch und Pick – zwei Semester bei Klein in Leipzig studiert (1881/82, 1882) und wie Waelsch bei Gordan an der Universität Erlangen das Promotionsverfahren absolviert.[70]

3.7 Pick's Theorem und andere wichtige Ergebnisse

Durch einen nach ihm benannten Satz wurde Georg Pick in breiten Kreisen besonders bekannt. Dies beruhte vor allem darauf, dass der polnische Mathematiker Hugo Steinhaus (1887-1972) – der aus einem jüdischen Elternhaus stammend den Holocaust überleben konnte – *Pick's Theorem* in sein Buch *Mathematical Snapshots* (Oxford University Press, 1950: 76) aufnahm.

Dieser Satz von Pick spiegelt sich zwar nicht in den hier edierten Briefen wider, aber es ist ein interessanter Zusammenhang mit Ergebnissen von Felix Klein erkennbar, die dieser vor Pick erzielte. Aus Kleins zahlentheoretischen Vorlesungen, die er Mitte der 1890er Jahre hielt (vgl. KLEIN 1897a), entsprang die Arbeit „Zur Theorie der gewöhnlichen Kettenbrüche". Klein sprach darüber auf der Jahresversammlung der Deutschen Mathematiker-Vereinigung (DMV) in Lübeck 1895 und publizierte die Ergebnisse detaillierter in den *Göttinger Nachrichten.*[71] Klein zeigte hier im Anschluss an Gauß, wie sich die Zahlen des Körpers $\sqrt{-D}$ als Gitterpunkte eines Parallelogrammgitters interpretieren lassen und wie diese Darstellung mit der komplexen Multiplikation elliptischer Funktionen zusammenhängt (vgl. zur Einordnung KLEIN 1926: 321).

69 Zur Publikationsliste von Emil Waelsch vgl. http://web.math.muni.cz/biografie/bib/hlavni/

70 Gordan bezeichnete Bobek als Klein-Schüler; der Titel der Dissertation lautete *Über gewisse eindeutige involutorische Transformationen der Ebene* (Universität Erlangen 1885, publiziert: *Wiener Berichte* 91 (1885) 476–518). 1884 hatte Bobek auch bereits ein Lehrbuch *Einleitung in die Theorie der elliptischen Funktionen* (Leipzig: B.G. Teubner) veröffentlicht. – Zu Bobeks Ruf an die Deutsche Universität in Prag vgl. auch BEČVÁŘOVÁ 2016: 52–54.

71 Klein, F.: „Zur Theorie der gewöhnlichen Kettenbrüche". *Jahresbericht der DMV* 4 (1897) Abt. 1: 153–54 (Vortrag in Lübeck, Sept. 1895); „Über eine geometrische Auffassung der gewöhnlichen Kettenbruchentwickelung". *Göttinger Nachrichten* 1895: 357–59.

Hermite veranlasste die Übersetzung und äußerte sich euphorisch, weil Klein ein Problem bewältigte, dem er sich selbst erfolglos gewidmet hatte.[72]

Georg Pick trug in der deutschen mathematischen Gesellschaft zu Prag über „Geometrisches zur Zahlenlehre“ vor und bearbeitete dies für eine Publikation (PICK 1899). Darin bezog er sich – wie Klein – auf das schon von Gauß benutzte parallelogrammatische Gitter und begann seinen Artikel wie folgt:

> Seit Gauss sind parallelogrammatische Gitter in der Ebene und entsprechende Raumfiguren vielfach zur Veranschaulichung und als heuristisches Mittel in der Zahlenlehre verwendet worden. Im Vergleich mit allen diesen Anwendungen verfolgen die nachfolgen[den] Zeilen ein viel bescheidenes Ziel: es wird der Versuch gemacht, die Elemente der Zahlentheorie von vorn herein auf geometrische Basis zu stellen. Dazu dient eine trotz ihrer Einfachheit bisher, wie es scheint, unbemerkt gebliebene Flächenformel für Polygone, welche in ein Gitter eingezeichnet sind. (PICK 1899: 311)

Pick leitete seine Formel ausführlich her und führte einen Beweis. Die Formel gilt für Vielecke, deren Eckpunkte ganzzahlige Koordinaten haben. Wenn A der Flächeninhalt eines Polygons ist, I die Anzahl der Gitterpunkte im Innern des Poly-

72 Klein, F. (1896): „Sur une représentation géométrique du développement en fraction continue ordinaire“. *Nouvelles annales des mathématiques* (3) 15: 327–31. Der Übersetzer Léonce Laugel (1859-1936) sandte Klein eine Abschrift des Originalbriefes von Hermite:

„L'article de M. Klein sur la représentation géométrique des développ.[ements] en fract.[ion] cont.[inue] dont vous m'avez envoyé la traduction m'a intéressé au plus haut point. Il est l'aurore, il contient l'annonce d'une conquête mathématique glorieuse à laquelle personne n'applaudira plus que moi; vous savez que je l'ai entrepris vainement et n'ai jamais cessé de regretter mon insuccès.

Si vous le pensez convenable veuillez faire parvenir mes plus vives, mes plus cordiales félicitations au géomètre heureux et habile qui a pénétré le premier dans un domaine dont l'accès m'est toujours resté interdit. et où lui est réservée une glorieuse récompense de ses efforts. Je ne puis douter que par des Méthodes arithmétiques praticables il ne réussisse à donner pleine satisfaction à tous ceux qui désirent voir de mécanisme des opérations en nombre fini donnant d'une part l'approximation indéfinie des racines des équations numériques du 3é degré à coefficients entiers, et de l'autre les transformations en elles mêmes des formes quadratiques ternaires in définies.

L'observation joue, je le crois, un rôle capital dans les recherches sur les nombres; […] elle peut révéler les mystères qui se jouent de nos efforts, tant leur nature est cachée. Les nombres s'offrent d'eux mêmes et tout d'abord à l'étude; ils se trouvent comme en première ligne bien avant les transcendantes de l'analyse et ils se dérobent comme jaloux de garder des secrets qui sont pour nous d'un si grand prix.

J'ai toujours pensé que l'algorithme généralisé des fract.[ions] continues donnerait une arme puissante pour les leur arracher; je me suis bercé de l'espoir que les réseaux périodiques par lesquels s'obtient l'approximation indéfinie des racines des équations algébriques et leurs unités complexes révéleraient les affections, comme dit Kronecker, de ces équations. Mais encore, faut il pouvoir les former pour les observer et surprendre les circonstances attachées aux simples racines cubiques, par exemple, ou aux équations abéliennes. Je vous au déjà parlé à propos des travaux de M. Minkowski de la thèse d'un de mes bons élèves […]

Je serai bien heureux de voir enfin les barrières abaissées et l''llustre Klein entrer comme un nouveau Josué dans la terre promise que j'ai un des premiers entrevu mais de bien loin! […]

Ch. Hermite“ [UBG X 631/Anl.] zuerst publiziert in TOBIES 2016: 121.

gons und R die Anzahl der Gitterpunkte auf dem Rande des Polygons, so lautet Picks Formel:

$$A = I + \frac{R}{2} - 1$$

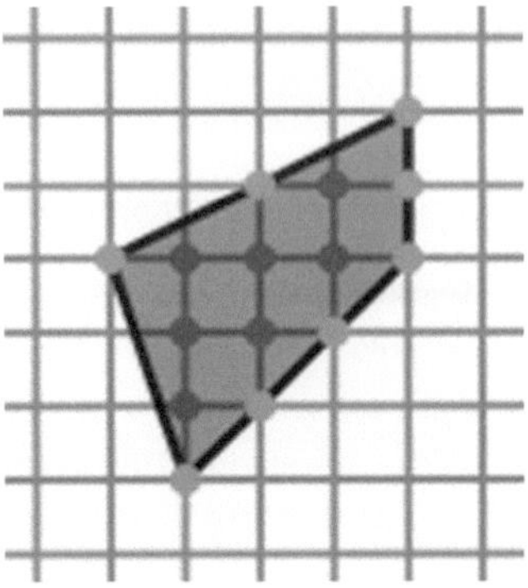

Abb. 8: Beispiel für Picks Flächenformel.
Im Beispiel ist $I = 7$, $R = 8$ und somit $A = 10$.

Nachdem Pick seine Formel bewiesen hatte, hob er im Artikel hervor:

> Hiemit sind die Grundlagen der Theorie der Näherungsbrüche geometrisch entwickelt. Ein weiterer Verfolg dieser Ueberlegungen führt rasch und ungezwungen zu jener schönen Versinnlichung der Kettenbrüche, welche H.[err] Klein unter Voranstellung der gewöhnlichen arithmetischen Theorie derselben angegeben hat. (PICK 1899: 318)[73]

In jüngerer Zeit knüpfen Mathematiker noch an Picks Flächenformel an, um zu verallgemeinern.[74] Pick hatte bereits in seiner Arbeit von 1899 auf die Fähigkeit zur Verallgemeinerung seiner Formel verwiesen, erste Ansätze dazu dargelegt und betont, dass sich zugleich „von selbst eine Verschärfung des Beweisverfahrens" ergibt (PICK 1899: 318–19).

Pick blieb kreativ. Er trug 1908 auch auf dem IV. Internationalen Mathematiker-Kongress in Rom vor. DICK/PINL 1974 enthält eine Liste von 54 seiner Publikationen; POGGENDORFF gibt zusätzliche Artikel aus den *Rendiconti del Circolo Matematico di Palermo* an. Einige Resultate seien noch hervorgehoben.

Georg Pick gewann wichtige Ergebnisse zur natürlichen Geometrie. Er konnte Ansätze von Ernesto Cesàro (1859-1906) verallgemeinern, indem er Arbeiten von Sophus Lie nutzte (PICK 1906). Cesàro hatte *Lezioni di geometria intrinseca* (Naples, 1890) publiziert, die Gerhard Kowalewski (1876-1950) deutsch herausbrachte, *Vorlesungen über natürliche Geometrie* (^{1}1901). Kowalewski fügte der zweiten deutschen Auflage einen Anhang „Die verallgemeinerte natürliche Geometrie" (CESÀRO ^{2}1926: 332–42) bei, in welchem er Picks Leistung hervorhob:

73 Pick bezog sich in einer Fußnote dazu auf KLEIN 1897a.

74 Z.B. Kiradjiev, Kristian (2018). "Connecting the Dots with Pick's Theorem." *Mathematics Today*, 212–14. https://www.maths.ox.ac.uk/system/files/attachments/ECMPick.pdf

„Der schönste Erfolg meiner deutschen Ausgabe von Cesàros Geometria intrinseca war der, daß Georg Pick, angeregt durch das Cesàrosche Buch, die Ideen des Verfassers, die sich ganz im Bereiche der euklidischen Bewegungsgruppe halten, auf beliebige ebene Transformationsgruppen übertrug. So entstand eine Verallgemeinerung der natürlichen Geometrie, die den Geometern noch reiche Betätigungsmöglichkeiten bietet und bis jetzt noch immer nicht genügend gewürdigt worden ist." (Kowalewski in CESÀRO ²1926: 332). Das Hauptstück von Picks Theorie bestand darin, dass er kovariante Koordinaten einführte und eine Identitätsbedingung aufstellte (ebd.: 340). Pick zeigte zudem (in einer ungedruckten Arbeit), wie bei räumlichen Transformationsgruppen eine natürliche Geometrie begründet werden kann; er überließ es einem seiner Schüler, dies an einem speziellen Beispiel zu demonstrieren, wie Kowalewski angab (ebd.: 342). Kowalewski, eine Zeitlang neben Pick tätig, setzte selbst in diesem Gebiet fort.[75]

In PICK 1915a ist eine Aussage der Funktionentheorie über holomorphe Endomorphismen des Einheitskreises behandelt, die in der hyperbolischen Geometrie bedeutet, dass holomorphe Endomorphismen Kontraktionen sind. Damit konnte Pick ein Lemma von H.A. Schwarz präzisieren, woraus sich die Bezeichnung *Lemma von Schwarz-Pick* ergab (vgl. GAIER 1990: 397–98, 401). An dieses Lemma knüpften im Folgenden weitere Arbeiten an (vgl. OSSERMAN 1999). Das betrifft auch das *Interpolationsproblem von Pick–Nevalinna* (PICK 1915b und 1918; NEVALINNA 1919) und die damit im Kontext stehende *Pick Matrix.*

In der Zusammenarbeit mit Klein hatte sich Pick zu einem eigenständigen Mathematiker entwickeln können, der schließlich in einigen Gebieten über ihn hinauswuchs. Pick kooperierte erfolgreich mit weiteren Partner. Das betraf die frühe Arbeit PICK/UNGAR 1880 in Wien,[76] in die Ergebnisse von Picks Dissertation einflossen. Pick lieferte zum Buch des Nationalökonomenen Alfred Weber (1868-1958)[77] einen mathematischen Anhang, in dem er Fragen der Transportoptimierung mit geometrischen Methoden behandelte.[78] Mit Philipp Frank (1884-1966) und Wilhelm Blaschke (1885-1962) publizierte Pick zum Thema „Distanzschätzungen im Funktionenraum, I und II" (FRANK/PICK 1915; BLASCHKE/PICK 1916).[79] Blaschke lehrte von 1913 bis 1915 als ao. Professor an der Deutschen Technischen Hochschule in Prag, wechselte danach als ao. Professur an die Uni-

75 Vgl. u.a. KOWALEWSKI 1925, und dessen Schülerin Gertrud Wiegandt (1926). "Zur natürlichen Geometrie einer zehngliedrigen Gruppe von Berührungstransformationen in der Ebene, *Crelle-Jornal* 155 (1926) 75–92 (Dissertation TH Dresden 1924), vgl. auch VOSS 2008.

76 Max Ungar (1850-1930) war damals Privatdozent in Wien, vgl. bes. Picks Brief [35] Anm. 3.

77 Alfred Weber war ein jüngerer Bruder des bekannteren Max Weber (1864-1920).

78 Derartige Theorien entstanden im Kontext mit ökonomischen Problemen. Klein hatte Wilhelm Launhardts Buch *Mathematische Begründung der Volkswirtschaftlehre* (Leipzig: Wilhelm Engelmann, 1885) sehr geschätzt (vgl. TOBIES 2019: 323; 326). Als selbständige mathematische Disziplin konstituierte sich die lineare Optimierung seit Ende der 1930er Jahre.

79 Zu FRANK/PICK 1915 erschienen vorläufige Mitteilungen in *Comptes Rendus* (C.R.) 158 (1914) 104 und 549. – In BLASCHKE/PICK 1916 sind die Beweise, die in FRANK/PICK 1915 mittels maßgeometrischer Überlegungen erfolgten, auf rein analytischer Basis geführt, was weiterführende Ergebnisse brachte.

versität Leipzig. Philipp Frank bekleidete von 1912 bis 1938 den Lehrstuhl für Theoretische Physik an der Deutschen Universität in Prag, als Nachfolger Albert Einsteins, der die Professur 1911/12 inne hatte (Pick war an beiden Berufungsverfahren beteiligt). Morris KLINE (1972: 1131) überlieferte, dass Georg Pick Einstein auf die Arbeiten von Gregorio Ricci-Curbastro und dessen Schüler Tullio Levi-Civita gelenkt habe. Ricci hatte zwei Semester (1878-79) bei Klein studiert; und Klein hatte eine ausführliche Darstellung der Ergebnisse zum *Calcolo differenziale assoluto* (als Tensorkalkül oder Ricci-Kalkül bekannt) in die *Math. Ann.* aufgenommen (RICCI-CURBASTRO/LEVI-CIVITA 1901). Wenn Einstein auch noch Unterstützung bedurfte, um deren Bedeutung zu erfassen und hier tiefer mathematisch einzudringen, so bildete dies maßgebliche Basis für seine Allgemeine Relativitätstheorie. (Vgl. auch KLEIN 1927: 189; 195; 205; REICH 1994)

3.8 Zum weiteren Weg von Georg Pick

Diese Edition beschränkt sich vor allem auf die Beziehungen zwischen Felix Klein und Georg Pick. Im Folgenden sei Picks weiterer Weg kurz beschrieben.

Georg Pick gehörte seit 1896 der *Gesellschaft zur Förderung deutscher Wissenschaft und Kultur in Böhmen* als ordentliches Mitglied an. So wie Felix Klein 1894 übernahm er einmal das Amt als Dekan der Philosophischen Fakultät seiner Universität (1900/01) (vgl. BEČVÁŘOVÁ 2016: 47). Pick gehörte zahlreichen Gremien, Prüfungs-, Bibliotheks-, Stipendien-, Berufungskommissionen an, leitete Promotions- und Habilitationsverfahren. Bis zu seiner Emeritierung im Jahre 1929 hielt Georg Pick, lange Zeit als einziger Ordinarius, Kurs- und Spezialvorlesungen, leitete Seminare und Proseminare, förderte zahlreiche Schüler, von denen einige Hochschullehrer wurden. Neben ihm lehrten zunächst nur Karl Bobek als ao. Professor sowie Privatdozenten. Für (Darstellende) Geometrie wurden dafür zeitweise Wilhelm Weiß (1859-1904)[80] und Wilhelm Blaschke – neben seiner Tätigkeit an der Technischen Hochschule in Prag –, engagiert.

Seit 1893 bemühte sich Georg Pick darum, eine dritte Mathematik-Professur zu etablieren bzw. einen weiteren ordentlichen Professor ernennen zu lassen. Nachdem Karl Bobek 1899 verstorben war,[81] erhielt Josef Anton Gmeiner (1862-1927) 1901 dessen Extraordinariat und wurde 1904 zum Ordinarius berufen; allerdings blieb er nur bis 1906. Nachfolger Gmeiners wurde Josef Grünwald (1876-1911); er wurde am 1. Oktober 1906 nur zum Extraordinarius ernannt und starb früh. Es sei erwähnt, dass Grünwald nach seiner Promotion 1899 bei Pick (*Raumkurven 4. Ordnung zweiter Art...*) auch in Göttingen bei Klein[82] und Hilbert studiert und sich danach 1903 in Wien habilitiert hatte.

80 Er entstammte einer ungarischen jüdischen Familie, vgl. auch Picks Brief [65].

81 Georg Pick verfasste einen Nachruf auf Karl Bobek, vgl. PICK 1900.

82 In Kleins Seminar des WS 1899/1900 sprach Grünwald am 21.2.1900 zum Thema „Über die schwingende Bewegung der Schiffe". [Protokolle] Bd. 15: 393–408.

Nach Grünwalds Ableben trat Gerhard Kowalewski 1912 als Ordinarius neben Pick, bis zu dessen Wechsel 1920 an die Technische Hochschule Dresden. Kowalewski – der bei Sophus Lie promoviert hatte – war ein herausragender Mathematiker, förderte auch das Frauenstudium gemeinsam mit Pick in Prag und später in Dresden. Seine politische Haltung muss allerdings als sehr zwiespältig bezeichnet werden: zum 1. März 1933 trat er der NSDAP bei, geriet aber als Rektor der TH Dresden bei den Machthabern in Kritik, wurde entlassen und wechselte 1939 erneut nach Prag (vgl. insbes. VOSS 2021).

Die erste Mathematikerin, die in Prag durch Georg Pick und Gerhard Kowalewski zur Doktorwürde geführt wurde, war Saly Ruth Ramler (1894-1993) im Jahre 1919. Sie ging mit ihrem späteren Ehemann Dirk Struik (1894-2000) in die USA (vgl. BEČVÁŘOVÁ 2020; TOBIES 2022).

Karl Löwner (1893–1968) gilt als einer der bedeutendsten Schüler von Pick, promovierte bei ihm 1917 im Gebiet der geometrischen Funktionentheorie. Ebenfalls aus einer jüdischen Familie stammend, konnte Löwner noch 1939 in die USA emigrieren, wo er selbst eine bedeutende mathematische Schule aufbaute.

1918 wurde die Tschechoslowakei gegründet und das Hochschulwesen reformiert. Dazu gehörte, dass Mathematik und Naturwissenschaften seit 1920 an der Deutschen Universität Prag nicht mehr der Philosophischen Fakultät zugeordnet wurden. Weitere Mathematiker konnten sich etablieren. Ludwig Berwald (1883-1942), der u.a. zur Riemannschen Geometrie arbeitete und sich hier 1919 habilitierte, wurde zum 1.4.1921 ao. Professor und zum 1.1.1927 o. Professor neben Pick. Arthur Winternitz (1893-1961), der hier 1917 den Doktortitel erworben hatte (*Über eine Klasse von linearen Funktional-Ungleichungen und über konvexe Funktionale*), habilitierte sich 1921; er erhielt 1931 eine ao. Professur. In der NS-Zeit waren sie jedoch ebenfalls gefährdet. Berwald, 1939 entlassen, wurde ein Opfer des Holocaust. Winternitz, in Oxford geboren, konnte nach Großbritannien emigrieren (vgl. hierzu auch SIEGMUND-SCHULTZE 2009).

Als Georg Pick als Emeritus 1929 nach Wien umzog, behielt er die erworbene tschechische Staatsbürgerschaft bei und blieb mathematisch aktiv. Seine letzte nachweisbare Arbeit befasste sich mit der Fredholmschen Integralgleichung (PICK 1936). Er wohnte in Wien bei einer seiner Schwestern. Wir gehen davon aus, dass er mit Martha Pick eine Wohnung teilte, die wie er unverheiratet blieb und ein Opfer des Holocaust in Theresienstadt wurde.[83]

Nachdem Österreich von Hilter-Deutschland annektiert worden war, kehrte Georg Pick im März 1938, inzwischen 79 Jahre alt, nach Prag zurück und suchte dort Zuflucht in einem Sanatorium in Prag-Veleslavín. Die *Gesellschaft zur Förderung deutscher Wissenschaft und Kultur in Böhmen* schloss ihn 1939 wegen seiner Herkunft aus einer jüdischen Familie aus ihren Reihen aus. Aufgrund seines schlechten Gesundheitszustands und des Mangels an hinreichend eigenen finanziellen Mitteln verwarf Georg Pick eine erwogene Ausreise. Am 13. Juli 1942 musste er den Transport in das Ghetto Theresienstadt erdulden, wo er am 26. Juli 1942 den Leiden erlag (BEČVÁŘOVÁ 2016: 48–50).

83 https://www.holocaust.cz/de/opferdatenbank/opfer/56079-martha-pick/

4 EDITORISCHE BEMERKUNGEN

Die Edition fand ihren Ausgangspunkt im Vortrag „Felix Klein and Georg Pick: Support and a (largely unknown) attempt to co-operate", den die Autorin im Juli 2021 im Symposium VII *Collaborations and Rivalries in the History of Mathematics* auf dem 26th International Congress of History of Science and Technology (Praha) hielt. Der nachfolgende Austausch mit Martina Bečvářová (Praha) und Jan Kotulek (Ostrava) beförderte das Unternehmen.

Für wertvolle Unterstützung in Bibliotheken und Archiven dankt die Autorin insbesondere Frau Bärbel Mund (Göttingen) und Frau Dr. Julia Hamelmann (Leopoldina, Halle). Für wesentliche Hinweise zu Aspekten der Kommentierung ist die Autorin Reinhard Bölling (Potsdam) verpflichtet. Für wichtige Hinweise und Ratschläge gebührt Hans Fischer (Eichstätt) – der alle Schreiben Picks gründlich gelesen hat – und Walter Purkert (Bonn) besonderer Dank. Reinhard Siegmund-Schultze (Kristiansand) und Tilman Sauer (Mainz) sei für einschlägige Literaturhinweise herzlich gedankt. Henning Heller (Leuven) trug maßgeblich bei, die Familienverhältnisse Georg Picks zu klären. Alle evtl. noch vorhandenen Fehler und Ungenauigkeiten verantwortet die Autorin selbst. Dem Verlag Springer Spektrum, vornehmlich Frau Nikoo Azarm und Frau Bettina Saglio, sei für die Aufnahme der Edition in das Programm bestens gedankt.

Die Anmerkungen in den Teilen I und II dieser Edition sind als Fußnoten angegeben. Im Teil III, Kapitel 8, werden die Anmerkungen hinter jedes Schreiben einzeln gesetzt. In den Anmerkungen enthaltene abgekürzte Quellen befinden sich in voller Länge in der Bibliographie. Dabei verweisen in [eckige] Klammern gesetzte Quellenangaben auf Archivalien, in KAPITÄLCHEN gesetzte Autorennamen auf Literatur. Einige Literatur, die nur für den speziellen Kontext wichtig ist, befindet sich vollständig in der jeweiligen Anmerkung und wurde nicht extra in die Bibliographie aufgenommen.

Die hier präsentierten Quellen folgen der Rechtschreibung im Original. Das betrifft auch die Kommasetzung. Picks Notation differiert in den Briefen manchmal mit der in den gedruckten Aufsätzen (das betrifft insbesondere den Buchstaben k bzw. κ). Wörter, die Georg Pick ungewöhnlich schrieb bzw. manchmal unterschiedlich, z.B. *hiemit* (hiermit), bleiben ebenfalls wie im Original, ohne das in der Regel extra zu kennzeichnen. Die originale Schreibweise spiegelt sich gleichfalls in Titeln von Artikeln. Bestimmte Wörter sind aufgrund einer späteren Rechtschreibreform unterschiedlich geschrieben (z.B. *blos* bzw. bloß; *Complex* bzw. Komplex; *definirt* bzw. definiert; *endgiltig* bzw. endgültig; *ergiebt* bzw. ergibt; *Function* bzw. Funktion; *nothwendig* bzw. notwendig, *misverstanden* bzw. mißverstanden, *wol* bzw. wohl).

II VORTRÄGE GEORG PICKS IN DEN FORSCHUNGSSEMINAREN FELIX KLEINS

Georg Pick steht in der Liste[84] der 39 Hörer von Kleins vierstündiger Vorlesung des Wintersemesters 1883/84 („Privat-Vorlesung“ *Elliptische Funktionen*, dienstags bis freitags, jeweils von 11–12 Uhr; Hörergeld: 15 Mark Honorar plus 1 Mark Stuhlgeld) und der 29 Hörer der Vorlesung des Sommersemesters 1884 (*Elliptische Funktionen II*). Außerdem hatte sich Pick für Kleins Forschungsseminare eingeschrieben. Das Seminar 1883/84 stand als „Uebungen des Königlichen mathematischen Seminars (Ausgewählte Capitel der Functionentheorie)“ im Verzeichnis der Lehrveranstaltungen, Felix Klein in Verbindung mit Dr. Dyck, montags 6-8 Uhr abends, „privatissime, aber gratis“.[85] Im Sommersemester 1884 behielt Klein die Termine bei, wobei „Seminarübungen“ ohne spezifisches Thema und ohne seinen Assistenten Walther Dyck (der einen Ruf als Professor an die Technische Hochschule München angenommen hatte) angezeigt waren.[86] Bei der Edition seiner Gesammelten Abhandlungen gab Klein diesen Seminarübungen den Titel „Elliptische Functionen“ (KLEIN 1923 GMA Bd. 3, *Anhang*: *6*).

Felix Klein führte die Mehrzahl der in den Seminaren Vortragenden zu eigenen Arbeiten, wobei Georg Pick ihn zum Teil unterstützte (vgl. Brief [2]).

Unter den Vortragenden 1883/84 waren Kleins erwähnte Doktoranden Robert Fricke, Otto Fischer und Paul Biedermann. Erwin Papperitz (1857-1938) hatte 1883 den Doktortitel erworben; es folgten Georg Friedrich (*1860), Paul Nimsch (*1860), Paul Domsch (1860-1918) und Richard Olbricht (*1859).[87] Fricke, Fischer und Papperitz erreichten Hochschulkarrieren. Der Balte Theodor Molien (1861-1941) studierte drei Semester lang bei Klein (1883/84, 1884, 1884/85) und qualifizierte sich an der Universität Dorpart (Tartu, Estland) mit Arbeiten, die Klein angeregt hatte (vgl. Picks Brief [20], TOBIES 2021: 251). Moliens wichtigste Arbeit „Ueber Systeme höherer complexer Zahlen“, in welcher er einen Klassifikationssatz für Erweiterungen komplexer Zahlsysteme bewies, nahm Klein in die *Math. Ann.* 41 (1893): 83–156, auf. Als Professor in Tomsk ab 1900 (vgl. KANUNOW 1983) dankte Theodor Molien noch 1912 Felix Klein, indem er sich als Sponsor für das von Max Liebermann gemalte Klein-Porträt beteiligte. Nur von Franz Krieg von Hochfelden (1857-1919), der wie Pick WS 1883/84 und SS 1884 bei Klein studierte, ist keine mathematische Arbeit nachweisbar.

84 Georg Pick war 1883/84 mit der Adresse Wien, Albertstraße 42/III eingetragen, und 1884 mit Wien, Sternwartenstraße 38/II. [UBG] Cod. Ms. F. Klein 7 E: Bl. 140r–140v; 141r–141v.

85 Vgl. https://histvv.uni-leipzig.de/vv/1883w.html

86 https://histvv.uni-leipzig.de/vv/1884s.html

87 Kleins Doktorschüler sind aufgelistet in KLEIN 1923 GMA, Bd. 3, Anhang: *11–13*. (Papperitz fehlt hier allerdings; dessen Dissertation begutachteten Klein und Wilhelm Scheibner.)

R. Tobies (Hrsg.), *Felix Klein und Georg Pick*,
https://doi.org/10.1007/978-3-662-67545-8_2

5 SEMINAR ÜBER AUSGEWÄHLTE CAPITEL DER FUNCTIONENTHEORIE,[88] WINTERSEMESTER 1883/84

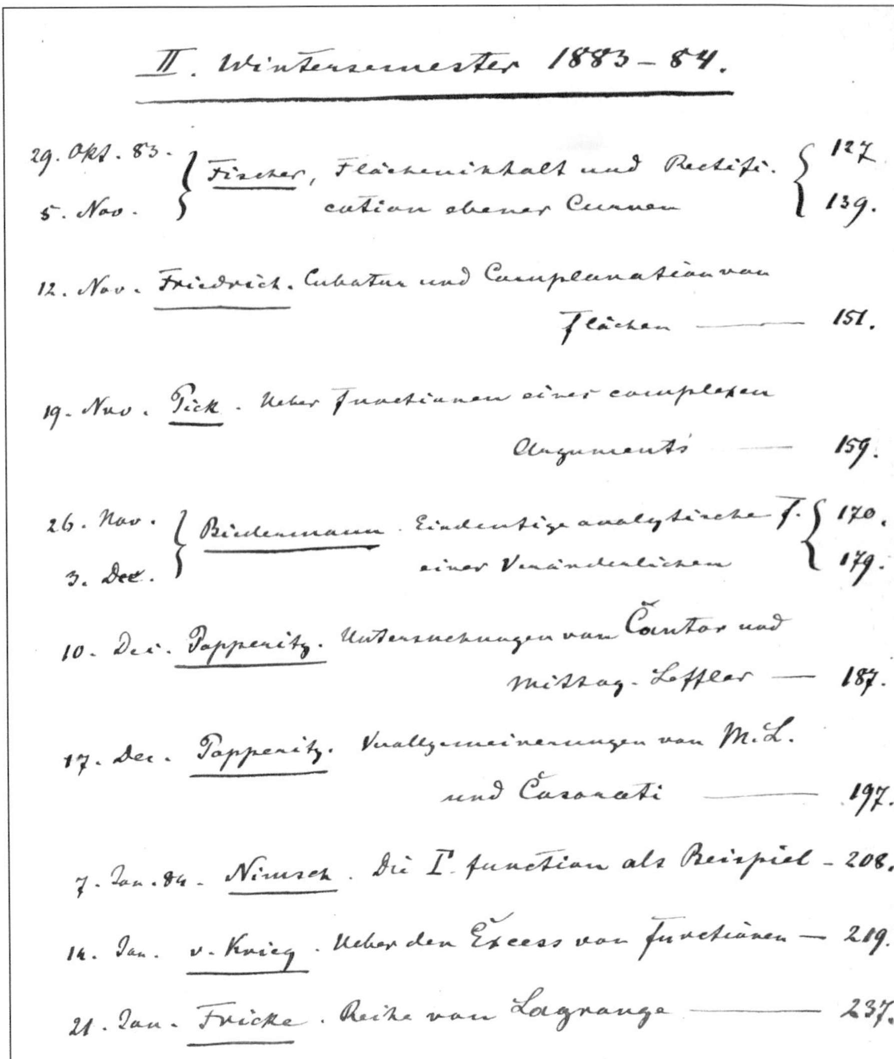

II. Wintersemester 1883–84.

29. Okt. 83. – 5. Nov. Fischer, Flächeninhalt und Rectification ebener Curven 127–139.

12. Nov. Friedrich. Cubatur und Complanation von Flächen — 151.

19. Nov. Pick. Ueber Functionen eines complexen Argumentes — 159.

26. Nov. – 3. Dec. Biedermann. Eindeutige analytische F. einer Veränderlichen 170–179.

10. Dec. Papperitz. Untersuchungen von Cantor und Mittag-Leffler — 187.

17. Dec. Papperitz. Verallgemeinerungen von M.-L. und Casorati — 197.

7. Jan. 84. Nimsch. Die Γ-function als Beispiel – 208.

14. Jan. v. Krieg. Ueber den Excess von functionen — 219.

21. Jan. Fricke. Reihe von Lagrange — 237.

Abb. 9a: Inhaltsübersicht von F. Kleins Seminar 1883/84.

88 Handschrift Felix Kleins. – In KLEIN (1923) [GMA] Bd. 3, Anhang, S. *6*, ist dieses Seminar mit dem Titel „Seminar über elementare Funktionentheorie“ bezeichnet.

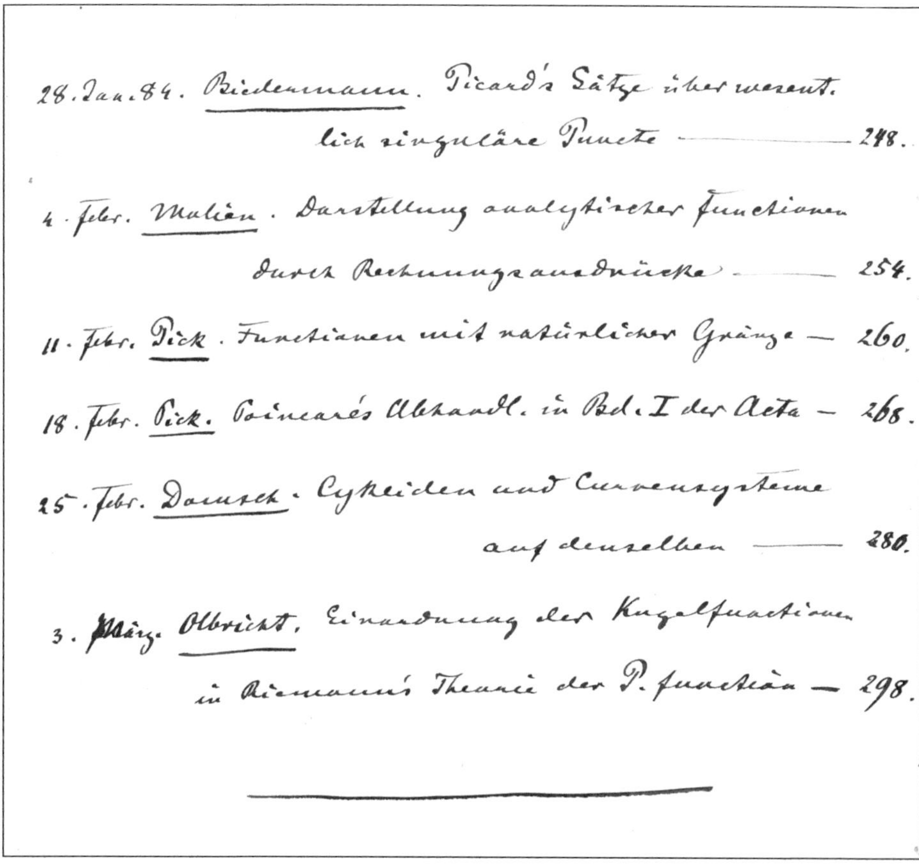
28. Jan. 84. Biedermann. Picard's Sätze über wesentlich singuläre Puncte — 248.

4. Febr. Molien. Darstellung analytischer Functionen durch Rechnungsausdrücke — 254.

11. Febr. Pick. Functionen mit natürlicher Gränze — 260.

18. Febr. Pick. Poincaré's Abhandl. in Bd. I der Acta — 268.

25. Febr. Domsch. Cykliden und Curvensysteme auf denselben — 280.

3. März. Olbricht. Einordnung der Kugelfunctionen in Riemann's Theorie der P. function — 298.

Abb. 9b: Inhaltsübersicht von F. Kleins Seminar 1883/84.

Georg Pick war der Einzige im Seminar dieses Semesters, der bereits habilitiert war und der drei Vorträge hielt.

VORTRAG 1

Im *ersten* Vortrag präsentierte Pick eine Übersicht über Definitionen und grundlegende Eigenschaften der Theorie komplexwertiger Funktionen. Orientiert durch Klein, gab er in seinem Vortrag einen Überblick über die Herangehensweisen bei Cauchy, Riemann und Weierstraß. Für die Weierstraß-Richtung stützte er sich vor allem auf einen gerade in den *Math. Ann.* erschienenen Artikel von Alfred PRINGSHEIM (1883): „Ueber gewisse Reihen, welche in getrennten Convergenzgebieten verschiedene, willkürliche vorgeschriebene Functionen darstellen". Pringsheim war von Leo Koenigsberger zu Weierstraß gekommen und übernahm von diesem „das strenge und fast ausschließliche Operieren mit Potenzreihen […], das zu neuen Resultaten geführt hat." (KLEIN 1926: 292)

19. November 1883. Dr. G. Pick: ***Definition und Grundeigenschaften der Functionen eines complexen Arguments*** ([Protokolle] Bd. 5: 159–69).

1. Definition.

Nach Riemann heißt ω eine Function der Veränderlichen $z = x + i\,y$, wenn

(1) Im Allgemeinen, d.h. von einzelnen Ausnahmestellen abgesehn, die Gleichung

$$\frac{\partial \omega}{\partial y} = i\,\frac{\partial \omega}{\partial x} \quad \text{stattfindet, und}$$

(2) Die Werte der Function an irgend einer Stelle des z-Gebiets aus denjenigen an einer anderen durch stetige Fortsetzung gewonnen werden können.

Die von Riemann in seiner Inauguraldissertation ausgesprochene, später offenbar aufgegebene, Meinung, daß beliebige Rechnungsausdrücke in z im obigen Sinne Functionen darstellen, ist im J.[ahre] 1880 von Weierstraß endgiltig widerlegt worden.[89] W.[eierstraß] zeigt, daß man unendliche nach rationalen Functionen der unabhängigen Veränderlichen fortschreitende Reihen bilden kann, welche in $\underline{n}$ verschiedenen Zeilen[90] der z-Ebene $\underline{n}$ daselbst willkürlich vorgelegten verschiedenen Functionen oder Functionszweigen gleich werden. Die hierzu nötigen Hilfsreihen sind später von [Jules] Tannery[91] in höchst vereinfachter Weise hergeleitet worden, nach Angabe von [Alfred] Pringsheim[92] übrigens schon im Jahre 1869 von [Philipp Ludwig] Seidel[93] verwendet worden. –

89 Vgl. Weierstraß, Karl (1880): „Zur Functionenlehre". *Monatsberichte der Kgl. Preußischen Akademie der Wissenschaften zu Berlin* [im Folgenden kurz: *Berliner Monatsberichte*], 719–43, zu Riemann S. 729 (Weierstraß Werke, Bd. 2, 201–30, bes. 210–12).

90 Es ist zu bemerken, dass Weierstraß von „Stücken" spricht, nie von Zeilen, was unpassend sei, wie Reinhard Bölling urteilt (Zuschrift an die die Autorin, Januar 2023).

91 Die Herleitung von Jules Tannery (1848-1910) teilte Charles Hermite mit in *Cours de Mr. Hermite professé pendant le 2e sémestre 1881/82.* Rédigé par M. Andoyer (handschriftliche Vervielfältigung = Autographie). Paris: Librairie scientifique A. Hermann 1883. – https://archive.org/details/coursdemhermite01andogoog – Vgl. dazu PRINGSHEIM 1883: 110.

92 PRINGSHEIM 1883. – Pringsheim, aus jüdischer Familie, hatte wie Pick bei Leo Koenigsberger promoviert (1872), wurde an der Universität München 1886 ao. Prof., erst 1901 o. Professor.

93 Philipp Ludwig Seidel (1821-1896), o. Mathematik-Professor, Universität München, hatte am 6. März 1869 darüber in der Kgl. Bayerischgen Akademie der Wissenschaften vorgetragen und publiziert: „Ueber eine eigentümliche Form von Functionen einer complexen Variablen und über transcendente Gleichungen, die keine Wurzeln haben". *Journal für die reine und angewandte Mathematik* [im Folgenden kurz: *Crelle Journal*] 73 (1871): 297–304.

Das Princip der „analytischen Fortsetzung“ ist übrigens schon von Gauss in einem Briefe an Bessel[94] ausgesprochen und auf die Functionen $lg\ x$ und $\int \frac{dx}{\lg x}$ angewendet worden.[95] In Bezug auf die Periodicität der Exponentialfunction und andere Fragen findet man dort den modernen Begriffen höchst verwandte Ideen entwickelt.

2. Eigenschaften und Bestimmungsweisen.

Durch die Untersuchung der Integrale von Functionen einer complexen Veränderlichen gelangt man mit Cauchy zu den elementarsten Eigenschaften der Functionen.

1. Satz: Das Integral $\int_{z_0}^{z_1} f(z)dz$ genommen auf zwei verschiedenen Wegen, welche zwischen sich einen Flächenraum einschließen, in welchen $f(z)$ überall eindeutig ist und nach der Gleichung $\frac{\partial f(z)}{\partial y} = i\frac{\partial f(z)}{\partial x}$ sich ändert, liefert übereinstimmende Werte.

94 Gauß' Brief vom 18. Dez. 1811 an Friedrich Wilhelm Bessel war damals bekannt durch die Edition des BRIEFWECHSELS (1880), 155–68. Klein schrieb dazu: „1811 z.B. bespricht Gauß in einem Briefe [Werke, Bd. 8, S. 90ff.] das Integral $\int \frac{dx}{x}$ in der komplexen Ebene und gibt den Wert des Integrals über eine den Nullpunkt *k*-mal umschlingende Kurve an […]; dies lange, ehe Cauchy seine großen Arbeiten über Integrale im komplexen Gebiet schuf.“ (KLEIN 1926: 29–30). D.h., wenn für log x die bekannte Integraldarstellung genommen wird, so kannte Gauß die Änderung des Integrals für geschlossene Kurven, die den Nullpunkt im Innern enthalten, und hatte bereits den Cauchyschen Integralsatz. – Gauß benutzte den Begriff „analytische Function“ nicht in der heutigen Bedeutung. D.h., seine Ausführungen berechtigen nicht zu sagen, dass er bereits das Prinzip der analytischen Fortsetzung ausgesprochen hat. (Für den Hinweis darauf dankt die Autorin R. Bölling.)

95 Als Erster sprach Weierstraß 1842 von „Fortsetzung“ (WEIERSTRAß 1894: 75–84), was in (KLEIN 1926: 254; 281) hervorgehoben ist. Weierstraß trug darüber in Vorlesungen vor; auch dargelegt in der von Pick benutzten Arbeit Weierstraß (1880), vgl. Fußnote 5. – KLEIN 1883 enthält ein (eigenes) *Prinzip der analytischen Fortsetzung*, das sich auf den geometrischen Ansatz mittels Riemannscher Fläche stützt und auf „die Bestimmung speciell aller *eindeutigen* Functionen mit linearen Transformationen in sich“ – die *automorphen Funktionen* – zielt (KLEIN 1883: 164–70, Zitat 170). Georg Pick, der in seinem Vortrag das Herangehen von Weierstraß erläutert, ist später bei der Edition von Kleins elliptischen Modulfunktionen unsicher über die gewünschte Darstellung (vgl. Brief [31]). –
In HURWITZ 1922 ist erklärt, wie man durch Potenzreihen die analytische Fortsetzung bewerkstelligt (36–37); ebenso das Riemann-Schwarzsche „Spiegelungsprinzip“ (ein „anschauliches Hilfsmittel“ der geometrischen Funktionentheorie), das „in vielen wichtigen Einzelfällen die wirkliche Durchführung des Fortsetzungsprozesses ermöglicht“ (HURWITZ 1922: 298–300); vgl. dazu auch WENDLAND/STEINBACH 2006: 574–86.

C.[auchy] beweist diesen Satz durch Auswertung der Variation des Integral's bei unendlich kleiner Änderung des Integrationsweges. Briot u. Bouquet[96] haben diesen Beweis in der Weise modificirt, daß als variirte Integrationscurve eine der ursprünglichen ähnliche und ähnlich gelegene Linie verwendet wird, um jedem Zweifel hinsichtlich der Convergenz des Integrals im Vorhinein zu begegnen. Dasselbe Princip hat unabhängig von ihnen Mittag-Leffler[97] verwendet.

Nach Riemann wird der Wert eines geschlossenen Integrals vermittelst des Green'schen Satzes[98] gefunden: $\int_{(c)} f(z)dz = \int (\frac{\partial f(z)}{\partial y} - i\frac{\partial f(z)}{\partial x})dxdy = 0$, wobei das erste Integral über die geschlossene Contour[99] C, das zweite über den eingeschlossenen Flächenraum erstreckt gedacht ist.

2. Satz: Wenn $f(z)$ innerhalb des von der geschlossenen Linie C begrenzten Flächenraums eindeutig und mit ihren ersten Ableitungen so stetig verläuft, daß beständig $\frac{\partial f}{\partial y} - i\frac{\partial f}{\partial x} = 0$ ist, so gilt der „Cauchy'sche Integralsatz":

$$2\pi i f(z) = \int_{(c)} \frac{f(t)dt}{t-z},$$

worin z einen beliebigen Punkt im Inneren von C bedeutet.

Dieser Satz wird aus dem vorigen nach Ausschließung des Punktes z durch einen Kreis mit unendlich kleinem Radius leicht hergeleitet.

3. Hauptsatz: Unter den im Früheren ausführlich angegebenen Bedingungen läßt sich $f(z)$ um jeden Punkt a im Inneren von C in eine nach ganzen positiven Potenzen von $z - a$ fortschreitende Reihe entwickeln.

Zum Beweise beschreibt man um a als Mittelpunkt einen Kreis der ganz innerhalb C gelegen ist. Für diesen Kreis (R) als Integrationsweg gilt dann der Satz von Cauchy für ein innerhalb R gelegenes z: $2\pi i \cdot f(z) = \int_{(R)} \frac{f(t)dt}{t-z}$. Indem man hierin $\frac{1}{t-z}$ entwickelt: $\frac{1}{t-z} = \frac{1}{t-a} + \frac{z-a}{(t-a)^2} + \frac{(z-a)^2}{(t-a)^3} + \ldots$, und hierauf integrirt, erhält man die gesuchte Entwickelung.

Der Satz läßt sich noch anders aussprechen:

96 Jean Claude Bouquet (1819-1885) und Charles Briot (1817-1882), befreundete französische Mathematiker, erzielten ausgehend von Cauchy grundlegende Ergebnisse auf dem Gebiet der Funktionentheorie, insbes. auch zur Theorie elliptischer Funktionen.

97 Klein ließ die Ergebnisse des Schweden Gösta Mittag-Leffler (1846–1927) im Seminar 1883/84 durch Dr. Erwin Papperitz analysieren. [Protokolle] Bd. 5: 187–207.

98 Der Satz von Green (auch Green-Riemannsche Formel oder Lemma von Green, gelegentlich auch Satz von Gauß-Green genannt) ermöglicht, das Integral über eine ebene Fläche durch ein Kurvenintegral auszudrücken. George Green (1793-1841) formulierte und bewies diesen Satz 1828 in *An Essay on the Application of Mathematical Analysis to the Theories of Electricity and Magnetism.*

99 Le *contour* [Franz.] Umriss, Integrationsweg.

Innerhalb eines Bereiches, in welchem $f(z)$ eindeutig ist und sich der Differentialgleichung $\frac{\partial f(z)}{\partial y} - i\frac{\partial f(z)}{\partial x} = 0$ gemäß mit ihren ersten partiellen Differentialquotienten stetig ändert, besitzt $f(z)$ überall Ableitungen nach z von allen Ordnungen.

Analoge Sätze, wie die Sätze 2. und 3., bestehen für den reellen und imaginären Bestandteil von $f(z) = u + iv$ gesondert. Da ferner vermöge der Gleichung $\frac{\partial(u+iv)}{\partial y} = i\frac{\partial(u+iv)}{\partial x}$, oder der aus ihr folgenden Gleichungen

$\frac{\partial v}{\partial y} = \frac{\partial u}{\partial x}, \frac{\partial v}{\partial x} = -\frac{\partial u}{\partial y}$ v bis auf eine Constante bestimmt ist, wenn u angegeben wird, so gelten folgende Sätze für die Bestimmung von $f(z) = u + iv$:[100]

$f(z)$ ist innerhalb eines Bereichs, in welchem sie den wiederholt angegebenen Bedingungen genügt, bis auf eine additive (rein imaginäre) Constante bestimmt,
1) wenn der reelle Teil für sämtliche Punkte des Randes gegeben ist, und
2) wenn der reelle Teil für sämtliche Punkte eines Linienstücks im Inneren, oder auch nur für unendlich dicht auf einem solchen angeordneten Punkte gegeben ist.

Diese beiden Bestimmungsweisen hängen resp. mit den Sätzen 2) u. 3) zusammen.

3. Erweiterung der Giltigkeitsgrenzen der entwickelten Sätze.

Es ist aus den angedeuteten Beweisen ersichtlich, daß man das Verhalten der Function und ihrer Ableitungen in einer endlichen Anzahl von Punkten des Bereich's C unerklärt lassen kann (wenn man nur der Function vorschreibt überall endlich zu sein), ohne daß die Giltigkeit der aufgestellten Sätze aufhört. Die Residuen des Integral's $\int \frac{f(t)dt}{t-z}$ in Beziehung auf solche Punkte sind nämlich einzeln gleich Null, und folglich auch ihre Summe.

Zum Beweise der Sätze, wie sie in N° 10 der Inauguraldissertation von Riemann[101] ausgesprochen sind, sind, auch wenn die Bedingungen noch in einigen Punkten berichtigt, bezw. [beziehungsweise] praeciser ausgesprochen werden, jene Beweismittel nicht ausreichend wegen der vergleichsweise niedrigen Stufe, auf welcher die Theorie der Doppelintegrale sich derzeit noch befindet.

Nachdem also von [Hermann Amandus] Schwarz zuerst der Fall einer endlichen Anzahl von „unerklärten" Stellen der Function $f(z)$ mit den alten oder wenig modificirten Hilfsmitteln endgiltig erledigt worden war, griff [Axel] Harnack zu jenem zweiten, in neuerer Zeit öfter zu hier einschlägigen Fragen zugezogenen

100 Zur wechselnden Bedeutung von u und v in der math. Physik vgl. KLEIN 1926: 255.
101 Riemann, B.: „Grundlagen für eine allgemeine Theorie der Functionen einer veränderlichen complexen Grösse" (Inauguraldissertation. Göttingen 1851). In: RIEMANN 2013, 3–47.

Beweisverfahren,[102] welches durch die seit Riemann's fundamentalen Untersuchungen so fortgeschrittenen Theorie der Fourier'schen Reihen geboten wird. Auch hier kann die Methode im Allgemeinen auf eine Bemerkung in Riemann's Abhandlung über die Abel'schen Functionen[103] zurückgeführt werden.

Eine nach Potenzen von $z - a = r\, e^{\varphi i}$ fortschreitende Reihe verwandelt sich für ein constantes r in eine Fourier'sche Reihe mit dem Argumente φ, oder präciser in ein Aggregat $U + i\, V$, in welchem U und V solche Fourier'sche Reihen vorstellen. Ist $U = \frac{1}{2} A_0 + A_1 \cos\varphi + A_2 \cos 2\varphi + \ldots.$

$$+ B_1 \sin\varphi + B_2 \sin 2\varphi + \ldots.,$$

so lassen sich die Coefficienten der Reihe wegen der Gleichung $u = U$ folgendermaßen darstellen:

$A_\kappa = \frac{1}{\pi}\int_{-\pi}^{+\pi} u \cdot \cos \kappa\varphi d\varphi,\ B_\kappa = \frac{1}{\pi}\int_{-\pi}^{+\pi} u \cdot \sin \kappa\varphi d\varphi,$ und in ähnlicher Weise diejenigen der Reihe V. –

Ist es also umgekehrt möglich, die Functionen u und v für irgend eine um a als Mittelpunkt beschriebene Kreislinie als Fourier'sche Reihe darzustellen, und kann man ferner die Proportionalität der Coefficienten A_κ u.s.f. [und so fort] mit r^κ nachweisen, so gelingt es, die Potenzreihe für $f(z)$ herzustellen. Die Bestimmung von A_κ, B_κ etc. bewerkstelligt Harnack dadurch, daß er in ihre durch die bestimmten Integrale gegebenen Werte jene Formeln einträgt, in welche die Gleichung $\frac{\partial f(z)}{\partial y} = i\frac{\partial f(z)}{\partial x}$ bei Anwendung von Polarcoordinaten zerfällt.

Werden nun die Bedingungen für die Darstellung durch die Fourier'sche Reihe mit jenen zusammengehalten, welche erfüllt sein müssen, wenn die Operationen, die zur Bestimmung der Coefficienten als Functionen von r notwendig sind, erlaubt sein sollen, so findet man das folgende Resultat:

Die früher hergeleiteten Sätze bleiben bestehn, auch wenn zugelassen wird:

a) Unbestimmtheit über das Verhalten der Differentialquotienten $\frac{\partial f(z)}{\partial x}$ und $\frac{\partial f(z)}{\partial y}$ hinsichtlich ihrer Stetigkeit und hinsichtlich des Bestehns der Gleichung $\frac{\partial f(z)}{\partial y} = i\frac{\partial f(z)}{\partial x}$ in den Punkten einer discreten Curvenschar und

b) Unbestimmtheit in Bezug auf die Stetigkeit von $f(z)$ selbst in Punkten, welche auf jeder Curve einer discreten Schar discret verteilt sind,

wenn nur die Endlichkeit von $f(z)$ in allen Punkten gesichert ist.

Über die Bedeutung des Ausdrucks „discret" ist [Axel] Harnack's Abhandlung über die Fourier'schen Reihen[104] zu vergleichen.

102 Vgl. Harnack, Axel (1882): „Vereinfachung der Beweise in der Theorie der Fourier'schen Reihe". *Math. Ann.* 19: 235–79; 524–28.

103 Riemann, B. (1857): „Theorie der Abel'schen Functionen". *Crelle Journal* 54: 101–55.

104 Harnack, A. (1883): „Anwendung der Fourier'schen Reihe auf die Theorie der Functionen einer complexen Veränderlichen". *Math. Ann.* 21: 305–26; hier S. 313: Zur Definition einer „discreten Menge von Punkten".

Literatur.

Riemann, *Inauguraldissertation*, ges.[ammelte] W.[erke], S.
Riemann, *Abel'sche Functionen*, ges. W., S.
Weierstraß, *Berliner Monatsber.*[ichte], 1880, 1881
Pringsheim, *Math. Annalen*, XXII. 1.
Seidel, *Crelle's Journal*, Bd. 73.
Gauss' *Briefwechsel mit Bessel.*
Cauchy, *Bulletin des sciences math. et astr.* T. VII (1874, 2)
Mittag-Leffler, *Göttinger Nachrichten* 1875.
Briot et Bouquet, *Theorie des fonctions elliptiques*, pag. 128ff. (2te Auflage).
Schwarz, *Crelle's Journal*, Bd. 74.
Harnack, *Math. Annalen*, XXI.
Harnack, *Math. Annalen*, XIX. (Trigon. Reihen).

Dr. G. Pick

VORTRAG 2

Im zweiten Vortrag widmete sich Pick dem Erzeugen von Funktionen (analytischen, komplexen) innerhalb gewisser Grenzen. Er betrachtete den von Weierstraß geprägten Begriff der „natürlichen" Grenze und erläuterte, wie Funktionen mit derartiger Grenze mit verschiedenen Methoden bei einzelnen Autoren gebildet wurden. Pick beleuchtete auch diejenigen Funktionen, mit denen sich Klein im regen Austausch mit dem französischen Mathematiker Henri Poincaré (1854-1912) befasst hatte: *Funktionen mit linearen Transformationen in sich* (vgl. KLEIN 1923 GMA Bd. 3: 577–629; SCHOLZ 1980: bes. 180–216). Poincaré hatte in diesem Kontext die Bezeichnung *Fonctions fuchsiennes* benutzt, da er angeregt durch Arbeiten von Lazarus Fuchs zu seinen Ergebnissen gekommen war. Klein führte 1890 den Begriff *automorphe Funktionen* ein, für „eindeutige Functionen mit linearen Transformationen in sich, die sich bei unendlich vielen linearen Substitutionen eines gewissen η reproduzieren lassen" (Klein 1890: 94; ausführlicher zitiert in Teil III, 8: Anmerkung 7 zu Picks Brief [121]).

Die Theorie der automorphen Funktionen und die damit verbundene Uniformisierungstheorie, durch Klein und Poincaré hervorgebracht, wurden wiederholt als Gipfelpunkt der gesamten Theorie der komplexen Funktionen im 19. Jahrhundert bezeichnet (vgl. SIEGMUND-SCHULTZE 1988: 12). Dies stand auch dem Weierstraßschen Gedankenkreis nahe. Hermann Weyl urteilte: „In der Theorie der Uniformisierung verwachsen die Weierstraßschen und die Riemannschen Gedankenkreise zu einer vollständigen Einheit." (WEYL 1955: 141)

Hilbert, der die Ergebnisse aus den 1880er Jahren noch 1900 als unvollständig betrachtete, formulierte das Thema in seinem Problem 22: „Wie können analytische Beziehungen mittels automorpher Funktionen uniformisiert werden?" Das Problem ist für Gleichungen mit zwei Variablen gelöst worden. D.h. algebraische Kurven in zwei Variablen werden parametrisiert, indem die Variablen durch Funktionen ersetzt werden, die nur noch von einer Variablen abhängen.

11. Februar 1884. Dr. G. Pick: ***Über Functionen mit natürlichen Grenzen.*** ([Protokolle] Bd. 5: 260–67).

Dem Begriffe „natürliche Grenze" kann derjenige der „künstlichen Grenze" gegenübergestellt werden. Während erstere die Grenze bedeutet, bis zu welcher eine analytische Function fortgesetzt werden kann, über welche hinaus aber eine Fortsetzung nicht möglich ist, möchte man unter letzterer die Grenze des Gebiets verstehn, innerhalb welcher der zufällig gewählte analytische Ausdruck (Rechungsausdruck) die Function darstellt, außerhalb welcher er hingegen, wenn überhaupt convergent, etwas von der Function Verschiedenes ausdrückt. Die natürliche Grenze bildet selbst ein wesentliches Attribut der Function; die künstliche hingegen hängt überhaupt nicht notwendig mit Eigenschaften der Function zusammen.

Historisches.

Aus der gegebenen Definition ist ersichtlich, daß der Begriff der natürlichen Grenze sich bezieht auf „analytische Functionen" im heutigen Sinne des Wortes. So kann es also nicht auffallen, daß Functionen mit natürlicher Grenze lange bekannt waren, ohne daß diese ihre Eigenschaft überhaupt besonders vermerkt worden wäre. In dieser Beziehung sind vor allem die zahlreichen Beispiele bei Jacobi zu erwähnen, in dessen „Fundamenta etc."[105] derartige Functionen [...][106] in verschiedenen analytischen Darstellungen sich vorfinden.

Nach den Angaben von [Hermann Amandus] Schwarz[107] hat zuerst Weierstraß im Jahre 1863 in seinen Universitätsvorlesungen auf hierhergehörige Vorkommnisse aufmerksam gemacht;[108] die erste gedruckte Erwähnung findet sich in der Abhandlung von Weierstraß in den Berliner Monatsberichten vom Jahre 1866.[109]

Construction von Functionen mit natürlicher Grenze

Von Hankel ist das von ihm erfundene „Condensationsprincip der Singularitäten"[110] auch dazu verwendet worden, Functionen eines complexen Arguments zu

105 Jacobi, C.G.J. (1829): *Fundamenta Nova Theoriae Functionum Ellipticarum.* Regiomonti (=Königsberg): Sumtibus Fratrum Borntraeger.

106 Hier gab Pick ein Beispiel, das nicht eindeutig zu entziffern ist ([Protokolle] Bd. 5: 261).

107 Schwarz, H.A. (1873): „Ueber diejenigen Fälle, in welchen die Gaussische hypergeometrische Reihe eine algebraische Function ihres vierten Elementes darstellt". *Crelle Journal* 75: 292–335, speziell S. 319. Reprint SCHWARZ 1890: 211–59, bes. S. 241.

108 Nach R. BÖLLING (2016: 75) sprach Weierstraß darüber im SS 1864 (d.h., in der Fortsetzung seiner Vorlesung über analytische Funktionen des WS 1863/64). – Felix Klein verglich: „Riemann schloß bei seinen Betrachtungen das Auftreten natürlicher Grenzen aus. Weierstraß dagegen wird durch seine systematische Denkweise gerade darauf geführt, das Verhalten der analytischen Funktion in der Nähe der natürlichen Grenzen genauer ins Auge zu fassen." Bei Weierstraß sind natürliche Grenzen – fallbezogen – „entweder ganze Kurven oder isolierte Punkte („wesentlich singläre" Punkte). (Vgl. KLEIN 1926: 286)

109 Weierstraß, Karl: „Über die Flächen, deren mittlere Krümmung überall gleich Null ist", *Berliner Monatsberichte 1866.* Berlin 1867: 612–625 (zum Kontext vgl. hier S. 617ff.).

110 Hermann Hankels (1839-1873) Arbeit, „Untersuchungen über die unendlich oft oscillirenden und unstetigen Functionen (Abdruck aus dem Gratulationsprogramm der Tübinger Universität vom 6.3.870)". *Math. Ann.* 20 (1882) 63–112, enthält sein Princip der „Condensation von Singularitäten", wozu er durch ein Beispiel von Riemann angeregt worden war (S. 69; bes. 77–81). Die *Ann.*-Redaktion gab in einer Fußnote an, dass sie „den Abdruck durchaus wörtlich gestalten und also die Incorrectheiten, welche die Arbeit im Einzelnen enthalten mag, als nebensächlich betrachteten." (S. 63) – Georg Cantor hatte Hankels Arbeit schon zuvor kritisiert. Auch Paul Du Bois-Reymond informierte A. Mayer, dass er Hankels Fehler schon in einer Arbeit von 1876 korrigiert habe, sodass Du Bois-Reymonds Arbeit ebenfalls neu abgedruckt wurde: *Math. Ann.* 21 (1883) 109–17 (vgl. TOBIES/ROWE 1990: 135–36).

bilden, welche blos innerhalb eines Kreises existiren.[111] Indem er nämlich die Function $f\,(e^{\varphi i})$ des reellen Arguments φ vermittelst seines Principes unendlich dicht mit Singularitäten versah, hatte er in der Function $f\,(r\,e^{\varphi i})$ eine solche gefunden, welche aus dem Inneren des Kreises $r = 1$ sich nicht über die Peripherien nach Außen fortsetzen ließ.

Indessen entspringt aus der vereinfachten Gestalt, welche [Georg] Cantor*[112] dem Condensationsprincipe erteilt hat, eine viel allgemeinere Vorschrift zur Bildung hierhergehöriger Functionen.

Das neue Princip geht von einer gegebenen abzählbaren Menge von Werten $\omega_1, \omega_2, \omega_3, \ldots.$ aus. Ist dann $\varphi(y)$ eine sonst stetige Function, welche nur für $y = 0$ ein singuläres Vorkommnis aufweist, so stellt $f(x) = \sum_\nu C_\nu \varphi(x - \omega_\nu)$, wenn nur für die Convergenz der Reihe im Allgemeinen gesorgt wird, eine Function dar, welche mit jenem Vorkommnis an sämmtlichen Stellen ω behaftet ist.

Augenscheinlich ist dieses zunächst nur für das reelle Gebiet der Veränderlichen x ausgesprochene Princip ohne Weiters auf Functionen einer complexen Veränderlichen zu übertragen. In der Tat hat Poincaré ein Jahr vor dem Erscheinen der Cantor'schen Note sich genau desselben Princip's bedient, um Functionen mit willkürlich vorgeschriebener Grenze, oder nach seiner Ausdrucksweise mit willkürlich vorgeschriebener „lacune“[113] aufzustellen. Es fehlt in der allgemeinen von P.[oincaré] gegebenen Vorschrift allerdings die ausdrückliche Betonung der Notwendigkeit, daß die Menge der Werte ω abzählbar sei, trotzdem in den hinzugefügten Beispielen diesem Umstande vollständig Rechnung getragen ist. Man würde nun mit Berücksichtigung dieser wesentlichen Forderung das P.[oincaré]'sche Verfahren folgendermaßen aussprechen können:

Man nehme eine im Inneren und auf der Grenze des vorgegebenen Bereichs (S), in welchen die zu construirende Function nicht soll fortgesetzt werden können, eine abzählbare Punktmenge ($\omega_1, \omega_2, \ldots$) derart an, daß dieselbe auf der Grenze überall dicht verteilt ist. Alsdann stellt die Reihe $\sum_\nu C_\nu \dfrac{1}{x - \omega_\nu}$, wenn nur, was immer möglich ist, die Coefficienten C_ν so gewählt sind, daß dieselbe für alle

111 Eine Funktion, die nur „innerhalb eines Kreises“ existiert, hatte Weierstraß bereits in seiner oben erwähnten Vorlesung über analytische Funktionen vom SS 1864 angegeben, vgl. BÖLLING 2016: 75. – MESCHKOWSKI/NILSON 1991 liefern einen guten Vergleich der Beiträge von Hankel, Weierstraß und Cantor (Anm. 2 zu Cantors Brief vom 10.1.1882 an Dedekind).

112 Pick fügte hier folgende Fußnote an: „Nach [Georg] C.[antor]'s Angabe ist eigentlich Weierstraß als Begründer des neuen Princip's zu nennen.“ – Cantors Arbeit „Über ein neues und allgemeines Condensationsprincip der Singularitäten von Functionen“. *Math. Ann.* 19 (1882), 588–94, war bereits vor Hankels Arbeit in den *Math. Ann.* publiziert worden. Klein hatte am 11.2.1882 an A. Mayer geschrieben: „Mittlerweile hat Cantor diese Nacht bis 4 aufgesessen und eine Note über sein neues ‚Condensationsprincip' (mit Mitteilungen von Weierstraß) fertig gemacht und mir eben zugeschickt. Wenn Ihnen recht ist, bringe ich es Montag zu Laska [=Factor im Teubner-Verlag, R.To] und setze es auch noch in XIX, 4, um den matten Eindruck von Harnack […] in etwa zu compensiren.“ (Zitiert aus TOBIES/ROWE 1990: 128) – Mit XIX, 4 ist Heft 4 des Bandes *Math. Ann.* 19 (1882) gemeint.

113 *La lacune* [Franz.] die Lücke, Zeichenunterbrechung

außerhalb S gelegenen x gleichmäßig convergirt, eine Function der complexen Veränderlichen x von der gewünschten Beschaffenheit vor.

Functionen mit linearen Transformationen in sich.[114]

Wenn die Gruppe der linearen Substitutionen einen Hauptkreis besitzt, so kann dieser natürliche Grenze der zugehörigen Functionen sein. Bei Functionen, deren Gruppe von allgemeinerer Natur ist, kann auch die etwa auftretende natürliche Grenze wesentlich complicirtere Formen annehmen, und braucht überhaupt keine analytische Curve zu sein.

In allen diesen Fällen aber ist die Grenze durch folgende Eigenschaften charakterisirt:

1) Hinsichtlich der Gruppe: als Ort der wesentlich singulären Punkte derselben und der Ableitung der durch diese Punkte constituirten Punktmenge;
2) Hinsichtlich der Function: als diejenige Linie, in deren Nähe die Fundamentalbereiche nach beiden Dimensionen unendlich klein werden.

(Unter den wesentlich singulären Punkten der Gruppe sind die festbleibenden Punkte ihr angehöriger parabolischer, hyperbolischer und loxodromischer Substitutionen zu verstehn).

Es wurde die Frage offen gelassen nach der Existenz von Functionen der in Rede stehenden Art, welche natürliche Grenzen von wesentlich anderer Beschaffenheit aufweisen. Solche könnten zum Beispiel charakterisirt sein:

1) Hinsichtlich der Gruppe als festbleibende Kreise bei hyperbolischen Substitutionen;
2) Hinsichtlich der Function als Linien, an welche sich je ein nur nach einer Dimension unendlich kleiner Fundamentalbereich anlegt, und längs welcher die Function einen constanten Wert besitzt.

Literatur:

Jacobi, „Fundamenta etc.“ (Werke, Bd. I, S. 141 ff.)
Schwarz, Crelle’s Journal, Bd. 75
Weierstraß, Berliner Monatsber.[ichte], 1866, S. 617.
Hankel, Tübinger Programm (Math. Ann. Bd. 20, S. 63)
Cantor, Math. Ann. Bd. 19, S. 588.

Dr. Georg Pick

114 Hier sind diejenigen Funktionen gemeint, die Felix Klein später als *automorphe Funktionen* bezeichnete (KLEIN 1890).

VORTRAG 3

Picks *dritter* Vortrag (18. Februar 1884) schloss sich an seinen *zweiten* unmittelbar an und analysierte Poincarés Arbeiten zum Thema, die in Band I der 1882 gegründeten Zeitschrift *Acta Mathematica* erschienen waren. Gösta Mittag-Leffler, Begründer und Herausgeber dieser *Acta*, hatte erreicht, dass Poincaré die detaillierte Darstellung seiner Ergebnisse in dessen Zeitschrift publizierte. Pick folgte im Vortrag der von Klein gestellten Aufgabe, insbesondere die analytischen Entwicklungen darzulegen, die Poincaré benutzt hatte, um die Funktionen aufzustellen, sowie dessen Beweise für die Konvergenz dieser Entwicklungen zu erörtern. Beim Konvergenzbeweis ergänzte Pick einen Zusatz zu seinem Vortrag im Protokollbuch. Darin erläuterte er, dass der von Poincaré angegebene Beweis offensichtlich nicht vollständig sein kann. Pick betonte, dass eine „wesentliche Unvollständigkeit des Beweises" erst behoben sein müsse, „bevor man mit Sicherheit aussprechen kann, daß die angegebenen Reihen die aufzustellenden Functionen wirklich in ihrem gesammten Gebiete darstellen".

Die Beweisansätze für die „Fundamentaltheoreme" (heute Uniformisierungstheoreme): Rückkehrschnitttheorem, Grenzkreistheorem, (Allgemeines) Fundamentaltheorem),[115] die Klein und Poincaré in den 1880er Jahren erbrachten, analysierte bereits Erhard Scholz und urteilte, dass die historische und methodische Bedeutung der Arbeiten „nicht in der gültigen Lösung, sondern in der Stellung von Problemen" lag (SCHOLZ 1980: 215). Richtige Antworten erforderten weiter ausgearbeitete topologische Konzepte.

Ausgehend von Hilberts Problem 22 initiierte Klein darüber gemeinsame Seminare mit Hilbert und Hermann Minkowski, vier Semester lang (1905–07). Klein trug über die älteren Arbeiten vor, und der teilnehmende Paul Koebe (1882-1945) wurde angeregt, analytische Beweise zu führen (1907, zeitgleich mit Poincaré). Bis zum Jahre 1912 realisierte Koebe schließlich auch Kleins Idee von einem Kontinuitätsbeweis für alle drei Theoreme. Dazu erbrachte L.E.J. Brouwer (1881–1966) einen maßgeblichen Beitrag (vgl. TOBIES 2021a). Die Ergebnisse sind in KLEIN/FRICKE 1912 eingeflossen und die grundlegenden Entwicklungen auch in KLEIN (1923 [GMA] Bd. 3: 731–47) dargestellt.

115 Zum Entstehen der Theoreme vgl. TOBIES 2019: 243–52; TOBIES 2021: 272–81; zum Überblick über das Entwicklung der Theorie der automorphen Funktionen auch SCHOLZ (1980: 349–59); GRAY 2000 ([1]1986).

18. Februar 1884. Dr. G. Pick: ***Über Poincaré's Abhandlungen im ersten Bande der „Acta Mathematica".***[116] ([Protokolle] Bd. 5, S. 268–279).

Im Anschlusse an den letzten Teil des vorhergegangenen Vortrags wurden die von Poincaré als „Fonctions Fuchsiennes" bezeichneten Functionen zum Gegenstande einer ausführlichen Darlegung gemacht. Es sollte sich in erster Linie um die analytischen Entwickelungen handeln, welche P. für diese Functionen aufgestellt hat, sowie um die Beweise für die Convergenz jener Entwickelungen.

Vorausgeschickt wurden folgende Vorbemerkungen.

1) Die Gesammtheit der linearen Substitutionen einer complexen Variablen z, welche einen festen Kreis der z – Ebene erhalten, lässt sich geometrisch als die Gesammtheit der Bewegungen dieser Ebene in sich im Sinne der sogleich zu definirenden Maßbestimmung auffassen. Es spielen darin die Kreise des Netzes, welches den „Hauptkreis" zum Orthogonalkreis besitzt, die Rolle der geodätischen Linien. Die Länge eines Stücks einer solchen Linie ist durch den Logarithmus des Doppelverhältnisses der complexen Werte gegeben, welche den beiden Endpunkten desselben und den beiden Schnittpunkten des Kreises mit dem Hauptkreise entsprechen. Die Winkel sind im gewöhnlichen Sinne zu messen.

Bezeichnet a den Radius des Hauptkreises, dl (df) und dL (dF) Linien- (Flächen-)elemente in gewöhnlicher und der eben charakterisirten Maßbestimmung, ρ deren Distanz vom Mittelpunkte des Hauptkreises, so hat man

$$dL = \frac{2adl}{\left|a^2 - \rho^2\right|}, \quad dF = \frac{4a^2 df}{\left(a^2 - \rho^2\right)^2}$$

2) In der ersten der beiden hiehergehörigen Abhandlungen beweist P.[oincaré] die folgenden beiden Sätze:

I. Jede discontinuirliche Gruppe linearer Substitutionen mit Hauptkreis giebt Anlaß zu einer Einteilung der Ebene in eine (unendliche Anzahl von Fundamentalpolygonen, deren Seiten Kreisbögen des Netzes sind und paarweise zusammengehören, deren Ecken in Cyclen zusammengehören. Dabei sind

a) Zusammengehörige Seiten im Sinne der Maßbestimmung gleich lang;

b) Die Summe der Winkel eines Cyclus ist ein aliquoter Teil[117] von 2π.

II. Jedes so beschaffene Polygon definirt eine (oder mehrere) discontinuirliche Gruppe.

Es sei nun eine derartige Gruppe mit einer entsprechenden Einteilung der Ebene gegeben; und zwar sei der Kreis $|z| = 1$ Hauptkreis der Gruppe. Man bilde zunächst die Reihe

(1) $\sum_i \left|\gamma_i z + \delta_i\right|^{-2m} = \sum_i \left|f_i'(z)\right|^{-m}$ erstreckt über sämtliche Substitutionen

116 Poincaré, Henri (1882): « Théorie des groupes fuchsiens ». *Acta Mathematica* 1 : 1–62 ; « Mémoire sur les Fonctions Fuchsiennes ». Ebd. 193–294 (23 Oct. 1882). https://archive.org/details/actamathematica01upps/page/n13/mode/2up

117 Ein *aliquoter Teil* ist in der Arithmetik ein Teil des Ganzen, der sich zu diesem verhält wie die Einheit zu einer ganzen Zahl (=ohne Rest teilbar). *Aliqout* [lat.] einige, ein paar.

$\frac{\alpha_i z + \beta_i}{\gamma_i z + \delta_i} = f_i(z) \quad \alpha_i\delta_i - \beta_i\gamma_i = 1$ der Gruppe. Es ist die Convergenz dieser Reihe zu erweisen, wenn m eine positive ganze Za[h]l ≥ 2 bedeutet.

Man nehme erstens z innerhalb des Hauptkreises gelegen an und umgebe dasselbe mit einem kleinen Contour C_0, dessen Inhalt im Sinne der gewöhnlichen Maßbestimmung selbst mit C_0 bezeichnet werden möge. Liegt z in endlicher Entfernung von den festbleibenden Punkten elliptischer Substitutionen der Gruppe, so läßt sich die Annahme von C_0 allemal so treffen, daß sich keine zwei der Flächenstücke C_i, welche aus C_0 durch die Transformationen $f_i(z)$ der Gruppe hervorgehn, gegenseitig überdecken. Liegt dagegen z in der Nähe des Punktes a, welcher festbleibender Punkt für eine Untergruppe von elliptischen Substitutionen der Gesamtgruppe ist, so liegen am Punkte a jedenfalls mehrere Flächenstücke C_0 C_m C_n …, bei welchen gegenseitige Überdeckungen unvermeidlich sind. Hier ist nun festzuhalten, daß erstens die Anzahl dieser Flächenstücke endlich ist, und daß man zweitens die Wahl von C_0 wieder derart treffen kann, daß zwei an verschiedenen Punkten $f_k(a)$ liegende C_i von einander völlig getrennt sind.

In jedem Falle folgt dann aus dem Umstande, daß sämmtliche C_i innerhalb des Einheitskreises gelegen sind, die Endlichkeit der Summe

(2) $\sum_i C_i = C.$

Es gelingt nun durch eine kleine Zwischenbetrachtung, die Reihe (1) mit der Reihe (2) in Vergleich zu setzen. Bezeichnet M_i das Maximum, m_i das Minimum von $|f_i'(z)|$ für innerhalb von C_0 gelegene z, so ist leicht zu sehn, daß für das Verhältnis $\frac{M_i}{m_i}$ eine von i unabhängige obere Grenze K angegeben werden kann. Es ist nämlich $\frac{M_i}{m_i} = \frac{Max.\left|z + \frac{\delta_i}{\gamma_i}\right|^z}{Min.\left|z + \frac{\delta_i}{\gamma_i}\right|^z}$. Hier bedeutet $\left|z + \frac{\delta_i}{\gamma_i}\right|$ die Entfernung des Punktes z von dem Punkte $-\frac{\delta_i}{\gamma_i} = f_i^{-1}(\infty) = f_K(\infty)$, und da die sämtlichen $f_K(\infty)$ außerhalb des Einheitskreises gelegen sind[,] ergibt sich zunächst, daß $\left|z + \frac{\delta_i}{\gamma_i}\right|$ nicht unter eine gewisse endliche von 0 verschiedene Grenze herabsinken kann. Schließt man ferner den Wert $f_0(\infty) = \infty$ und diejenigen jedenfalls blos in endlicher Zahl vorhandenen $f_K(\infty)$, welche selbst gleich ∞ sind, aus, so ist leicht auch eine endliche obere Grenze für $\left|z + \frac{\delta_i}{\gamma_i}\right|$ festzustellen.

In den ausgeschlossenen Fällen ist offenbar $\frac{M_i}{m_i} = 1$, womit also allgemein die Richtigkeit der obigen Behauptung dargetan ist.
Das Verhältnis zweier an den Punkten z und f_i (z) bezw. gelegener aequivalenter Flächenelemente ist $\left(\frac{|df_i(z)|}{|dz|}\right)^2 = |f_i'(z)|^2$. Hieraus entspringt die Ungleichung $\frac{C_i}{C_0} > m_i^2$, welche mit $M_i^2 < K^2 \cdot m_i^2$ zusammengehalten $M_i^2 < \frac{K^2}{C_0} \cdot C_i$ ergiebt. Es ist also $S = \sum_i |f_i'(z)|^2 < \frac{K^2}{C_0} \cdot C$ eine convergirende Reihe. Es folgt ferner

$$|f_i'(z)| < S^{\frac{1}{2}}, \qquad \text{also ist } \sum_i |f_i'(z)|^m < S^{\frac{m-2}{2}} \cdot \sum_i |f_i'(z)|^2$$
$$< S^{\frac{m-2}{2}} \cdot S^{\frac{m-2}{2}} \cdot S = S^{\frac{m}{2}}$$

für $m > 2$ ebenfalls convergent.

Das Princip der Reihenvergleichung erlaubt nun in einfachster Weise den Convergenzbeweis auf die Fälle auszudehnen, wo z außerhalb oder auf der Peripherie des Hauptkreises liegt. Es sind dabei die einzelnen Terme der Reihe mit den entsprechenden, gebildet für einen beliebig im Inneren des Kreises anzunehmenden Hilfspunkt z, in Verhältnis zu setzen. Auszuschließen sind blos die Fälle, in welchen z unendlich nahe liegt

1) einem der Punkte $-\frac{\delta_i}{\gamma_i}$, oder
2) wesentlich singulären Punkten der Gruppe.

Durch die bisherigen Hilfsbetrachtungen ist nun offenbar der Beweis erbracht für die unbedingte Convergenz der Reihen von der Form

$$\theta(z) = \sum_i \mathrm{H}\left(\frac{\alpha_i z + \beta_i}{\gamma_i z + \delta_i}\right)(\gamma_i z + \delta_i)^{-2m},$$

worin H eine rationale Function, m eine positive ganze Zahl ≥ 2 bedeutet.
Es besitzt die hingeschriebene Reihe die Eigenschaft, daß $\theta\left(\frac{\alpha z + \beta}{\gamma z + \delta}\right) = (\gamma z + \delta)^{2m}\, \theta(z)$ wird, wenn $\left(z, \frac{\alpha z + \beta}{\gamma z + \delta}\right)$ eine beliebige Substitution der Gruppe bedeutet.

Durch geeignete Quotientenbildung erhält man aus derartigen Functionen andere, welche für die Substitutionen der Gruppe überhaupt ungeändert bleiben, also diejenigen Functionen, deren Aufstellung angestrebt wurde.

Für diese nun besitzt der Hauptkreis entweder die Eigenschaft, daß er die natürliche Grenze derselben vorstellt, also unendlich dicht mit singulären Punkten besetzt ist; oder die singulären Punkte der Function bilden auf demselben doch eine Punktmenge mit unendlich vielen Ableitungen. Dr. Georg Pick.

Zu dem skizzirten Convergenzbeweis wäre noch der folgende Zusatz zu machen. Für die sämtlichen Punkte z, welche innerhalb des gewählten Contour's C_0 liegen, ist der absolute Betrag des Restes der Reihe $\sum_i \left|f_i'(z)\right|^2$ vom n^{ten} Gliede ab kleiner als $S_n = \sum_{i=n}^{\infty} C_i \cdot \frac{K^2}{C_0}$, so daß also für den gesammten Bereich C_0 vermittelst derselben Zahl n eine geforderte Annäherung erzielt werden kann. Es convergirt also die Reihe innerhalb des genannten Bereichs gleichmäßig. Insoferne es offenbar möglich ist, durch einen oder wenigstens eine endliche Zahl von Contouren der früher geforderten Beschaffenheit, welche in gewisser Aufeinanderfolge so anzunehmen sind, daß jeder mit dem vorhergehenden einen endlichen Flächenteil gemeinsam hat, irgend zwei Punkte des Inneren des Hauptkreises mit einander in Verbindung zu setzen, ist man berechtigt den Satz auszusprechen, daß die angeführte Reihe innerhalb des Hauptkreises gleichmäßig convergirt. Ähnliche Betrachtungen werden einen entsprechenden Satz für das Äußere des Kreises aufzustellen erlauben.

Dagegen ist es mit den in dem angegebenen Beweise enthaltenen Mitteln anscheinend nicht möglich nachzuweisen, daß in denjenigen Fällen, wo die aufzustellende Function aus dem Inneren des Einheitskreises durch gewisse Teilstrecken (die Seiten zweiter Art) nach Außen hin analytisch muß fortgesetzt werden können, die aufgestellten Reihen für das aus dem Inneren und Äußeren des Kreises bestehende Gesammtgebiet gleichmäßig convergiren. Es bildet dieser Umstand eine wesentliche Unvollständigkeit des Beweises, welche behoben sein muß, bevor man mit Sicherheit aussprechen kann, daß die angegebenen Reihen die aufzustellenden Functionen wirklich in ihrem gesammten Gebiete darstellen.

Dr. Pick

6 SEMINAR ÜBER ELLIPTISCHE FUNCTIONEN,[118] SOMMERSEMESTER 1884

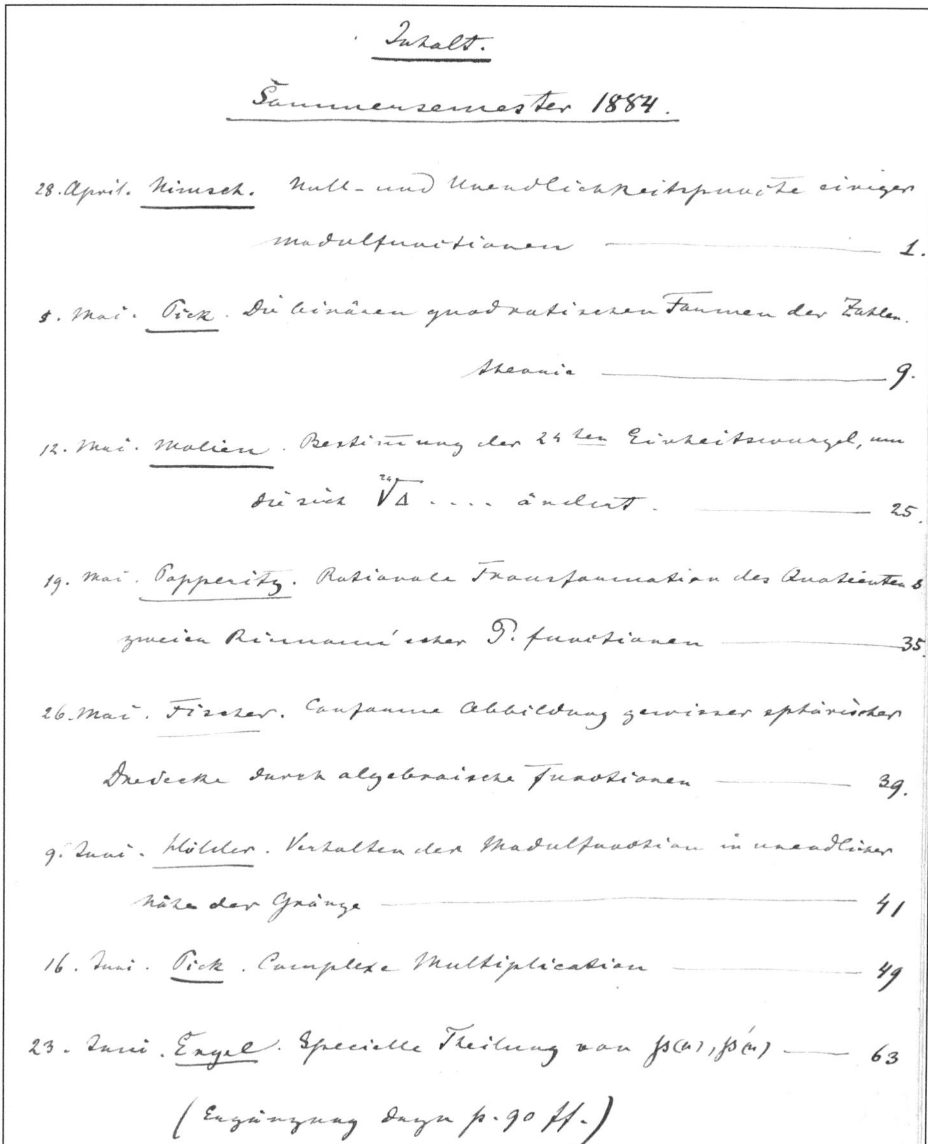

Inhalt.

Sommersemester 1884.

28. April. Hurwitz. Null- und Unendlichkeitspunkte einiger Modulfunctionen — 1.

5. Mai. Pick. Die binären quadratischen Formen der Zahlentheorie — 9.

12. Mai. Molien. Bestimmung der 24ten Einheitswurzel, um die sich $\sqrt[24]{\Delta}$ ... ändert. — 25.

19. Mai. Papperitz. Rationale Transformation des Quotienten zweier Riemann'scher P. functionen — 35.

26. Mai. Fischer. Conforme Abbildung gewisser sphärischer Dreiecke durch algebraische Functionen — 39.

9. Juni. Hölder. Verhalten der Modulfunction in unendlicher Nähe der Gränze — 41

16. Juni. Pick. Complexe Multiplication — 49

23. Juni. Engel. Specielle Theilung von $\wp(u)$, $\wp'(u)$ — 63

(Ergänzung dazu p. 90 ff.)

Abb.10a: Inhaltsübersicht von F. Kleins Seminars 1884.

118 Dieser Titel des Seminars ist angegeben in KLEIN 1923 GMA, Bd. 3, *Anhang*: *6*. In der zeitgenössischen Ankündigung gab es – wie erwähnt – keinen speziellen Titel des Seminars.

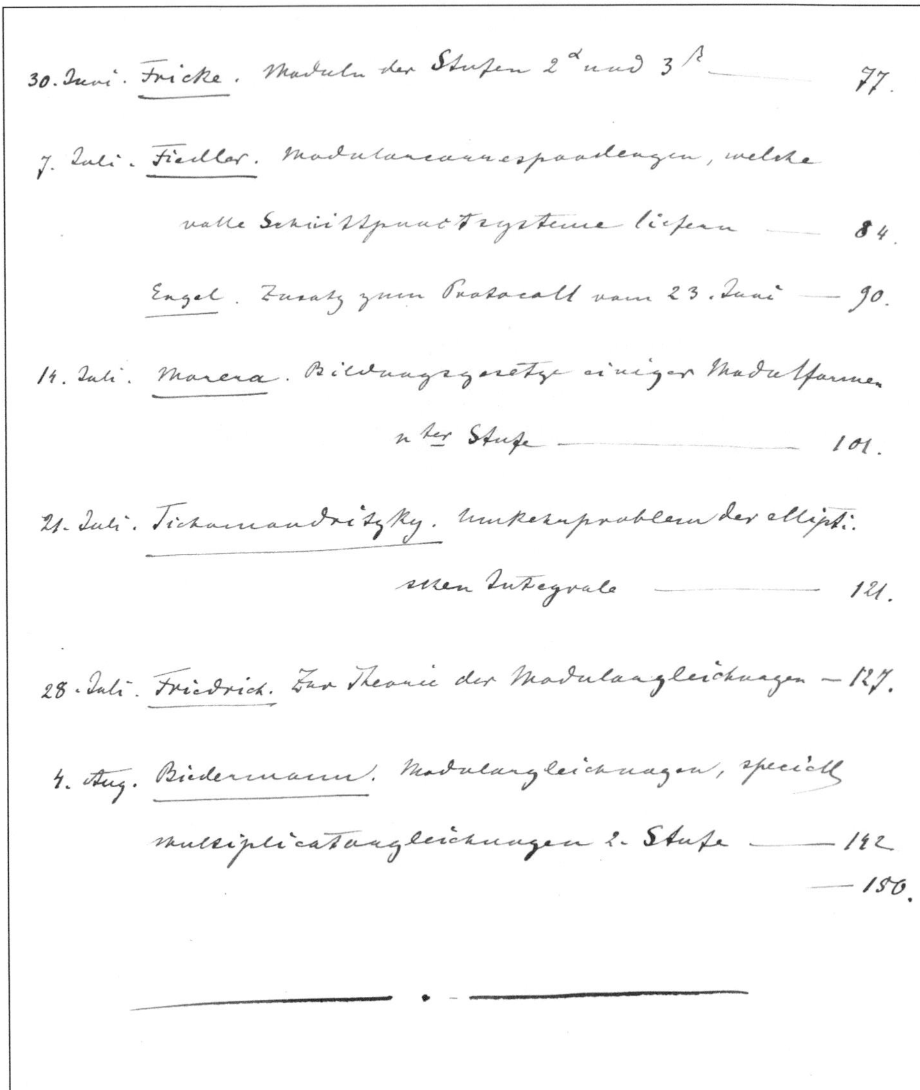

30. Juni. Fricke. Moduln der Stufen 2^{α} und 3^{β} — 77.

7. Juli. Fiedler. Modularcorrespondenzen, welche volle Schnittpunktsysteme liefern — 84.

Engel. Zusatz zum Protocoll vom 23. Juni — 90.

14. Juli. Morera. Bildungsgesetze einiger Modulformen n^{ter} Stufe — 101.

21. Juli. Tichomandritzky. Umkehrproblem der elliptischen Integrale — 121.

28. Juli. Friedrich. Zur Theorie der Modulargleichungen — 127.

4. Aug. Biedermann. Modulargleichungen, speciell Multiplicatorgleichungen 2. Stufe — 142 — 150.

Abb.10b: Inhaltsübersicht von F. Kleins Seminars 1884.

Im SS 1884 trat Ernst Fiedler (1861-1954), aus der Schweiz kommend, als neuer Kandidat für den Doktortitel hinzu (vgl. auch Brief [2], sowie VOLKERT 2018, CONFALONIERI ET AL. 2019). Außerdem beteiligten sich weitere als Vortragende, die in ihren Karrierestufen bereits fortgeschritten waren. Otto Hölder (1859-1937) hatte 1882 an der Universität Tübingen promoviert (*Beiträge zur Potentialtheorie*) und Klein ebnete ihm hier den Weg, sodass er sich im Juli 1884 in Göttingen habilitieren konnte. Friedrich Engel (1861-1941) hatte 1883 in Leipzig den Titel mit einer Dissertation erworben, die an Sophus Lies[119] Theorie der Berührungstransformationen anknüpfte, empfohlen durch den ao. Professor Adolph Mayer. Klein und Mayer sandten Engel noch 1884 nach Christiania (Oslo), damit er Lie beim Ausarbeiten seiner Ideen unterstützt. 1885 habilitierte sich Engel bei Klein in Leipzig. Der Italiener Giacinto Morera (1856-1909) hatte bereits im WS 1883/84 ohne eigenen Vortrag am Seminar teilgenommen und arbeitete seitdem an Kleins Forschungsprogramm mit. Der aus Russland stammende Matvej A. Tichomandritzky (1844-1921) hatte in St. Petersburg studiert, dort Qualifizierungsstufen insbesondere mit Forschungen über die hypergeometrische Reihe genommen und war Dozent in Charkow geworden. Bevor er nach Leipzig kam, hatte er bereits in den *Math. Ann.* publiziert.[120]

VORTRAG 4

Klein übertrug Pick für dessen *vierten* Vortrag die Aufgabe, seine eigenen an der TH München gehaltenen Vorlesungen zur Algebra und Zahlentheorie zu analysieren, um Grundlagen zum Thema zu präsentieren. Diese Vorlesungen hatte Kleins bereits erwähnter Assistent Josef Gierster ausgearbeitet, der wichtige Beiträge zur Theorie der Klassenzahlrelationen geliefert hatte, die Bausteine für Kleins *Stufentheorie* bildeten. Giersters Vorlesungs-Ausarbeitung (datiert 1879) bezog sich auf verschiedene Vorlesungen, die Klein seit 1877 gehalten hatte. Für 1879 hatte Klein zwei 4-stündige Vorlesungen, eine „Höhere Mathematik II" für breites Publikum (Ingenieure) und eine zweite „höhere" Vorlesung „Algebraische Gleichungen", angekündigt. ([UBG] Cod. Ms. F. Klein 7E, Bl. 217). Für Letztere hatten sich nur acht Hörer eingeschrieben, sodass Klein den Inhalt der Vorlesung auf sein Forschungsfeld verlagerte, denn in KLEIN (1923 [GMA] Bd. 3, Anhang 5) ist Kleins höhere Vorlesung vom SS 1879 mit *Elliptische Funktionen, insbesondere Modulfunktionen* angegeben.

5. Mai 1884. Dr. G. Pick: ***Über die binären quadratischen Formen der Zahlentheorie*** ([Protokolle] Bd. 6: 9–23).

Das Problem der Auflösung unbestimmter Gleichungen durch Systeme rationaler Zahlen wird zurückgeführt auf die Frage nach der Darstellbarkeit einer gegebenen Zahl $\underline{m}$ durch eine homogene Function $\varphi\ (x_1, x_2, \ldots x_\mu)$ mit ganzzahligen Coefficienten. Diese Frage hiewiederum führt auf die nach der Aequivalenz zweier solcher Functionen, vermittelt durch eine Substitution $x_i = \alpha_{i1}\ y_1 + \alpha_{i2}\ y_2 + ..+ \alpha_{ip}\ y_\mu$ $(i = 1,2,..n)$ mit ganzen Zahlen $\alpha_{i\kappa}$ von der Determinante $\underline{\pm 1}$.

119 Sophus Lie wurde zum 1. April 1886 Kleins Nachfolger in Leipzig.

120 Tichomandritzky, M. (1883): „Ueber das Umkehrproblem der elliptischen Integrale". *Math. Ann.* 22: 450–54. – Aus seinem Seminarvortrag resultierte: Tichomandritzky, M. (1885): „Ueber das Umkehrproblem der elliptischen Integrale. 2. Note". *Math. Ann.* 25: 197–202.

Diese „zahlentheoretische" Aequivalenz ist als der engere Begriff unter dem weiteren der algebraischen oder „invarianthentheoretischen" Aequivalenz enthalten. In der folgenden Übersicht sind eine kleine Zahl entsprechender Merkmale der beiderseitigen Theorien einander gegenübergestellt.

Algebra.	Zahlentheorie.
Beliebige Substitutionscoefficienten.	Ganzahlige Substitutionscoefficienten.
Invarianten, welche algebraische Functionen der Formencoefficienten sind.	Invarianten dieser Art, zu welchen aber noch zahlentheoretische Functionen* als invariante Bildungen hinzutreten.
Conische Formen.	Reducirte Formen.

*In gewissen Fällen können diese durch transcendente Functionen ersetzt werden.

Binäre quadratische Formen

Bezeichnung: $(a, b, c) = ax^2 + 2bxy + cy^2$

Im Allgemeinen ist hier zu bemerken, daß bei der Transformation durch eine Substitution

$$x = \alpha x' + \beta y'\}$$
$$y = \gamma x' + \delta y'\} \quad (\alpha\delta - \beta\gamma = 1)$$

in eine neue Form (a', b', c') die größten gemeinsamen Teiler von a', b', c' bzw. a', $2b'$, c' mit denen von a, b, c bezw. a, $2b$, c übereinstimmen. Daher Alles, was in Bezug auf die primitiven Formen, das heißt solche, deren Coefficienten ohne gemeinsamen Teiler sind, hinsichtlich der Aequivalenz und der Transformation in sich zu sagen sein wird, unmittelbar auch Geltung für die Formen mit Teilern gewinnt. Nach dem Ausfall der Determinante $D = b^2 - ac$, welche von 0 verschieden und als „Nichtquadrat" vorausgesetzt wird, unterscheidet man die Formen in folgender Weise:

$D > 0$ .... indifferente Formen
D < 0 mit positiven äußeren Coefficienten .... positive Formen
D < 0 mit negativen äußeren Coefficienten ....negative Formen

Durch positive Formen können nur positive, durch negative nur negative Zahlen dargestellt werden. Die letzteren gehen durch Multiplication mit –1 in die ersteren über, weshalb es nicht nötig ist sie besonders zu behandeln. –

Soll die Darstellung $(a, b, c) = m = ax^2 + 2bxy + cy^2$ durch relative Primzahlen α, γ möglich sein, so muß $(a, b, c) \sim (m, n, l)$ sein durch die Substitution

$$\begin{pmatrix} \alpha & \beta \\ \gamma & \delta \end{pmatrix},$$

wo γ, δ der Gleichung $\alpha\delta - \beta\gamma = 1$ gemäß zu bestimmen sind. Vor Allem muß also

$$n^2 - ml = D$$

demnach D quadratischer Rest modulo m sein. Hat man dann n, l bestimmt, so ist über die Aequivalenz von (a, b, c) und (m, n, l) zu entscheiden. Hiezu werden beide in reducirte Formen verwandelt, welche dann untereinander zu vergleichen sind. Um ferner alle Darstellungen von m zu haben, muß man dann über sämtliche Substitutionen verfügen können, welche eine der beiden Formen in sich selbst überführen.

I. Positive Formen.

Unter den Wurzeln einer Form sind die beiden Lösungen der Gleichung

$$a + 2b\omega + c\omega^2 = 0$$

verstanden. Ist nun $D < 0$, so sind dieselben conjugirt imaginär, und man wird sich auf die Betrachtung der in der positiven Halbebene gelegenen beschränken dürfen.

Es werde nun als reducirte Form jede solche bezeichnet, deren eine Wurzel innerhalb des bekannten Fundamentalbereichs der a – Ebene liegt. In den Coefficienten der Form drückt sich dies folgendermaßen aus:

1) $-c \leq 2b < c$

2) $a \leq c$ für $b \leq 0$, $a > c$ für $b > 0$.

Es folgen nun aus der bekannten Theorie der ω-Ebene unmittelbar die beiden Sätze:

1. Jede Form läßt sich in bestimmter Weise in eine reducirte überführen, wobei zugleich eine der Überführung bewerkstelligende Substitution gefunden wird.
2. Zwei verschiedene reducirte Formen sind einander niemals aequivalent.

In Hinsicht auf das zweite Problem ist das Nötige in dem Satze enthalten:

3. Positive Formen können im Allgemeinen sich selbst nur vermöge der Substitutionen

$$\begin{pmatrix} 1 & 0 \\ 0 & 1 \end{pmatrix} \text{ u. } \begin{pmatrix} -1 & 0 \\ 0 & -1 \end{pmatrix}$$

aequivalent sein. Ausgenommen sind die zu den i- und ρ-Punkten gehörigen Formen, welche noch je <u>zwei</u>, resp. <u>vier</u> Transformationen in sich zulassen; entsprechend den Operationen: $V^{-1}TV$ resp. $V^{-1}UV$.

II. Indifferente Formen.

Die beiden Lösungen der Gleichung $a + 2b\omega + c\omega^2$ sind in diesem Falle reell und irrational.

Man kann nun die Form (a, b, c) durch denjenigen (Halb-)Kreis repraesentiren, der in den beiden Wurzelpunkten auf der Axe der reellen Zahlen senkrecht steht, und dessen Gleichung in rechtwinkeligen Coordinaten offenbar

$$a + 2bx + c(x^2 + y^2) = 0$$

ist. Unter reducirten Formen können dann diejenigen verstanden werden, deren Kreise zum Teile innerhalb des Fundamentalraum's gelegen sind. Als Bedingung in den Coefficienten ergiebt sich, daß von den beiden Ausdrücken

$$c\,(a+b+c) = b^2 + \mathrm{bc} + c^2 - \mathrm{D}$$
$$c\,(a-b+c) = b^2 - \mathrm{bc} + c^2 - \mathrm{D}$$

mindestens einer negativ sein muß.

Es folgt nun zunächst

1. Jede Form kann durch eine angebbare Substitution in eine aequivalente reducirte übergeführt werden.

Denn es ist zur Reduction nur nötig irgend einen Punkt des zugehörigen Kreises in den Ausgangsraum zu transformiren.

Hinsichtlich der Aequivalenz zweier reducirter Formen giebt folgende Betrachtung Aufschluß. Man transformire einen Kreis von der bezeichneten Beschaffenheit seiner ganzen Ausdehnung in den Ausgangsraum. Die transformirte Figur besteht dann aus einer endlichen Zahl von Kreisbögen, deren jeder unendlich oft zählt. Durch diese Kreisbögen sind die sämmtlichen zu der Ausgangsform aequivalenten reducirten Formen (die sogenannte Formenperiode) bezeichnet. Daher giebt es

2. jedesmal nur eine endliche Zahl zu einer gegebenen Form aequivalenter reducirter Formen. Die Richtigkeit der angegebenen Tatsache folgt aus dem Satze:

3. Es giebt stets eine unendliche Zahl von Transformationen einer indifferenten Form in sich, welche sich sämmtlich als die Wiederholungen einer einzigen darstellen lassen.

Wenn die Existenz von Substitutionen der gesuchten Beschaffenheit einmal erwiesen ist, so folgt der zweite Teil des ausgesprochenen Satzes, weil sich aus der gegenteiligen Annahme die widersinnige Consequenz ergeben würde, daß eine unendlich kleine, von Null verschiedene unter den fraglichen Substitutionen vorkommt. Soll aber überhaupt die Gleichung $a + 2b\omega + c\omega^2 = 0$ durch die Substitution

$\omega' = \dfrac{\gamma + \delta\omega}{\alpha + \beta\omega}$ in sich selbst übergeführt werden, so muß sie mit

$\beta\omega^2 + (\alpha - \delta)\omega - \gamma = 0$ bis auf einen Factor übereinstimmen. Ist nun σ der größte gemeinsame Teiler von a, $2b$, c so ist zu setzen

$$\sigma\beta = \mathrm{c}u$$
$$\sigma\,(\alpha - \delta) = \mathrm{zb}u$$
$$\sigma\,\gamma = -\,au \qquad ;$$

bezeichnet man außerdem die gerade Zahl $\sigma\,(\alpha - \delta)$ mit $2t$, so wird

$$\sigma\,\alpha = t + bu, \quad \sigma\,\delta = t - bu,$$
$$\sigma^2(\alpha\,\delta - \beta\,\gamma) = \sigma^2 = t^2 - Du^2.$$

Somit ist die Frage auf Auflösung der Pell'schen Gleichung[121]

121 Mit Pellscher Gleichung, benannt nach dem britischen Mathematiker John Pell (1611-1685), ist eine diophantische Gleichung der Form $x^2 - ny^2 = 1$ gemeint, mit positiv ganzzahligen n.

$$\frac{t^2 - Du^2}{\sigma^2} = 1$$

durch ganze Zahlen t, u zurückgeführt. Für diese Gleichung hat zuerst Lagrange gezeigt, daß sie immer Lösungen besitzt, in denen u von Null verschieden ist. Gauss hat einen neuen Existenzbeweis und zum ersten Male eine allen Anforderungen entsprechende Auflösungsmethode gegeben. Endlich ist von Dirichlet[122] der enge Zusammenhang der Theorie der Pell'schen Gleichung mit der der Aequivalenz der reducirten Formen dazu benützt worden, die beiden Fragen gleichzeitig zu erledigen, und so die Darstellung dieser Lehren erheblich zu vereinfachen.

Endlichkeit der Classenzahl.

Sowo[h]l bei den positiven als bei den indifferenten reducirten Formen läßt sich bei gegebener Determinante für den absoluten Betrag des mittleren Coefficienten $\underline{b}$ eine obere Grenze angeben. Man findet im ersten Falle

$$|b| < \sqrt{-\frac{2}{3}}, \qquad \text{im zweiten } |b| < \sqrt{D}.$$

Da ferner $b^2 - D$ ($= ac$) nur eine endliche Anzahl von Zerlegungen in zwei Factoren zuläßt, so sieht man, wie nach Angabe von D nur mehr eine endliche Zahl von Möglichkeiten für die Aufstellung reducirten Formen vorhanden ist. Rechnet man also zu einer Classe gehörig alle zu einer gegebenen aequivalenten Formen, so läßt sich also der Satz aussprechen: Zu einer gegebenen Determinante giebt es nur eine endliche Zahl von Formenclassen.

Bemerkungen.

Es läßt sich der bedeutende Fortschritt nicht verkennen, welchen die Theorie der Aequivalenz durch Gauss' Bemühungen gemacht hat. Während bei seinen Vorgängern (Lagrange, Legendre[123]) alle Criterien noch wenig aus dem Wesen der Sache gezogen sind, wodurch allein z.B. die reducirten Formen bei positiver und negativer Determinante in gleicher Weise definirt werden konnten, muß Gauss als der erste betrachtet werden, der vollständig sachgemäße Criterien und Normalformen aufgestellt hat. Auf ihn ist sogar die erste Andeutung einer Figur, wie die unserer ω – Ebene zurückzuführen.[124] Seine reducirten Formen negativer Determinante stimmen mit den vorstehend definirten im Wesentlichen (bis auf die hier

122 Dirichlet, Lejeune (1855). „Vereinfachung der Theorie der binären quadratischen Formen von positiver Determinante". *Abhandlungen der Kgl. Akad. d. Wiss. aus dem Jahre 1954. Math. Abhandlungen*, 99–115.

123 Legendre, Adrien-Marie, *Théorie des nombres*, 2 Bde. Paris: Firmin Didot Fréres. [3]1830 (Deutsch *Zahlentheorie*, Leipzig: B.G. Teubner 1886).

124 Vgl. hierzu KLEIN 1926: 49.

der Conformität mit verwandten Gebieten wegen durchgeführten Vertauschung der ersten und dritten Coefficienten) überein. Hingegen sind Gauss reducirte Formen positiver Determinante den unsrigen verschieden und dargestellt durch Kreise, welche den Punkt 0 und einen und nur einen der beiden Punkte –1, +1 einschließen. Die hier verwendeten reducirten Formen sind zuerst von Hermite u. zw.[ar] arithmetisch definirt worden.[125]

Die Repräsentation der Formen positiver Determinante durch Kreise geht auf Stephen Smith[126] zurück, der indeß sich der Gauss'schen reducirten Formen bediente.

In consequenter Durchführung aller in Frage kommenden Operationen an der Figur in der ω – Ebene wurde die hiedurch auf ein neues anschauliches Fundamant gestellte Lehre von H.[errn] Prof. Klein (München, Sommer 1879) vorgetragen.

Literatur:

Lagrange, *Oeuvres compl.*, t.. I, II.
Legendre, *Théorie des nombres.*
Gauss, *Disquisitiones arithm.* (Werke, I)
Hermite, *Crelle's Journal*, Bd. 41.
Dirichlet, Berliner Akademie, 1854.
Stephen Smith, *Atti d. R. Academia dei Lincei*, 1876
Klein, Vorlesungen über Algebra und Zahlentheorie, München 1879. (Gierster).

Dr. G. Pick.

VORTRAG 5

Mit Vortrag 5 hatte Klein Georg Pick auf ein neues Thema gelenkt, um ihn zu eigener Kreativität zu führen. Wie bereits in Teil I dieses Buches angegeben, betraf dies das Thema „Komplexe Multiplikation der elliptischen Funktionen". Dies geschah unter Verwendung von Modulfunktionen und elliptischen Funktionen höherer als der ersten Stufe, wozu weitere Mathematiker forschten.

Georg Pick knüpfte, gemäß Kleins Vorschlag, zunächst an Arbeiten von Leopold Kronecker an und bezog weitere Literatur ein. Nach dem Vortrag arbeitete Pick das Thema bis zur Publikationsreife aus (PICK 1885a, 1885b; 1886a). Dies nahm noch eine geraume Zeit in Anspruch, wie seine Briefe dokumentieren (vgl. Teil III, 8, ab Brief [5]).

125 Hermite, Ch. (1851): « Sur l'introduction des variables continues dans la théorie des nombres ». *Crelle Journal* 41: 191–216.

126 Henry John Stephen Smith (1826-1883) war 1875 Präsident der London Mathematical Society, als Klein dort Mitglied wurde (vgl. TOBIES 2021: 152). Klein nutzte Smith's *Report on the Theory of Numbers*, als er 1877 selbst in die Zahlentheorie einstieg. Als Smith 1883 verstarb, forderte Arthur Cayley (1821-1895) Klein auf, sich auf dessen Lehrstuhl in Oxford zu bewerben; Klein prüfte und folgte dem Angebot nicht. (Vgl. TOBIES 2021: 183; 314)

Später gab Heinrich Weber die erste zusammenfassende Darstellung für dieses Gebiet, in seinen Vorlesungen *Elliptische Functionen und algebraische Zahlen* (WEBER 1891; ²1908).[127]

Seit Mitte der 1920er Jahre versuchte Helmut Hasse einen neuen Aufbau des Gebiets und betonte, dass er „die ‚komplexe Multiplikation' ohne direkte (*Weber*, *Takagi*) oder verschleierte (*Fueter*) Verwendung von Modulfunktionen und elliptischen Funktionen von höherer als der *ersten Stufe* (im Sinne von *F. Klein*)" aufbauen will.[128] Vgl. auch SCHERTZ 2010.

16. Juni 1884. Dr. G. Pick: ***Über die complexe Multiplication der elliptischen Functionen*** ([Protokolle] Bd. 6: 49–61).

Im Allgemeinen findet zwischen $p(u, \frac{\omega_1}{M}, \frac{\omega_2}{M})$ u. $p\,(u, \omega_1, \omega_2)$ nur dann eine algebraische Beziehung statt, wenn M eine ganze Zahl ist. Für gewisse Werte des Periodenverhältnisses hingegen läßt sich $p(u, \frac{\omega_1}{M}, \frac{\omega_2}{M})$ durch $p\,(u, \omega_1, \omega_2)$ rational ausdrücken, wenn M einen zugehörigen complexen Multiplicator bedeutet.
Die Bedingungen hiefür sind offenbar

(1) $$M\omega_1 = a\,\omega_1 + b\omega_2$$
$$M\omega_2 = c\,\omega_1 + d\omega_2\,,$$

woraus man schließt, daß der Multiplicator M einer Gleichung von der Form

(2) $M^2 + AM + B = 0$ (A, B ganze Zahlen), und daß $\omega = \frac{\omega_2}{\omega_1}$ einer Gleichung

(3) $P + Q\omega + R\,\omega^2$ (P, Q, R, ganze Zahlen) genügt.

Umgekehrt kommt man, für ω eine derartige Relation annehmend, leicht zu den Ausgangsgleichungen (1) zurück. Da überdies die Discriminanten von (2) u. (3) offenbar negativ ausfallen müssen, so sieht man:
Die Werte des Periodenquotienten, für welche complexe Multiplication stattfindet, sind mit den Wurzeln der ganzzahligen quadratischen Formen identisch.

Die „singulären Moduln", d.h. die Werte der absoluten Invariante J für solche ω sind nun durch Wurzelzeichen darstellbare Irrationalitäten. Im Folgenden sind die Ansätze zu den zum Beweise nötigen Überlegungen enthalten.

127 WEBER 1891 enthält einen Abschnitt „Complexe Multiplication" (327–49), der für die zweite Auflage (WEBER 1908) ausgebaut wurde. Klein ist darin mehrfach zitiert. Pick wird jedoch nicht erwähnt. – PASCAL 1900 gibt einen Überblick über die zeitgenössiche Literatur zum Thema, wobei er auch Picks Arbeiten (PICK 1885a; 1885b) zitiert.

128 Hasse, Helmut (1927): „Neue Begründung der komplexen Multiplikation. Erster Teil: Einordnung in die allgemeine Klassenkörpertheorie." *Crelle-Journal* 157: 115–139, Zitat S. 116. – Der japanische Mathematiker Teiji Takagi (1875-1960) und der Schweizer Rudolf Fueter (1880-1950) hatten um 1900 in Göttingen bei Klein und Hilbert studiert (Vgl. TOBIES 2021). Fueter promovierte mit der Dissertation *Der Klassenkörper der quadratischen Körper und die complexe Multiplication* (1903). Zu Takagi vgl. auch KÜMMERLE 2022.

Vorab müssen folgende allgemeine Bemerkungen gemacht werden.

1). Setzt man in der Modulargleichung der Transformation n^{ter} Ordnung $\Phi_n (J, J') = 0$, $J' = J$, so erhält man eine Zahlengleichung für J, deren sämmtliche Lösungen singuläre Moduln sind. Denn aus $\omega \sim \dfrac{c+d\omega}{a+b\omega}$ folgt jederzeit eine Gleichung von der Form (3).

2). Setzt man in $\Phi_n (J, J') = 0$ für J' einen beliebigen singulären Modul, so ergeben sich durch Auflösung der Gleichung für J lauter ebensolche Moduln.

Im Weiteren empfiehlt es sich an Stelle von $J(\omega)$ die Größe $\Phi(\omega) = 1728\, J(\omega)$ einzuführen. Die Modulargleichung $\Psi_n(\Phi, \Phi') = 0$ hat dann die Eigenschaft, wenn man den Coefficient der höchsten Potenz von Φ' gleich 1 voraussetzt, im Übrigen lauter ganze Functionen von Φ mit ganzzahligen Coefficienten als Factoren der einzelnen Potenzen von Φ' zu enthalten. Setzt man ferner $\Phi' = \Phi$, so stellt

$$\Psi_n(\Phi, \Phi) = 0$$

eine Zahlengleichung vor, mit ganzzahligen Coefficienten, von denen der höchste =1 ist. Man beweist dies am leichtesten indem man jene reducibeln Modulargleichungen verwendet, welche auch alle Repräsentanten mit gemeinsamem Teiler der Substitutionscoefficienten berücksichtigen. Es folgt:

Die singulären Φ sind ganze algebraische Zahlen.

Über die Natur dieser Zahlen ist zuerst von Abel der Satz ausgesprochen worden, daß sie sich durch Wurzelausziehn aus rationalen Zahlen herstellen lassen.[129] Kronecker hat über die Beschaffenheit dieser Irrationalitäten genauere Angaben gemacht; die gegebenen Andeutungen über die Herleitung seiner Resultate sind jedoch äußerst dürftig, in einzelnen Fällen geradezu illusorisch.[130]

Es ist klar, daß man zunächst die Gleichungen $\Psi_n(\Phi, \Phi) = 0$ auf rationale Weise in Factoren zerlegen kann. Von den Werten ω, welche zu den Wurzeln Φ dieser Gleichungen gehören, sind nämlich nicht alle zu derselben Determinante

$$D = -\Delta = Q^2 - 4\,PR$$

gehörig. Vielmehr (s.[iehe] Gierster, Ann. Bd. 21)[131], wenn man die Gleichung, welche zu Wurzeln alle zur Determinante $D = -\Delta$ gehörigen besitzt, mit $\Lambda_\Delta(\Phi) = 0$ bezeichnet, so erweist sich

$$\Psi_n(\Phi, \Phi) = \Lambda_{4n} \cdot \Lambda^2_{4n-1^2} \cdot \Lambda^2_{4n-2^2}$$

129 Abel, Niels Henrik (1881). „Solution d'un problème général concernant la transformation des fonctions elliptiques." In L.Sylow/S.Lie éds., *Oevres complètes*, Tome I. Christiania: Grondahl & Son, 426–28, bes. 426.

130 In der Arbeit Pick 1885b, S. 433, ist als vorwiegendes Ziel angegeben, „[…] einen einfachen Beweis für jenen Hauptsatz aus der Theorie der complexen Multiplication zu geben, welcher gelegentlich von Abel angedeutet, späterhin von Kronecker nebst einer grossen Zahl weiterer Eigenschaften der Gleichungen für die singulären Moduln eingehend erörtert worden ist."

131 Gierster, Josef: „Ueber Relationen zwischen Klassenzahlen binärer quadratischer Formen von negativer Determinante. (Erste Abhandlung)". *Math. Ann.* 21 (1883) 1–50 (datiert Juni 1882).

Es zeigt sich aber leicht, daß aus geeignet ausgewählten $\Psi_n(\Phi, \Phi)$ sich die Polynome Λ_Δ durch fortgesetztes Verfahren des gemeinsamen Teilers rational herstellen lassen.

Zur weiteren Zerlegung der Polynome Λ ist es nötig gewisse Größen zu adjungiren. Offenbar ist der zweite der oben angegebenen Hilfssätze geeignet in dieser Hinsicht Aufschlüsse zu geben. Präcise ausgesprochen lautet derselbe:

Wenn q eine Zahl ist, welche gegen Δ relativ prim ist, und für welche außerdem $-\Delta$ quadratischer Rest ist, so besitzt die Modulargleichung $\Psi_q(\Phi, \Phi') = 0$, wenn man darin J eine der Wurzeln von $\Lambda_\Delta\ (\Phi) = 0$ einsetzt (etwa $\Phi(\omega_\kappa)$), zu Lösungen für Φ' alle diejenigen $\Phi(\omega_\lambda)$, in welchen ω_λ aus ω_κ durch Composition mit den Formenclassen, durch welche q darstellbar ist, entstehn.

Man verschafft sich nun eine genügende Zahl von erzeugenden „Compositionsformen", und verwende ein durch sie darstellbares System von Zahlen als Transformationsgrade q. Es ist klar, daß man alle diese Zahlen ungerade wählen kann. Ferner aber kann man sich auf Primzahlen oder Primzahlpotenzen für q beschränken, insofern aus solchen Transformationen alle anderen erzeugt werden können. Unter solcher Voraussetzung ist die Zahl der zu einem gegebenen $\Phi(\omega_\kappa)$ gehörigen $\Phi(\omega_{\kappa q})$ im Allgemeinen 2, und dann und nur dann gleich 1,[*)] [132] wenn die Formen, durch welche q dargestellt wird, ambig[133] sind, also insbesondere, wenn q durch die Hauptklasse darstellbar ist.

Eliminirt man nun zwischen den Gleichungen $\Lambda_\Delta\ (\Phi) = 0$ und $\Psi_q(\Phi_\kappa, \Phi) = 0$, so resultirt als gemeinsamer Teiler eine quadratische Gleichung mit im Allgemeinen verschiedenen Lösungen. Die Coefficienten derselben sind rational mittelst rationaler Zahlen aus Φ_κ zusammengesetzt. Also gilt zunächst der Satz:

Unter Adjunktion einer ihrer Wurzeln zerfällt die Gleichung $\Lambda_\Delta\ (\Phi) = 0$ in Factoren von zweiten (resp. ersten) Grades.

Um jedoch das angekündigte Resultat zu erlangen ist es nötig alle Wurzeln von $\Lambda_\Delta\ (\Phi) = 0$ rational durch eine derselben auszudrücken, also die beiden Wurzeln jener quadratischen Teilgleichungen von einander zu trennen. Zu diesem Zwecke müssen die Multiplicatoren herangezogen werden. Es ist

$$M^{12} = n^6 \left(\frac{dJ'}{dJ} \right)^6 \frac{J^4 (J-1)^3}{J'^4 (J'-1)^3}$$

also der Wert der 12ten Potenz des Multiplicator's rational dargestellt durch den ursprünglichen und transformirten Wert von J. Also ist auch $M^{12} = \text{Rat.}\ (\Phi, \Phi')$ mit rationalen Zahlencoefficienten.

Versteht man nun unter p eine durch die Hauptklasse darstellbare Primzahl oder Primzahlpotenz, so erkennt man, daß die zwölfte Potenz des complexen Multiplicators für diejenige Transformation p^{ten} Grades, welche $\Phi_{\kappa q}$ wieder in $\Phi_{\kappa q}$ verwandelt, durch die angegebene Relation direkt als rationale Function von $\Phi_{\kappa q}$ ermittelt wird.

132 G. Picks Fußnote: [*)] In dem Sinne, daß die beiden sonst verschiedenen $\omega_{\kappa q}$ einander aequivalent werden.

133 *ambigue* [franz.] mehrdeutig.

Es giebt nun aber, wie sich leicht zeigen läßt, stets eine Potenz p der in q aufgehenden Primzahl, welche durch die Hauptklasse dargestellt werden kann. Nun zeigt es sich, daß die Werte des Multiplicator's und dergleichen seiner zwölften Potenz jedesmal verschieden ausfallen für die beiden Wurzeln $\Phi_{\kappa q}$ jener oben erwähnten quadratischen Teilgleichungen. Hieraus ersieht man die Möglichkeit unter Adjunktion von $\sqrt{-\Delta}$, der einzigen Irrationalität, welche in M enthalten ist, $\Phi_{\kappa q}$ rational durch Φ_κ auszudrücken: $\Phi_{\kappa q} = \theta_q\ (\Phi_\kappa)$

Die so gefundenen Relationen entsprechen nun, wie man sich weiter unmittelbar überzeugt, gerade der Composition der Formenclassen, resp. der ω-Werte. Hiedurch ist ihre Haupteigenschaft, diejenige der Vertauschbarkeit, von selbst klar.

Hiemit sind aber in der Tat die Gleichungen $\Lambda_\Delta\ (\Phi) = 0$ als Abel'sche Gleichungen (in dem von C. Jordan[134] gebrauchten Sinne) charakterisirt.

Von Kronecker ist als weitere Eigenschaft der Gleichungen $\Lambda_\Delta\ (\Phi) = 0$ angegeben worden, daß sie sich, entsprechend der Einteilung der eigentlich primitiven Formen von der Determinante Δ in $2^{\lambda-1}$ genera[135], in ebensoviele Factoren zerlegen lassen, deren Coefficienten aus den Quadratwurzeln der einzelnen Primfactoren von Δ rational zusammengesetzt sind. Wegen des Beweises und namentlich auch wegen der Irreducibilität der behandelten Gleichungen muß indeß auf Kronecker's Publicationen selbst hingewiesen werden.

Literatur:

Kronecker, Berl.[iner] Monatsb.[erichte] 1857
Kronecker, Berl.[iner] Monatsb.[erichte] 1862
Stephen Smith, Reports etc. Bd. 35.
Kronecker, Ueber Abel'sche Gleichungen. Berl. Monatsb.[erichte] 1877
Hermite, Comptes Rendus, t. 48, 49.
Joubert, Comptes Rendus, t. 50.
http://xwww.uni-math.gwdg.de/aufzeichnungen/klein-scans/

Dr. Georg Pick.

134 Camille Jordan (1838-1922), französischer Mathematiker, mit dem Felix Klein seit seinem ersten Paris-Aufenthalt 1870 gute Kontakte besaß. – Vgl. auch BRECHENMACHER 2012; GISPERT-CHAMBAZ 1982.

135 *genera* [lat.], Plural von *genus* = Art, Gattung, Geschlecht.

III SCHREIBEN VON GEORG PICK AN FELIX KLEIN

Diese Edition präsentiert 131 Schreiben (Briefe und Postkarten) vom 31. Mai 1884 bis 15. Januar 1898 in zeitlicher Reihenfolge, von [1] bis [131]. Sie entstammen dem Nachlass Felix Kleins (Handschriftenabteilung der Niedersächsischen Staats- und Universitätsbibliothek Göttingen – [UBG]). Der größte Teil ist dort unter Cod. Ms. F. Klein 11: 211 – 338A abgelegt; darunter ein Brief von Georg Picks Onkel, Prof. Dr. med. Filipp Joseph Pick (Nr. 276, hier [66]). Zwei Briefe Georg Picks sind im Nachlass unter Cod. Ms. F. Klein 22D: Blatt 34–37 aufbewahrt (hier [107] und [113]).

Die mathematischen Inhalte der Briefe betreffen eine Zeit, als Klein seine Arbeiten zur Riemannschen Funktionentheorie stärker mit Ansätzen von Weierstraß und der Invariantentheorie zu verbinden suchte. Picks Briefe dokumentieren, dass er beitrug, die Methoden beider Seiten zu integrieren. Durch sein Studium bei Leo Königsberger besaß er gute Voraussetzungen für Weierstraß' Methoden. In manche Details des geometrischen Herangehens sowie der Invariantentheorie musste er sich erst einarbeiten. In den Briefen werden mathematische Arbeiten im Prozess des Entstehens diskutiert. Es würde zu weit führen, dabei noch enthaltene Fehler zu erklären. Auf das jeweils publizierte Endprodukt wird in den Anmerkungen (die den einzelnen Briefen nachgestellt sind) verwiesen.

Einige mathematische Ausdrücke/Formeln aus den Briefen wurden aus technischen Gründen in der Handschrift Georg Picks direkt in den Satz integriert. Picks Notation differiert manchmal mit derjenigen im Druck (z.B. κ bzw. k).

Zum Verständnis von Bezeichnungen sei auf KLEIN 1885b; 1886b und KLEIN/FRICKE 1890 verwiesen. Dort ist auch angegeben, welche Ausdrücke von Weierstraß übernommen wurden sowie wann und warum davon abgewichen wurde. Einen Überblick über die Weierstraß-Begriffe bietet HURWITZ 1922; wobei Richard Courant als Herausgeber einen Anhang zur geometrischen Funktionentheorie ergänzte. Auch ohne diesen Anhang ermöglicht das Buch von Hurwitz einen Einstieg in die Begriffswelt beider Seiten. Der Funktionentheoretiker Reinhold Remmert (1930-2016) urteilte im Geleitwort zur 5. Auflage:

> Hurwitz ist hier vornehmlich ein Jünger von Weierstraß, dessen Ziel immer „die Darstellung der Funktion" ist. Im Mittelpunkt des Textes stehen konvergente Potenzreihen, die Cauchy-Riemannschen Differentialgleichungen werden nicht erwähnt. Doch anders als der Meister und seine engeren Schüler hat Hurwitz keine Scheu vor Cauchyschen Integralen, ihnen ist das ganze fünfte Kapitel gewidmet. Auch spürt man den Atem Riemanns, so werden im fünften Kapitel des zweiten Abschnitts elliptische Gebilde als Riemannsche Flächen (mit Figuren) diskutiert.
>
> Im Glaubenskrieg zwischen Göttingen und Berlin um den allein selig machenden richtigen Zugang zur Funktionentheorie steht Hurwitz über den Parteien. (HURWITZ 2000: III)

R. Tobies (Hrsg.), *Felix Klein und Georg Pick*,
https://doi.org/10.1007/978-3-662-67545-8_3

7 FELIX KLEIN: ZU AUSGANGSPUNKTEN UND BEZEICHNUNGEN

KLEIN 1926 führt gut und leicht verständlich in historische Entwicklungen und grundlegende Bezeichnungen ein, sodass Auszüge davon aufgenommen sind. Als Felix Klein über die *Entwicklung der Mathematik im 19. Jahrhundert* (KLEIN 1926) sprach, besaß er einen breiten Überblick. Er hatte die Funktionentheorie von Riemann und Weierstraß zu integrieren versucht, mit Robert Fricke die Bände über *elliptische Modulfunktionen* (KLEIN/FRICKE 1890/92) und *automorphe Funktionen* (FRICKE/KLEIN 1897/1912) sowie die *Encyklopädie der mathematischen Wissenschaften mit Einschluss ihrer Anwendungen* auf den Weg gebracht (vgl. TOBIES 1994). Er hatte Paul Koebe veranlasst, die Beweise der Uniformisierungstheoreme so zu führen, dass sich seine eigenen ersten Beweisideen als zutreffend erwiesen (TOBIES 2021a). Seit 1897 leitete Klein auch die Herausgabe der Gauß-Werke und hatte selbst das in Latein verfasste wissenschaftliche Tagebuch von Gauß ediert (KLEIN 1901). So sah er zahlreiche Ursprünge bei Gauß.

Klein betonte, dass Gauß' Tagebuch vom 6. Mai bis 3. Juni 1800 die Entdeckung der allgemeinen doppeltperiodischen Funktionen verzeichnet; dass Gauß die Theorie der allgemeinen elliptischen Funktionen und der Modulfunktionen schuf; die Theorie der elliptischen Funktionen, Zahlentheorie und Geometrie kombinierte, wobei er ein Netz kongruenter Parallelogramme („*Gitter*") benutzte (KLEIN 1926: 35–36). Ausgehend davon ordnete Klein eigene Arbeiten ein:

„Den Ausgangspunkt bildet für uns die gruppentheoretische Betrachtungsweise. Wir haben drei unabhängige Veränderliche: u, ω_1, ω_2, wo ω_1/ω_2 einen positiven imaginären Teil besitzt, und wir haben eine ternäre Gruppe von Transformationen, bestehend aus der Verschiebung

$$u' = u + m_1\,\omega_1 + m_2\,\omega_2$$

und der unimodularen Substitution

$$\begin{aligned} \omega'_1 &= \alpha\,\omega_1 + \beta\,\omega_2 \\ & \qquad\qquad \alpha\,\delta - \beta\,\gamma = 1, \\ \omega'_2 &= \gamma\,\omega_1 + \delta\,\omega_2 \end{aligned}$$

wobei m_1, m_2, α, β, γ, δ ganze Zahlen sein sollen. Gesucht sind invariante oder *automorphe Funktionen* dieser ternären Transformationsgruppe. Ich erwähne hier gleich, daß sehr häufig nur automorphe Funktionen der ersten Transformation, also lediglich *doppeltperiodische Funktionen* $f(u \mid \omega_1, \omega_2)$, wo ω_1, ω_2 konstant sind, betrachtet werden. Das Verhalten gegenüber den Substitutionen der ω ist aber nicht minder wichtig [...]. Erst das Studium der Invarianten der ganzen ternären Gruppe führt zur Theorie der *allgemeinen elliptischen Funktionen.*

Über diese allgemeinen Funktionen $f(u \mid \omega_1, \omega_2)$ machen wir nun [...] einige funktionentheoretische Voraussetzungen [...].

Es sei also die Funktion $f(u)$ in der ganzen Ebene und überall im Endlichen wohldefiniert, d.h. sie habe keine wesentlich singulären Stellen und keine natürlichen Grenzen. [...] $f(\omega_1, \omega_2)$ [verhalte sich] so vernünftig wie möglich.

Eine weitere Anforderung [...] ist die *Homogenität* von f in allen drei Variablen, wobei irgendein Grad in u, ω_1, ω_2 auftreten kann. [Andere Autoren beschränken sich gern auf homogene Funktionen nullten Grades, d.h. Funktionen der Verhältnisse $u : \omega_1 : \omega_2$ etwa $f\left(\frac{u}{\omega_2}, \frac{\omega_1}{\omega_2}\right)$. So verfährt z.B. Jacobi.] – Neben den schon erwähnten doppeltperiodischen Funktionen $f(u \mid \omega_1, \omega_2)$ gibt es nun auch solche, die nur von ω_1, ω_2 abhängen. Diese nenne ich *Modulformen*, wenn sie homogen in ω_1, und ω_2 von irgend einer[1] Dimension sind, *Modulfunktionen*, wenn sie von der nullten Dimension, also nur von dem Verhältnis ω_1/ω_2 abhängig sind. […] Ich will nun die einfachsten allgemeinen elliptischen Funktionen nennen, die den oben angeführten Bedingungen genügen.

Es sind nach Weierstraßscher Bezeichnung:

$\wp(u \mid \omega_1, \omega_2)$, $g_2(\omega_1, \omega_2)$

$\wp'(u \mid \omega_1, \omega_2) = \frac{\partial \wp}{\partial u}$, $g_3(\omega_1, \omega_2)$

Sie sind definiert durch [...] überall absolut konvergente Reihen, die von Eisenstein herrühren [...]. Die beiden Funktionen $\wp(u)$ und $\wp'(u)$ heißen die *Grundfunktionen*. Sie besitzen Pole zweiter resp. dritter Ordnung in den Gitterpunkten der Ebene. Die Größen g_2, g_3 heißen schlichtweg die *Invarianten*. Sie sind die einfachsten Modulformen. Da sich die „*Diskriminante*" Δ in ihnen ausdrückt durch $\Delta = g_2^3 - 27\, g_2^3$, so wäre die Funktion $J = \frac{g_2^3}{\Delta}$ ein einfachstes Beispiel einer Modulfunktion.[2] Zwischen diesen vier Funktionen besteht folgende algebraische Beziehung: $\wp'^2 = 4\,\wp^3 - g_2\wp - g_3$,
und ferner der merkwürdige fundamental wichtige Satz, daß sich jede andere automorphe Funktion der drei Variablen, die den obigen Bedingungen der Vernünftigkeit entspricht, rational in den vier gefundenen ausdrücken läßt. Mit diesem Satz ist das Gebiet aller möglichen Funktionen der gesuchten Art umschrieben.

Für die theoretische Darstellung ist nun aber noch eine andere Darstellung dieser Funktionen von größter Wichtigkeit. Es gelingt nämlich, die Funktionen durch sog. ganze Funktionen (die im Endlichen keinen Unendlichkeitspunkt besitzen) auszudrücken; die automorphen Funktionen werden solcherweise in Zähler und Nenner gespalten, die ihrerseits nun ganze, freilich nicht mehr doppeltperiodische Funktionen sind.

Die in diesem Zusammenhang wichtigste Funktion ist die von Weierstraß geschaffene *σ-Funktion*, dargestellt durch das unendliche Produkt:

Dimension $+1$ in u, ω_1, ω_2 :

$$\sigma(u) = u \cdot \prod{}' \left(1 - \frac{u}{m_1\omega_1 + m_2\omega_2}\right) \cdot e^{\frac{u}{m_1\omega_1 + m_2\omega_2} + \frac{1}{2}\left(\frac{u}{m_1\omega_1 + m_1\omega_2}\right)^2},$$

wobei die Exponentialfunktion die Rolle eines konvergenzerzeugenden Faktors spielt." (KLEIN 1926: 39–42).

1 Unterstreichungen sind im Original g e s p e r r t gesetzt.

2 Diese einfachste Modulfunktion kannte ebenfalls schon Gauß; Klein bezeichnet sie als „*absolute Invariante*". (KLEIN 1926: 47)

Hierzu sei erklärt, dass bei dieser Formel für σ(u) die „bei Weierstraß untrennbar mit den Perioden verbundene Zahl 2“ fehlt. Klein erläuterte, dass er sich im Laufe seiner Arbeiten angewöhnt hatte, „anstatt der Weierstraßschen Perioden $2\omega''$, $2\omega'$ nur ω_1, ω_2 zu schreiben“. Klein gab an, dass er dadurch eine größere Symmetrie erhielt, wenn die Perioden durch irgendeine Zahl 3, 4, … *n* zu teilen waren, und dass er ein übersichtliches Einteilungsprinzip der verschiedenen Arten elliptischer Funktionen erreichte, wenn sie „hinsichtlich ihres Verhaltens gegenüber der linearen Substitutionen der Perioden betrachtet“ wurden. Damit gelangte er zu seiner sog. *Stufentheorie* (KLEIN 1879). (Vgl. KLEIN 1926: 288–90)

Nachdem Klein die σ-Funktionen eingeführt hatte, erläuterte er kurz den Bezug zu den *Thetafunktionen* (von Jacobi mit ϑ_1 bezeichnet), um zu betonen, dass sich Gauß damit ebenfalls bereits befasst habe (KLEIN 1926: 43). Anschließend legte Klein die Hauptgedanken der Theorie der automorphen Funktionen dar:

„Nach Aufstellung der Grundfunktionen und ihrer Beziehungen zu allen anderen Funktionen der geforderten Art liefert uns die systematische Gruppentheorie (vgl. mein *Erlanger Programm* 1872) als nächsten förderlichen Gedanken die Frage nach automorphen Funktionen von Untergruppen der vorangestellten ternären Substitutionsgruppe, die wir dann als „Funktionen höherer Stufe“ bezeichnen. Wir fragen: Gibt es solche Funktionen, und wie hängen sie mit den Grundfunktionen zusammen? Wann ist der Zusammenhang algebraisch, und welche algebraische Beziehungen werden durch die solcherweise gefundenen Funktionsbeziehungen „uniformisiert“, d.h. durch eindeutige Funktionen identisch befriedigt?“ (KLEIN 1926: 43–44) […][3]

„Wir haben uns bisher wesentlich mit der Abhängigkeit unserer Automorphen von *u*, mit dem Bilde des Parallelogrammgitters in der *u*-Ebene beschäftigt. Jetzt wollen wir im Gegensatz dazu *u* beseite lassen und die Funktionen allein von ω_1, ω_2 eingehender studieren. Das führt zur *Theorie der Modulformen* resp. *Modulfunktionen*, auf welch letztere wir uns hier beschränken wollen. Da sie […] in ω_1, ω_2 homogen vom nullten Grade sind, so setzen wir $\frac{\omega_1}{\omega_2} = \omega$ und machen nun die

Substitution $\quad \omega' = \dfrac{\alpha\omega + \beta}{\gamma\omega + \delta}, \quad \alpha\delta - \beta\gamma = 1$

zum Gegenstand unserer Betrachtung. Es erhebt sich die Frage, ob man sich diese Gruppe durch eine Zerlegung der komplexen ω-Ebene in Diskontinuitätsbereiche anschaulich deuten kann […]. Es entsteht die sog. *Modulfigur*, die auch wieder Gauß zuerst hat, und mit der er Abel, Jacobi und den nächstfolgenden Mathematikern überlegen bleibt, bis sie von Riemann ab zum bevorzugten Arbeitsmittel in dieser Theorie sich entwickelt.“ (KLEIN 1926: 46)[4]

3 Im Folgenden legte Klein dar, dass das Betrachten von *u* allein zur „Lehre der *Transformation* […], der *Multiplikation* und *Teilung* der elliptischen Funktionen“ führt, und dass sich Gauß bereits der *komplexen Multiplikation* elliptischer Funktionen gewidmet hatte. (KLEIN 1926: 44–46) – Klein erwähnte hier (von ihm veranlasste) Arbeiten Picks dazu nicht.

4 Zur Abbildung und Erklärung der Modulfigur vgl. KLEIN 1926: 46–47.

[...][5]

„Es erhebt sich natürlich die Frage nach den Teilen der Theorie, die er [Gauß] noch nicht besessen hat. Das ist die allgemeine, durch Herumintegrieren im Komplexen gewonnene Bestimmung der Perioden beim elliptischen Integral, d.h. bei einem Integral einer mehrdeutigen Funktion. [...] In dieser Richtung hat erst Puiseux Bahn gebrochen (C.R. Bd. 32. 1851), und ganz klar wurden die Verhältnisse erst, als Riemann den Begriff ‚mehrblättrige Fläche' brachte. Erst durch den Satz, daß das Periodenparallelogramm in der u-Ebene das konforme Abbild der zweiblättrig über der z-Ebene ausgebreiteten und zweckmäßig zerschnittenen Fläche für $\wp'(u) = \sqrt{f(z)}$ sei, wurde die Theorie vollendet." (KLEIN 1926: 51)

8 BRIEFE UND POSTKARTEN

[1] 211

Leipzig, 31.5.84

Hochgeehrter Herr Professor!

Die kleine Notiz[1], welche ich Ihnen endlich übersende, hat mich, so einfach das Raisonnement darin auch ist, doch noch mancherlei Überlegung gekostet; doch hoffe ich, daß sie jetzt allen Anforderungen an Strenge genügt. Bezüglich zweier Punkte aber bin ich auch nun noch im Unklaren: über die Schicklichkeit der Anmerkung bezgl. Rausenberger[2], und über den Schluß, welchen ich, wie ich gestehn will, in Ermangelung eines besseren hingesetzt habe. Indessen ist ja die ganze Sache so vieler Rede gar nicht wert. In den italiänischen Journalen habe ich nichts Verwandtes finden können.

Bei der Abfassung kam mir eine Frage in's Gedächtnis zurück, welche mich im Wintersemester [1883/84] während der vergeblichen Suche nach der Composition sehr lebhaft interessirte. Es ist die nach dem Analogon des Abel'schen Theorem's[3] bei den Functionen mit linearen Transformationen in sich [=*automorphe Funktionen*]. Ich hatte damals die wahrscheinlich thörichte Vermutung, es müsse zwischen Werten einer Function innerhalb des Fundamentalpolygon's[4] ein einfacher geometrischer Zusammenhang bestehen, konnte jedoch weder für noch wider eine Entscheidung treffen, zumal da der analytische Ansatz nichts Wesentliches ergab. Auch jetzt scheint mir die Frage ebenso einladend wie aussichtslos. Wenn Sie mir bei Gelegenheit Ihre Ansicht von der Sache sagen würden, nemlich ob etwas Derartiges stattfinden kann oder nicht, so würde mir das sehr viel müssige Speculationen ersparen; denn ich lasse mich davon schon wieder sehr quälen.

Ich möchte über die Feiertage gerne wieder, wie Sie mir rieten, eine kleine Note zu Stande bringen,[5] und wenn mir die Entwickelung der Modulfunctionen

5 Klein erläutert am Beispiel der *Hauptkongruenzgruppe n-ter Stufe* das allgemeine Prinzip des Auffindens von Untergruppen der genannten Substitution, leitet eine Fundamentalfunktion (*Modulfunktion zweiter Stufe*) her, das *Doppelverhältnis* $\lambda(\omega)$, eine Funktion, die einen sechsmal größeren Fundamentalbereich besitzt als $J(\omega)$. (KLEIN 1926: 47–48).

nach $p\left(\lg\frac{\omega-\alpha}{\omega-\beta}/\lg\frac{\mathrm{T}+U\sqrt{D}}{\mathrm{T}-U\sqrt{D}},2\pi i\right)$ nicht gelingt, – ich hoffe, daß das Thema noch nicht mit Beschlag belegt ist, – so mache ich mich an die Theorie der reducirten Formen. Verzeihen Sie aber wenn ich das erstere vorziehe, wobei ich doch noch etwas mehr Neues erfahren kann.

Mit vorzüglichster Hochachtung Ihr dankbarer Georg Pick

---

1 Hier handelt es sich um die Arbeit PICK 1884b (datiert Juni 1884).

2 Otto Rausenberger (1852-1931), wie Pick Schüler Leo Koenigsbergers, hatte an Kleins Programm mitgearbeitet, „alle Functionen mit beliebigen linearen Transformationen in sich [=die *automorphen Funktionen*] aufzustellen". (Vgl. TOBIES 2019: 246) PICK (1884b) enthält eine Fußnote, die sich auf den Satz von Weierstraß bezieht, dass die in Rede stehenden linearen Functionen $f(u)$ periodisch sind. Rausenberger hatte diesen Satz in der Arbeit „Theorie der allgemeinen Periodicität" in erweiterter Form bewiesen (*Math.Ann.* 18 (1881) 379–409, bes. 381–83). Pick schrieb: „Der Beweis ist für Functionen mit nur endlicher Vielwerthigkeit bedingungslos zuzugeben. Für Functionen mit eindeutigen Transformationen in sich scheinen jedoch die Ausführungen des Textes zu ergeben, dass der in Rede stehende Satz keine über die elliptischen Functionen hinausführende Anwendung gestattet." (PICK 1884b: 591).

3 Das *Abelsche Theorem* ist publiziert in *Mémoire sur une propriété générale d'une classe très étendue de fonctions transcendentes* (présenté à l'Académie des sciences à Paris le 30 Octobre 1826 (t. VII, 1841); KLEIN (1926: 103–105) bietet einen Überblick über Entstehen und Rolle dieses Satzes, „eine sehr weitgehende Verallgemeinerung des Additionstheoremes der elliptischen Integrale". (Der Begriff stammt von Jacobi, und den Kontext entdeckte bereits Euler). – Picks Ideen mündeten in PICK 1886d und PICK 1887c.

4 Zu *Fundamentalpolygon* vgl. Picks Vortrag 3 in Teil II, Kapitel 5. (Im topologischen Sinne kann eine geschlossene Fläche erzeugt werden, indem man die Seiten eines Polygons mit gerader Seitenanzahl paarweise identifiziert. Dieses Polygon heisst Fundamentalpolygon.)

5 Dies bezieht sich auf PICK 1884a, ebenfalls auf Juni 1884 datiert. Pick bewies darin den Satz, „dass die Gruppe der ganzzahligen linearen Substitutionen (Ω) $\omega'=\frac{\gamma+\delta\omega}{\alpha+\beta\omega}$ mit der Determinante $\alpha\delta-\beta\gamma=1$ in keiner von ihr wesentlich verschiedenen Gruppen linearer Substitutionen als ausgezeichnete Untergruppe enthalten ist."

[2] 212

Fahrafeld, 12. Aug. 84

Hochgeehrter Herr Professor!

Es ist mir [ein] Bedürfnis, Ihnen nochmals ausdrücklich herzlichen Dank zu sagen für so mannigfache Anregung und Belehrung, welche ich im vergangenen Schuljahre[1] von Ihnen zu genießen das Glück hatte. In der Tat werde ich immer dankbaren Sinns auf diese Zeit zurückblicken, in welcher mir, wie ich wo[h]l sagen darf, über die Mathematik erst die Augen aufgegangen sind. Wenn ich selbst den übernommenen Verpflichtungen gerecht geworden bin, so lag das großenteils an den Verhältnissen; wenigstens zweien von den Herren (Fiedler u. Biedermann) glaube ich mich nach Kräften nützlich gemacht zu haben.[2]

Dieser Tage habe ich von Teubner[3] Correctur erhalten und gleich erledigt. Die beiden Nötchen nehmen sich gedruckt recht spärlich aus.[4]

Mit H.[errn] Pr.[of.] Weber habe ich indessen wieder Brief gewechselt und ihn nun hoffentlich überzeugt, daß zur Gewinnung der affektbestimmenden Relationen die Kenntnis des bewußten Primzahlsatzes nicht nötig ist,[5] woran er immer noch gezweifelt hatte. In der Gesamtauffassung des Problem's habe ich neue Fortschritte gemacht hinsichtlich der Analogie mit den Kreisteilungsgleichungen. So habe ich auch einen Plan zur Eindringung in die tieferen Fragen und bin nun überzeugt, daß sich im Allgemeinen große Verschiedenheiten im Vergleich mit Weber's Behandlungsweise einstellen müssen. Das ist sehr natürlich, da ich in keine der vorhandenen ausgebildeten Idealtheorien recht eingeschult die Fragen in jener mehr unmittelbaren Weise anfassen muß, in welcher man vor etwa 20 Jahren gestützt auf wenige elementare Sätze über höhere Congruenzen die Irreducibilität der Kreisteilungsgleichungen bewiesen hat.[6] Ich hoffe eben erst durch diese Untersuchung dem Technischen der Idealtheorien näher zu kommen.

Hinsichtlich der höheren Stufen habe ich noch kein Resultat; ebensowenig bin ich in den kleineren Untersuchungen ($\sqrt[3]{k^2}$, Herm[ite] Formel) fortgeschritten.

Verzeihen Sie den langen Brief, welchen ich fast gegen meine Absicht so lang habe werden lassen. Indem ich bitte, mich Ihrer Frau Gemahlin[7] höflichst zu empfehlen, zeichne ich

in hochachtungsvoller Verehrung

Ihr ergebenster Georg Pick

---

1 Gemeint ist das Studienjahr (zwei Semester) bei Klein in Leipzig.

2 Ein Dank an Pick fehlt in der Dissertation des Schweizers Ernst Fiedler, *Über eine besondere Classe irrationaler Modulargleichungen der elliptischen Functionen* (Zürich: Züricher & Furrer, 1885), https://archive.org/details/bereinebesonder00fiedgoog/page/n2/mode/2up; Auch P. Biedermann bedankte sich in seiner Dissertation (*Über Multiplicator-Gleichungen höherer Stufe im Gebiete der elliptischen Functionen.* Greifswald: F.W. Kunike, 1887) nur bei F. Klein. https://babel.hathitrust.org/cgi/pt?id=njp.32101044566881&view=page&seq=5

3 Gemeint ist der Verlag B.G. Teubner in Leipzig.

4 Georg Picks kurze Artikel in den *Math. Ann.* (PICK1884a, 1884b).

5 Heinrich Weber (1842-1913), „Beweis des Satzes, dass jede eigentlich primitive quadratische Form unendlich viele Primzahlen darzustellen fähig ist" *Math. Ann* (1882) 301–29.

6 Auf dieser Basis sollte Pick schließlich *seinen* Irreduzibilitätsbeweis führen können, vgl. dazu zahlreiche weitere Briefe [6], [8], [11] bis [60] und das Endprodukt in PICK 1886a. – Eine Darstellung ist *irreduzibel*, wenn sie einfach oder unzerlegbar ist.

6 Felix Klein war seit 17. August 1875 mit *Anna* Maria Caroline Hegel verheiratet.

[3] 213

Prag, 17. October 1884
II. Breitegasse 41

Hochgeehrter Herr Professor!

Wenn ein Brief, den ich vor längerer Zeit an Sie zu richten mir erlaubt habe, in Ihre Hände gelangt ist, so kann ich mich in gegenwärtiger Anfrage kurz fassen. Prof. Weber, von der Richtigkeit meines Beweises durch meine späteren Auseinandersetzungen überzeugt, rieth mir schon vor mehr als einem Monate, denselben unverweilt zu publiciren.[1] Er würde sich gerne in einer zweiten Veröffentlichung über die betreffenden Gegenstände schon auf meine Entwickelung beziehn. Nun sollte ich ja auch nach ihrem Rate zunächst die Weiterbearbeitung der complexen Multiplication[2] bis nach Erscheinen der Weber'schen Abhandlung[3] verschieben und es wäre also für mich ein früher nicht geahnter Gewinn, jenen Beweis jetzt schon veröffentlichen zu können. Wenn Sie ihn also für die Annalen nehmen wollten und vielleicht mit Rücksicht auf die Umstände die normale Wartezeit verkürzt, oder wenigstens Druck und Fertigstellung der Separatabzüge beschleunigt werden könnte, so würden Sie mich schon wieder zu großem Danke verpflichten. In wenigen Tagen ist die Reinschrift besorgt, und ich sende sie dann sofort, falls Sie geneigt sind, auf meine Bitte einzugehn.

Von meinen beiden Nötchen habe ich seit der ersten Correctur nichts gehört. Ihrer gefälligen Antwort sehe ich mit großem Interesse entgegen.

In größter Hochachtung u. Verehrung

Ihr ergebenster Georg Pick

---

1 Pick zog seine Arbeit wenig später zurück, da er noch Unklarheiten fand, vgl. Brief [4].

2 Es ging um das Ausarbeiten des Themas von Picks Seminar-Vortrag 5 (vgl. Teil II, 6).

3 Weber, H. (1885), „Zur Theorie der elliptischen Functionen (erste Abhandlung)". *Acta Mathematica* 6: 329–416 (datiert Sept. 1884); „Zur Theorie der elliptischen Functionen (zweite Abhandlung)". Ebd. 11 (1888) 333–90; Heinrich Weber zitierte Arbeiten von Klein und seinen Schülern, erwähnte jedoch Georg Picks Arbeiten nicht expliztit.

[4] 214

Prag, 2.11.84
Weinberge, 529

Hochgeehrter Herr Professor!

Ich befinde mich Ihnen gegenüber in größter Verlegenheit, doch kann ich mich nicht entschließen die besprochene Arbeit jetzt aus der Hand zu geben. Ich hatte längere Zeit an das Thema gar nicht mehr gedacht, und so kam es, daß ich unbefangener und mit neuen Kräften an die Redaction ging. Da fand ich nun so viele mir unklare Punkte, daß ich mich entschließen mußte, wieder ans Untersuchen zu gehn. Die erste Frucht davon ist eine gänzliche Überarbeitung des schon Vorhandenen; jede kleine Nebenrechnung ist vermieden, und auch das Detail unter den Gesichtspunkt der Composition gestellt, wodurch sich einerseits Sicherheit, andererseits überall der wünschenswerte principielle Nachdruck ergeben hat.

Aber mein Gewissen ist so lange nicht beruhigt, als ich nicht ein vollständiges Beispiel gerechnet habe, woran doch hoffentlich alle Zweifel ihr Ende finden werden. Dafür ist aber so wenig Material vorhanden, daß mehr Zeit als nötig aufgewendet werden muß. Ich selbst leide ja unter der Verzögerung; aber ich denke, wenn Sie diesmal etwas mehr Erbarmen mit meinem Product haben, so kommt es immer noch früh genug zur Publication.

In der Hoffnung, daß Sie meine voreilige Anfrage der unvorhergesehenen Ergebnisse wegen mir zu Gute halten, bin ich

in vorzüglicher Hochachtung

Ihr ergebenster Georg Pick

[5] 215

12. Nov.84
Prag, Weinberge, 529.

Hochgeehrter Herr Professor!
Ihre mir in Folge veralteter Adresse verspätet zugekommene Karte erlaube ich mir mit Folgendem zu beantworten. Es war mir schlechterdings unmöglich, die Arbeit bis zu dem gewünschten Termine fertigzustellen. Andererseits muß ich fürchten, daß eine Publication in den Berichten der sächsischen Gesellschaft mir hierzulande geradezu von Nachteil wäre.[1] Selbstverständlich füge ich mich indeß hierin Ihrem Wunsche, wenn Sie einen solchen mir bekannt geben wollen.

Die Arbeit, welche im Ganzen wo[h]l kaum viel mehr als 12 Seiten umfassen dürfte, werde ich mir erlauben, Ihnen dieser Tage einzusenden. Es ist noch eine kleine Schwierigkeit zu überwinden, deren ich aber deshalb sehr schnell Herr werden kann, weil mir die Beweisgründe in allen Einzelheiten völlig bekannt sind.

Ich glaube, daß die elementare Natur aller verwendeten Hilfsmittel zum grossen Teil an den za[h]lreichen Stockungen schuld war; sie bringt andererseits den Vorteil mit sich, daß die Arbeit ohne wesentliche Vorkenntnisse genießbar sein wird.

Sollten Sie die Arbeit für die Annalen annehmen, so genehmigen Sie vielleicht folgendes Arrangement: Ich schicke einen ganz kurzen Auszug an unsere Akademie[2], in welchem ich auf die demnächst zu gewärtigende Publication in den Annalen hinweise?

Ihrer gütigen Antwort entgegensehend
in vorzüglicher Hochachtung ergebenster G. Pick.

1 Die Arbeit erschien doch in den *Berichten über die Verhandlungen der Kgl. Sächsischen Gesellschaft der Wissenschaften zu Leipzig* (im Folgenden: *Sächsische Berichte*): PICK 1885a.

2 Pick versuchte vergeblich, die Kurzversion dieser Arbeit in den *Sitzungsberichten der Kaiserlichen Akademie der Wissenschaften (Mathematisch-Naturwissenschaftliche Classe) in Wien* (kurz: *Wiener Berichte*) zu publizieren (vgl. die Briefe [11] und [12]).

[6] 216

Prag, 25.11.84
Weinberge, 529

Hochgeehrter Herr Professor!
Endlich sende ich Ihnen das Manuscript mit der Bitte, mir gütigst Ihre Meinung darüber mitzuteilen,[1] und etwaige Wünsche bezüglich einer Abänderung zumal der Einleitung. Für die Richtigkeit glaube ich garantiren zu können. Hr. Prof. Weber's Abhandlung ist, so viel mir bekannt, noch nicht erschienen,[2] so daß ich nicht in der Lage war, die übereinstimmenden Partien zu vergleichen.

Ich glaube jetzt auch einem einfachen, d.h. wenig Vorkenntnisse verlangenden Irreducibilitätsbeweis auf der Spur zu sein; bewährt sich meine Idee, so wird eine Publication, hoffe ich, nicht überflüssig, selbst nicht angesichts der weitgehenden Weber'schen Untersuchungen. –

Ich fürchte Sie durch das nun Folgende zu langweilen, und teile Ihnen dasselbe nur mit, weil ich weiß, daß die betreffende Frage seinerzeit von Ihnen selbst aufgeworfen worden ist. Um nämlich symmetrische (in den Wurzeln von $f(x)$) Formeln für die Transformation von $\frac{dx}{\sqrt{f(x)}}$ in $\frac{dp}{\sqrt{4p^3-g_2p-g_3}}$ herzuleiten, habe ich mich mit Hn. Bobek[3] ins Einvernehmen gesetzt, der eine große Versiertheit in den Punktgruppen auf einer C_3 besitzt. Das erste Resultat, das wir fanden, war dieses: Die 4 Punkte der Curve $(p_i r_i)$

$$r^2-(4p^3-g_2p-g_3)=0,$$

welche aus einem Punkt der Curve $z^2-f(x)=0$ durch Anwendung der vier Transformationen

$$p(u_i)=p_i=\frac{1}{24}f''(a_i)+\frac{\frac{1}{4}f_1(a_i)}{x-a_i} \qquad [f(a_i)=0]$$

hervorgehn, besitzen denselben Tangentialpunkt. Bildet man also $p(2u_i)$ und ersetzt darin $p(u_i)=p$ durch seinen Ausdruck in x, so muß das Resultat in den a_i symmetrisch sein. In der Tat ist [4]

$$p(2u)=\frac{H(pu)}{4pu^3-g_2pu-g_3},$$

wo H die Hesse'sche Form von $4p^3-g_2pq^3-g_3q^4$.

So gewinnt man unmittelbar $p(2u_i)=\frac{H(x)}{f(x)}$, die Hermite'sche Transformation. Eine ähnliche, obwo[h]l mit mehr Schwierigkeiten verbundene Ableitung tritt für die Brioschi (?)'sche Transformation[5] in Kraft.

Was aber die umgekehrte von Ihnen postulirte Formel anlangt, so war ich hocherstaunt, dieselbe verkappt bei Weierstrass (Anwendungen der elliptischen Functionen) vorzufinden. Dort steht die Formel

$$\text{(a)}\quad p=\frac{f(x_0)+\frac{1}{2}f'(x_0)(x-x_0)+\frac{1}{12}f''(x_0)(x-x_0)^2+\sqrt{f(x_0)\cdot f(x)}}{2(x-x_0)^2}$$

mit der zugehörigen für p'. Sie lassen sich sehr hübsch nach x auflösen, und ergeben

$$x=x_0+\frac{4H(x_0)-4f(x_0)\cdot p}{f'(x_0)\cdot p-H'(x_0)+y_0p'},$$

wo $y_0=\sqrt{f(x_0)}$, sonst die frühere Bezeichnung verwendet ist.

Auch hier ist leicht einzusehen, wie die Symmetrie zu Stande kommt. Die 4 Punktepaare nämlich, welche aus zwei willkürlichen Punkten x, y und x_0, y_0 der Curve $y^2=f(x)$ durch die 4 früher erwähnten Transformationen hervorgehn, sind durch gerade Linien aus <u>einem</u> Punkte der Curve C_3 projicirbar. Dieser Punkt ist es, welcher die Coordinaten p, p' besitzt, die durch (a) und die entsprechende Formel gegeben sind.

Hieraus folgt, daß für $x_0 = x$ (a) in die Hermite'sche Transformation übergehn muß, wie leicht verificirt werden kann. Bei Fixirung von $x_0\, y_0$ dagegen stellt (a) eine eineindeutige Beziehung der beiden Curven dar. –

Ich schließe, mit der Bitte, mir die so lange Epistel nicht übelzunehmen
in vorzüglicher Hochachtung und Verehrung
als Ihre ergebenster G. Pick.

---

1 Klein holte auch ein Urteil von Hurwitz über Picks Arbeit ein: „Die Arbeit ist so wichtig, dass ich alle Garantieen betreffs der Richtigkeit haben muss, ehe ich sie in die Annalen aufnehme […].“ ([UBG] Math. Archiv 77: 107; Klein an Hurwitz, 29.11.1884)

2 Zu Webers Aufsatz vgl. Brief [3], Anm. 3. – In Pick (1885b: 447) ist eine Fußnote ergänzt: „Während des Druckes vorliegender Untersuchung ist eine erste Abhandlung von Hrn. Weber erschienen (Acta math. VI,4), in welcher die Zerlegung der in Rede stehenden Gleichungen nach den Geschlechtern der Formen gelehrt wird; hingegen sind die Bestimmung der Gruppe jener Gleichungen und fernere algebraisch-zahlentheoretische Sätze für eine zweite Abhandlung in Aussicht gestellt. Durch briefliche Mittheilung von Hrn. Weber war ich in der angenehmen Lage die im Texte verwendeten Bezeichnungen mit den seinigen insofern in Uebereinstimmung zu bringen, als $j(\omega)$ an beiden Orten dieselbe Bedeutung besitzt.“

3 Zu Karl Bobek vgl. auch Teil I, 3.6.

4 Vgl. auch Hessesche Determinante H (log Δ) bei Klein/Fricke 1890: 122–23.

5 Das Fragezeichen stammt von Pick. – Klein besaß guten Kontakt zu F. Brioschi, hatte eine Zusammenfassung von dessen älteren Arbeiten, darunter Transformationstheorie elliptischer Funktionen, erbeten und übersetzt: *Math. Ann.* 13 (1878) 109–60. Vgl. auch Brioschi, F. (1878). „Sopra una classe di equazioni modulari“. *Annali di matematica* (ser.2) 9: 167–72.

[7] 217

Prag, 28.11.84

Hochgeehrter Herr Professor!

Erlauben Sie mir vor Allem gegen jene Stelle Ihres gütigen Schreibens bescheidenen Protest zu erheben, in welcher Sie die Unterstützung, welche ich von Ihnen genossen zu haben und noch zu genießen so glücklich bin, als eine nur materielle bezeichnen. Lassen Sie mich wiederholt versichern, daß ich Ihnen immer für die Fülle von geistiger Anregung dankbar bleiben werde, welche ich von meinem Leipziger Aufenthalte mitgebracht habe, wie nicht minder für die teilnehmenden und ermutigenden Worte, welche Sie mir, dem so leicht verzweifelnden, öfters zu Teil werden ließen. Ich betrachte in der Tat meinen Leipziger Aufenthalt als die glücklichste Zeit meines bisherigen Lebens. –

Bezüglich der Transformationsformeln,[1] über welche die Rede ist, vor Allem die Mitteilung, daß weder Bobek noch ich an eine weitere Bearbeitung des Gegenstandes denken. Wir hatten uns damit beruhigt, über die gegenseitigen Beziehungen der Normalformtransformationen in's Klare gekommen zu sein, und über eine Weiterentwickelung nun die eine unbestimmte Idee gefaßt, ob es wo[h]l gelingen könnte, die bekannte Kiepert'sche Determinante[2] mit den Covarianten einer Curve n^{ter} Ordnung im Raume von $(n-1)$ Dimensionen in Beziehung zu setzen, ohne indeß daraufhin einen Ansatz zu wagen.

Den Auszug aus meiner Arbeit habe ich schon an unsere Akademie geschickt, und bin recht neugierig, ob er mir nicht zurückgeschickt wird, weil ja der darin bewiesenen Satz nicht neu ist.

In vorzüglicher Hochachtung

Ihr ergebenster

G. Pick

1 Dies bezieht sich auf die Formeln im vorangegangenen Brief [6].

2 Die *Kiepertsche Determinante* gibt die Funktion $\psi_n(u) = \dfrac{\sigma(nu)}{(\sigma u)^{nn}}$ in Determinantenform an. Diese Funktion hat dieselben Perioden wie $\wp u$. Vgl. Kiepert, Ludwig (1873), „Wirkliche Ausführung der ganzzahligen Multiplication der elliptischen Functionen". *Journal für die reine und angewandte Mathematik* (im Folgenden: *Crelle-Journal*) 76: 21–33. Klein hatte das Ergebnis in der Vorlesung des SS 1884 benutzt (Hauptteil 2 „Die Transformationstheorie", Abschnitt 2 „Multiplication und Teilung", S. 218). Dieselbe Determinante für den gleichen Zweck besaß bereits F. Brioschi (1864), „Sopra una formola per la moltiplicazione delle funzioni ellittiche" (*Rendiconti dello Reale Instituto Lombardo di Scienze e Lettere,* Milan. 1: 344–49. „Sur quelques formules pour la multiplication des fonctions elliptiques" (*C.R.* Paris 59 (1864) 769–75). Vgl. auch ENCYKLOPÄDIE Bd. 2.2.: 303.

[8] 218

Prag, 1. December, 1884

Hochgeehrter Herr Professor!

Auf einer der ersten Seiten meines Aufsatzes[1] steht, daß man für Transformationsgrade, welche Quadrate von Primza[h]len sind, in der Modulargleichung $\Phi_{p^2}(j,j')$ nach Gleichsetzung von j u. j' den allen Gliedern gemeinsamen Zahlenfactor p herausheben kann. Ich finde eben, daß dasselbe von allen Transformationsgraden gesagt werden muß, welche gerade Primza[h]lpotenzen sind. Der betreffende Passus muß also wo[h]l corrigirt werden.

Die Modulargleichungen zeigen in Bezug auf solche Primza[h]lmoduln, welche in dem bezüglichen Transformationsgrade aufgehn, höchst einfache und interessante Eigenschaften. Bespielsweise ist

$$\Phi_p(j,j') \equiv (j'-j^p)(j'^p-j) \pmod p \qquad \text{wenn } p \text{ Primza[h]l.}$$

Ich bin durch Erkenntnis derartiger Eigenschaften einem Irreductibilitätsbeweise, wie ich glaube, so weit nahe gerückt, daß nur mehr die Ausführung (welche ohne Schwierigkeit scheint) aussteht. Nur fürchte ich, daß jene Eigenschaften längst bekannt und nur mir unbekannt geblieben waren.

Entschuldigen Sie die durch den eingangs erwähnten Irrtum veranlaßte Störung. Es hat mich übrigens ein wenig geärgert, daß nach so lange dauernden Revisionen doch noch ein so auf der Hand liegender Fehler stehn geblieben war.

Ich bin mit vorzüglicher Hochachtung

Ihr ergebenster

G. Pick.

1 Vgl. PICK 1885b.

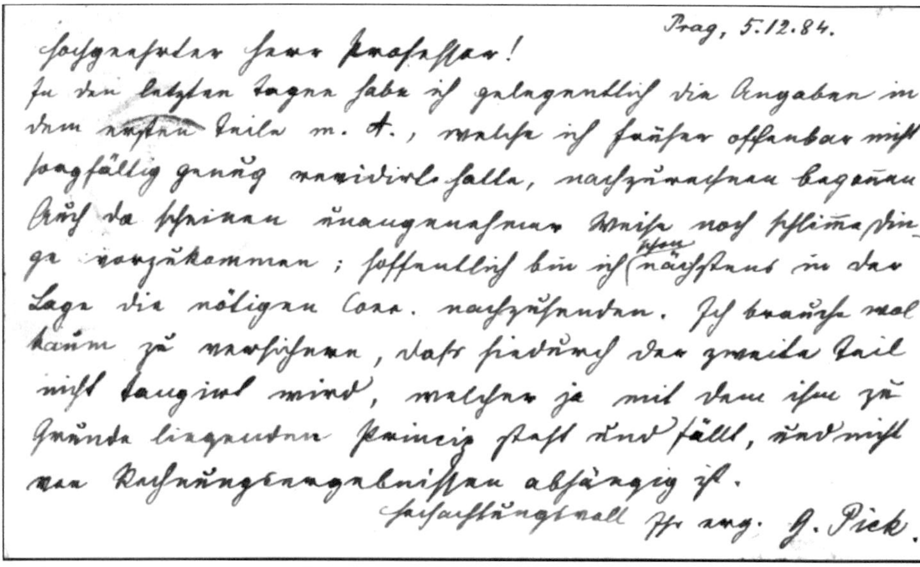

Abb. 11: Karte von Georg Pick an Felix Klein, vom 5. Dezember 1884 (Karte [9] 219).

[9] 219 [Correpondenz-Karte – Korespondenčni listek]

Prag, 5.12.84.

Hochgeehrter Herr Professor!
in den letzten Tagen habe ich gelegentlich die Angaben in dem ersten Teile m.[eines] A.[ufsatzes][1], welche ich früher offenbar nicht sorgfältig genug revidirt hatte, nachzurechnen begonnen. Auch da scheinen unangenehmer Weise noch schlimme Dinge vorzukommen; hoffentlich bin ich schon nächstens in der Lage die nötigen Corr[ecturen] nachzusenden.[2] Ich brauche wo[h]l kaum zu versichern, daß hiedurch der zweite Teil nicht tangirt wird, welcher ja mit dem ihm zu Grunde liegenden Princip steht und fällt, und nicht von Rechnungsergebnissen abhängig ist.

Hochachtungsvoll Ihr erg.[ebener] G. Pick.

---

1 Pick 1885b: 434–37.

2 Hurwitz hatte auf Kleins Anfrage bezüglich der Qualität von Picks Manuskript (vgl. Brief [6], Anm. 1) vorsichtig geantwortet, dass sich die Arbeit in Kleins Programm der Stufentheorie (Klein 1879) einordnet und dass er aber selber nicht so vertraut sei mit der „Composition der quadratischen Formen", um die Details nachvollziehen zu können. (Vgl. Tobies 2019: 262)

[10] 220

Prag, 6.12.84.

Hochgeehrter Herr Professor!

Sie wollen meine Schreibseligkeit gütigst mit der Unruhe entschuldigen, in welche mich die vermeintliche Auffindung von Fehlern in meinen Angaben über die Gewinnung der Gleichungen versetzt hatte. In der Tat sind die Angaben durchaus correct, wenn man von den singulären Moduln $J = 0$ u. $J = 1$ ($\Delta = 3$ u. $\Delta = 4$) absieht. Diese letzteren aber mitzuschleppen und ihretwegen jedesmal Ausnahmen zu statuiren, schien unangebracht, weil es sich um Eigenschaften von Irrationalitäten handelt und $J = 0$, 1 aus den in Betracht kommenden Gleichungen vorneweg entfernt werden können. Das sollte wo[h]l in der Einleitung bemerkt werden, was ich, wenn mir recht ist, zu tun vergessen habe. Zur Vergleichung mit der Giester' schen Formel erster Stufe hatte ich keine Gelegenheit, wie überhaupt mehrere notwendige Annalenbände mir abgegangen sind, weil sie in beiden hier zugänglichen Exemplaren gerade weggeliehn sind.[1] Die Anbringung der beiden nötigen Veränderungen werden Sie mir, bitte ich, auf irgend eine Weise ermöglichen; oder hat das bis zum Drucke Zeit?

Bezüglich meines im schönsten Fortgang begriffenen Irreducibilitätsbeweises möchte ich mir die doppelte Frage erlauben, ob Sie ihn eventuell annehmen wollten und ob ich mich diesbezüglich an H.[errn] Prof. Weber wenden soll. Ich würde das aber natürlich erst dann tun, wenn derselbe auch im Detail vollständig sein wird.

In ausgezeichneter Hochachtung

Ihr ergebenster G. Pick.

1 Klein veranlasste, dass Pick die entsprechende Arbeit seines Doktorschülers Josef Gierster erhielt, „Die Untergruppen der Galois'schen Gruppe der Modulargleichungen für den Fall eines primzahligen Transformationsgrades". *Math. Ann.* 18 (1881) 319–65.

[11] 221

Prag. 10.12.84

Hochgeehrter Herr Professor!

Indem ich Ihnen für Ihre freundlichen Zeilen, für Ihre Nachrichten sowo[h]l als für die so erwünschte Intervention bei Gierster, herzlichst danke, erlaube ich mir noch in Kürze Ihre Fragen zu beantworten. Weitere Correcturen sind nicht von Nöten; ich habe Alles nochmals überdacht.

Von der Wiener Akademie habe ich noch gar keine Nachricht.

Was den Irreducibilitätsbeweis angeht, so ist er eine Nachbildung des von Dedekind in einem der 50er Bände Crelle für die Kreisteilungsgleichungen gegebenen.[1] Was mich dabei vor Allem freut, ist die Leichtigkeit mit der sich alle Voruntersuchungen abwickeln. Außer formalen Unterschieden ist nur der eine tiefer gehende vorhanden, daß an Stelle der Primza[h]l p bei den Kreisteilungsgleichungen hier eines der beiden in p enthaltenen conjugirt imaginären Primideale des Körpers $\sqrt{-\Delta}$ zu treten hat. Das erhöht aber keineswegs die Schwierigkeit, weil nämlich nach wie vor die Za[h]len 0, 1, ...p – 1 ein vollständiges Restsystem bilden, so daß bei der Zerlegung eines ganzen Polynoms nach dem Modul p oder nach dem Primideal p dieselben Primfunctionen benützt werden können. Ich hoffe binnen einer Woche einen vollständigen Entwurf fertig zu haben, welchen ich mir dann erlauben werde, Ihnen sowo[h]l als Prof. Weber mitzuteilen.

Ich will nach Zustandekommen dieser Arbeit sofort daran gehen, jene modificirten Gesetze der Composition aufzustellen, welche bei Betrachtung der Relativ-Aequivalenz in Kraft treten, als Vorarbeit für die singulären Moduln höherer Stufen.

In vorzüglichster Hochachtung
Ihr ergebenster G. Pick.

1 Dedekind, Richard (1857): „Beweis für die Irreductibilität der Kreisteilungs-Gleichungen". *Crelle Journal* 54: 27–30. – Vgl. auch Briefe [2] und [18] und PICK 1886a.

[12] 222

Prag, 20.12.84

Hochgeehrter Herr Professor!
Vor allem erlauben Sie, daß ich Ihnen für die freudige Überraschung herzlichst danke, die Sie mir durch die Übersendung Ihrer Abhandlung bereitet haben.[1]

Eine andere minder angenehme Überraschung war mir diese Woche die Retournirung meiner Sendung an die Akademie [in Wien] mit der Motivirung, es können doch nicht in den akademischen Schriften Sätze ohne Beweis zur Veröffentlichung gelangen, die mit Beweis und wahrscheinlich früher in den mathematischen Annalen gedruckt werden. Diese geistreiche Methode des Referenten, sich von der Nötigung seine Denkkraft anzustrengen zu befrein, hat mir imponirt. Dem Secretär der Akademie, meinem früheren Lehrer, Hofrat Stefan,[2] habe ich die Absicht, brieflich meine Verwunderung über dieses Vorgehn auszudrücken. Da ich mir's aber keineswegs mit unserer weisen Akademie verderben darf, so bin ich zu großer Mäßigung verurteilt.

Was meinen Irreducibilitätsbeweis anlangt, so fehlt ihm eine fast nebensächliche Kleinigkeit zum Abschluß, über welche ich aber nicht hinüberkomme. Ich habe seit einer Woche nicht mehr daran gearbeitet, um wieder etwas Unbefangenheit zu gewinnen. Es ist in vielen Fällen nötig die Modulargleichungen nach dem Modul $\underline{p^2}$ (nicht blos nach p) beurteilen zu können, und dafür hat sich mir noch keine geschlossene Form ergeben. Zu einer vorläufigen Mitteilung wäre die Sache reif, ich werde mich aber nach den gemachten Erfahrungen hüten. Ich bereue jetzt sehr Ihren Vorschlag bezüglich der sächsischen Berichte seinerzeit aus törichter Ängstlichkeit ausgeschlagen zu haben; aber man wird immer zu spät klug.[3]

Mit der Bitte, mir diese Expectorationen[4] nicht übel zu nehmen, zeichne ich in ausgezeichneter Hochachtung

als Ihr ergebenster G. Pick.

1 Hier ist Kleins zusammenfassender Bericht gemeint: KLEIN 1884b.

2 Hofrat Josef Stefan (1835-1893): österreichischer Mathematiker und Physiker slowenischer Muttersprache aus Kärnten. Nach ihm und seinem Schüler Ludwig Boltzmann (1844-1906) wurde benannt: das Stefan-Boltzmann-(Strahlungs-)Gesetz; die Stefan-Boltzmann-Konstante.

3 Klein realisierte das frühere Angebot, vgl. PICK 1885a.

4 *Expectoration* [Latein.] Gefühlserguss.

[13] 223

Prag, 22.12.84

Hochgeehrter Herr Professor!

Ihre Güte beschämt mich. Seien Sie wenigstens versichert, daß ich es nicht auf ein neuerliches Anerbieten bezgl. der sächsischen Gesellschaft abgesehn hatte.

Die vorläufige Mitteilung wird bis zum dritten Januar in Ihren Händen sein.[1]

Auf die Hurwitz'schen Relationen 7ter Stufe freue ich mich außerordentlich[2] und hoffe, mir dann über die Natur der Moduln selbst ein Urteil bilden zu können. Seit gestern bin ich bestrebt die Modulargleichung für den zweiten Transformationsgrad auszurechnen, und komme nicht recht vom Flecke. Ich will mich nun an Hn.[Herrn] Friedrich[3] wenden, der doch, wenn ich nicht irre, im Besitze derselben ist.

In ausgezeichneter Hochachtung verbleibe ich

Ihr ergebenster G. Pick.

---

1 Klein präsentierte Picks „vorläufige Mitteilung" am 12. Jan. 1885 bei der Sächsischen Gesellschaft (Pick 1885a). Pick betonte das Ziel, „[…] die von Hrn. Kronecker schon vor mehr als zwanzig Jahren angegebenen Sätze über die singulären Moduln [*Berliner Monatsberichte* 1857 u. 1862] im Sinne der von Hrn. Klein geschaffenen Theorie der elliptischen Modulfunctionen aller ‚Stufen' zu erweitern und neu zu beweisen." (Ebd.:15) Als „Gesammtresultat" gab er an: „Die Gleichungen der complexen Multiplication $F_\Delta(x) = 0$ sind nach Adjunction von $\sqrt{-\Delta}$ irreducible Abel'sche Gleichungen (im weiteren Sinne des Worts)." (Ebd.: 24)

2 Hurwitz, A.: „Ueber Relationen zwischen Classenzahlen binärer quadratischer Formen von negativer Determinante". *Sächsische Berichte* 36: 193–97 (datiert Königsberg 4.12.1884; am 15.12. durch Klein bei der Sächsischen Gesellschaft eingereicht); weiter ausgeführt in Hurwitz, A.: „Ueber die Klassenzahlrelationen und Modularcorrespondenzen primzahliger Stufe". *Sächsische Berichte* 37 (1885): 222–40.

3 Georg Friedrich studierte von 1882/83 bis 1885 bei Klein; promovierte mit der Dissertation *Die Modulargleichungen der Galois'schen Moduln der 2. bis 5. Stufe* in Leipzig (publiziert: Greifswald: Kunike, 1886), vgl. auch Tobies 2021: 231, 293–94.

[14] 224

Prag, 27.12.84

Hochgeehrter Herr Professor!

Ihr freundlicher Brief und die Hurwitz'sche Arbeit[1] ist mir zugekommen; für beides sage ich besten Dank. Was die Kronecker'sche Abhandlung von 1863 angeht,[2] so hatte ich seinerzeit schon das Nötigste zurechtgelegt, ohne indeß die darin gegebenen Formeln mit den von mir zunächst liegenden Fragen in Beziehung zu setzen. Dagegen muß ich leider eingestehn, die Abhandlung von 1883 überhaupt nicht gelesen zu haben, so daß ich von deren Wichtigkeit für die Theorie der complexen Multiplication keine Ahnung hatte.[3] Mit Hilfe ihrer Erläuterungen wird es mir nun leicht sein, in dieselbe einzudringen, was ich aber gerne bis nach Abschluß der vorläufigen Mitteilung verschieben möchte.

Was die Gattungsfactoren angeht, so habe ich allerdings die Überzeugung, daß man zu ihrer Trennung noch ohne Modul<u>formen</u> auskommen kann. Es scheint mir, als ob überhaupt für singuläre Moduln, gewisse Potenzen von <u>Formen</u> in vieler Hinsicht durch rationale Ausdrücke in den Functionen ersetzt werden können. Genaueres hierüber kann ich allerdings nicht angeben, weil mir die Sache noch nicht ganz klar ist.

Gestatten Sie nun, daß ich Ihnen und Ihrer verehrten Frau Gema[h]lin ein herzliches Prosit Neujahr zurufe, und mit dem Ausdrucke meiner unwandelbaren Verehrung zeichne als

Ihr ergebenster G. Pick.

---

1 Vgl. Brief [13], Anmerkung 2.

2 Pick 1885a enthält Verweise auf Kroneckers Arbeiten von 1857 und 1862 (vgl. Brief [13], Anm. 1). E.E. Kummer hatte am 29.10.1857 bei der Akademie in Berlin präsentiert: Kronecker, L. (1858): „Über elliptische Functionen, für welche complexe Multiplication stattfindet“. *Monatsberichte der kgl. Preußischen Akademie der Wissenschaften zu Berlin* [kurz: *Berliner Monatsberichte*] (1858) 455–60. Am 26. Mai 1862 reichte Kronecker, inzwischen selbst Akademie-Mitglied, selbst ein: „Über eine neue Eigenschaft der quadratischen Formen von negativer Determinante“. *Berliner Monatsberichte*, 302–11. Darin betrachtete er alle „analogen Relationen, welche mir die Theorie der complexen Multiplication der elliptischen Functionen geliefert hat“ (Zitat S. 311). Weitere Ergebnisse Kroneckers dazu von 1862 vgl. https://www.biodiversitylibrary.org/item/112407#page/399/mode/1up

3 In Pick 1885a und Pick 1885b ist keine Arbeit Kroneckers von 1883 zitiert. Kronecker publizierte „Die Zerlegung der ganzen Grössen eines natürlichen Rationalitäts-Bereichs in ihre irreductibeln Factoren“. *Crelle Journal* 94 (1883): 344–48; vgl. hierzu auch Brief [18].

[15] 225

Prag, 3.1.85

Hochgeehrter Herr Professor!

Die vorläufige Mitteilung, welche ich Ihnen gestern sandte, ist meinem Gefühle nach verunglückt. Ich habe mir über deren Abfassung in den letzten Tagen so viel Kopfzerbrechen gemacht, daß ich mir nicht einmal die Zeit nahm, die Separatabdrucke meiner kleinen Noten zu versenden, wie Sie aus dem Umstande entnehmen werden, daß Ihnen ein Abdruck erst heute zugeht. Nichtsdestoweniger habe ich nichts herausgebracht als eine abgekürzte, stellenweise ungenaue Reproduction der Entwicklungen, und es ist mir nicht gelungen, das rechte Wort für die Hervorhebung des Gedankengangs zu finden. Indessen fürchte ich, in der Sache jetzt überhaupt nicht genügend unbefangen zu sein, um den Bedürfnissen des objectiven Lesens Rechnung tragen zu können. Ich bin also sehr gespannt auf Ihr Urteil, und fürchte mich einigermaßen davor. Bei einigen Citaten habe ich in der Eile die genaueren Angaben nicht hinzugefügt; das wird wo[h]l das Geringste sein, und sich gelegentlich nachtragen lassen. –

Ich möchte mit der Wiener Akademie noch einen Versuch machen.[1] Die Eigenschaften der Modulargleichungen nach Primzahlmoduln, welche für die Art, wie ich die Gleichungen der complexen Multiplication zu behandeln versucht habe, wesentlich sind, haben sich noch in etwas allgemeinerer Form ergeben, als es für jenen Zweck notwendig ist. Daraus möchte ich eine möglichst ausführlich und unabhängig gehaltene Abhandlung für die Akademie machen. Dann muß sich doch zeigen, ob bei dem Verhalten unserer maßgebenden Mathematiker auch etwas Rancune[2] im Spiele war.

In hochachtungvoller Verehrung Ihr ergebenster G. Pick.

---

1 Nachdem seine Arbeit abgelehnt worden war (vgl. Brief [12]), hoffte Pick, in den *Wiener Berichten* wieder publizieren zu können. Dort war bisher erschienen PICK/UNGAR 1880.

2 *la rancune* [Franz.] der Groll, das Ressentiment.

[16] 226

Prag, 8.1.85

Hochgeehrter Herr Professor!

Die kleine Pause in Hinsicht der Arbeitsintensität, welche dieser Tage bei mir eingetreten ist, habe ich nolens volens[1] zum Planemachen[2] benützt. Da ist nun eine Absicht, welche mich jetzt schon sehr reizt, entstanden[*)],[3] welche ich Ihnen sofort mitteilen möchte, aus zwei Gründen: einerseits weil ich die Idee einer gelegentlichen Bemerkung Ihrerseits verdanke, andererseits weil ich damit motiviren will, daß ich in nächster Zeit noch nicht im Stande sein werde, mein Interesse ganz auf die höheren Moduln zu concentriren.[4]

Die Idee ist, womöglich zu beweisen daß $J(w)$ nur für complexe Multiplication die Eigenschaft besitzt, daß algebraischen Werten des Arguments ebensolche der Function entsprechen, oder, wenn das nicht richtig ist, überhaupt die Function $J(w)$ in derselben Weise zu untersuchen, wie Hermite u. Lindemann e^x.[5] Ich habe die vage Ansicht, daß an Stelle der von Herm.[ite] benutzten Integralformeln, solche treten müssen, welche von der bekannten Diff.[erential]gl.[eichung] 3ter Ord.[nung] hergenommen sind. In dieser Beziehung hatte Ihre vorigjährige Abhandlung[6] über die (begriffliche, wenn das der richtige Ausdruck) Integration jener Gleichung für mich außer dem notwendigen allgemeinen noch ein besonderes Interesse, weil ich dadurch die Auffassung der linken Seite jener Gleichung als eines „Operators“ (nach englischer Sprechweise) fertig überkam.

Nun möchte ich aber, schon im Interesse der Sache, nicht auf diesem Gebiete mit Jemand Anderem in Collision geraten, weil ich mir denke, es möchten viele Andere bessere Erfolge erzielen können, als ich, und ich könnte also meine Kräfte an Dingen versuchen, denen sie mehr gewachsen sind? In diesem Sinne werden Sie mir hoffentlich die Frage nicht übelnehmen, ob Sie anderweitig schon Veranlassung zur Bearbeitung jenes Thema's gegeben haben. –

Selbstverständlich werde ich jetzt vor Allem die zweite Abhandlung (Irreducibilität) fertig machen.[7]

Ich vermute, daß Sie jetzt noch mehr als gewöhnlich beschäftigt sind,[8] und bitte daher diesen Brief ganz nach Bequemlichkeit zu behandeln. Es würde mir ein quälendes Bewußtsein sein, Sie ungebührlich in Anspruch genommen zu haben.

Mit bestem Danke für die Mitteilung Ihrer letzten Karte bin ich in hochachtungsvoller Verehrung

Ihr ergebenster Georg Pick.

1 *nolens volens* [Latein.] „nicht wollend oder wollend“, notgedrungen, wohl oder übel.
2 Pläne machen.
3 *) ist eine Anmerkung von Georg Pick: *„oder hat sich vielmehr nur erneuert“*.
4 Dies hatte Felix Klein offensichtlich erwartet.
5 Pick dachte hier an eine Analogie zu den ersten Beweisen für die Transzendenz von e und π durch Charles Hermite 1873 bzw. Ferdinand Lindemann 1882. F. Lindemann (1852-1939) hatte 1873 bei Klein promoviert; seit 1883 war er o. Professor an der Universität Königsberg.
6 KLEIN 1884c.
7 Vgl. PICK 1886a (datiert März 1885).
8 Felix Klein wusste durch den Physiker Eduard Riecke (1845-1915), Brief v. 4. Dez. 1884, dass er mit einem Ruf als Professor an die Universität Göttingen rechnen könnte (dem er zum 1.4.1886 folgte); somit kümmerte er sich in Leipzig um die Vollendung begonnener Projekte, um einen guten Nachfolger, auch um weitere Wege seiner Schüler.

[17] 227

Prag, 25.1.84 [=1885]

Hochgeehrter Herr Professor!

Gestern Abends habe ich Correctur von Br. u. H. bekommen, welche ich sofort an die Druckerei – was wohl richtig sein wird – rücksende.[1] Daß Sie das Citat auf Ihr Ikosaederbuch gestrichen haben, war mir unerwartet.[2] Ich dachte, der Begriff „genau“ einfach transitiv sei von Ihnen eingeführt worden; und in diesem Falle war das Citat doch vollkommen am Platze?

In der Abfassung der zweiten Abhandlung für die Annalen bin ich nicht blos durch unangenehme, von der Jahreszeit gebotene gesellschaftliche Verpflichtungen, sondern auch durch die in der Note gelegentlich erwähnte „Complication“ zurückgehalten. Es hängt dieser Punkt mit der von Ihnen postulirten Betrachtung von Modulformen augenscheinlich zusammen. Indem ich allgemeineren Aufschluß hierüber suchte, ergab sich mir Folgendes:

$\sum_{m_1,m_2} \frac{1}{(m_1\omega_1 + m_2\omega_2)^{2k}}$ ist jedenfalls eine ganze Function von g_2, g_3; mit einer geeigneten ganzen Zahl multiplicirt, sogar eine ganzzahlige solche Function. Andererseits ist jene Doppelsumme ausdrückbar mittelst der Reihe:

$$\sum_m m^{2k-1} \frac{Q^m}{1-Q^m} \qquad \Big| \; Q = e^{2\pi i w}$$

In Bezug auf den Primzahlmodul p ist diese Reihe aber sehr leicht zu behandeln, weil man es mit einfachen Potenzresten zu tun hat. Z.B. man möchte

$$2k - 1 = 2p + 3, \quad \text{also } k = p + 2,$$

so wird $m^{2k-1} \equiv m^3 (\operatorname{mod} p)$ also jene Reihe congruent der entsprechenden bei g_2. Würde man also $\sum \frac{1}{(m_1\omega_1 + m_2\omega_2)^{2p+4}}$ durch g_2 g_3 explicite ausdrücken können, so hätte man sofort eine Relation: ganze Function $(g_2, g_3) \equiv 0 \ (\operatorname{mod} p)$;
sodann wäre es aber berechtigt zu sagen, daß die Modulformen (mod p) (im Allg.[emeinen] irrational) durch J resp. x ausgedrückt werden können. Es fehlt

also nur an jenem ersten Ausdruck, den ich aber vergeblich in der Literatur gesucht habe und selbst nicht herausbekomme.

Noch muß ich gestehn, daß ich mit Congruenzen für unendliche Reihen sehr frei umspringe, ohne über die Berechtigung (außer in den allereinfachsten Fällen) recht nachgedacht zu haben. Ich habe blos das Gefühl, daß die Sache in Ordnung ist.

Herzlichen Dank muß ich Ihnen noch für Ihre letzte Karte sagen. Wenn ich nur nicht den Mut verliere, so hoffe ich jenem spröden Stoff doch wenigstens näher zu kommen.

Nun entschuldigen Sie gütigst diese lange Epistel und lassen mich mit der Versicherung meiner unwandelbaren Dankbarkeit und Verehrung schließen.

Ihr ergebenster G. Pick.

---

1 „Br. u. H". Gemeint ist der Verlag S.[amuel] Hirzel in Leipzig, in dem die *Sächsischen Berichte* damals erschienen. Pick hatte die Korrekturbogen seines Beitrags (1885a) erhalten, seine sog. „vorläufige Mitteilung", die Klein am 12. Januar 1885 eingereicht hatte.

2 Klein hatte in Pick 1885a das Zitat auf sein Buch Klein 1884 gestrichen.

[18] 228

Prag, 7.2.85

Hochgeehrter Herr Professor!

Die Abzüge[1] habe ich erhalten und zwei derselben nach Ihrem Rate (für den ich bestens danke) verwendet. Sind Ihnen die gewünschten Exemplare zugekommen? Wegen der Zahl der Abzüge wurde seitens der Druckerei angefragt. Ich habe mir 50 bestellt, was ungefähr der von unserer Akademie gewährten Zahl gleichkommt, in der Erwartung, daß man mich bei etwaiger Überschreitung der Normalzahl bei der s.[ächsischen] Gesellschaft für die Mehrkosten in Anspruch nehmen würde. Trotzdem oder eben weil nichts dergleichen geschehn ist, habe ich nachträglich bereut, nicht hierüber bei Ihnen angefragt zu haben. Ich hatte das unterlassen, weil sich in Folge dessen der Abgang der zweiten Correctur hätte verzögern müssen.

Noch immer bin ich nicht im Stande jene kleine Schwierigkeit zu überwinden, welche mir den Abschluß des Irreducibilitätsbeweises unmöglich macht.[2] Indessen habe ich mit Hilfe des Schlüssels, welchen Sie mir freundlichst an die Hand gegeben haben, Kronecker's Abh.[andlung] v.[on] 1883 gelesen,[3] und versucht mir die Resultate functionentheoretisch zurecht zu legen.

Hie[r]bei scheinen sich die von Kron.[ecker] angegebenen Bedingungen für die Hauptrelation durch wesentlich andere ersetzen zu lassen, so daß die Entwicklung von log Λ einen ganz anderen Charakter gewinnt. Wenn Sie es gestatten würden, so möchte ich Ihnen gerne die betreffenden Überlegungen vorlegen.

In vorzüglicher Hochachtung und Verehrung

Ihr ergebenster Georg Pick.

---

1 Gemeint sind die Separatdrucke von Pick 1885a.

2 Es sei noch einmal erwähnt, dass der Beweis in Pick 1886a enthalten ist.

3 Kroneckers Arbeit (vgl. Brief [14], Anm. 3) ist auch in PICK 1886a nicht zitiert; Pick stützte sich bei seinem Beweis, wie angegeben (Brief [11]), auf Dedekinds Herangehen beim Irreduzibilitätsbeweis für die Kreisteilungsgleichung (PICK 1886a: 219).

[19] 229

Prag, 11. Februar 84.[=1885]

Hochgeehrter Herr Professor!

Ihr letzter Brief hat mich mit großer Freude erfüllt. Denn unter Ihrer Leitung an einem Unterfangen mit arbeiten zu können, wie das von Ihnen geplante,[1] eröffnet mir die Aussicht auf eine höchst befriedigende Thätigkeit, und das Vertrauen, das Sie mir durch Ihren Antrag bezeigen, ist geradezu geeignet mich stolz zu machen. Sein Sie also versichert, daß ich ohne Weiteres auf Ihren Vorschlag eingehn würde, wenn ich mich derzeit in einer halbwegs gesicherten Stellung befände. Es sind mir Überlegungen wesentlich materieller Natur, welche sich mir unter den gegebenen Umständen störend aufdrängen; gestatten Sie, wenn ich dabei genötigt bin, über meine Verhältnisse und Aussichten mich ausführlicher zu verbreiten.

Ich setze gewiss mit Recht voraus, daß die Aufgabe, welcher ich mich unterziehn soll, meine Zeit und Arbeitskraft vollständig in Anspruch nehmen würde, so daß jede andere mathematische Beschäftigung unmöglich wäre. Zwei Jahre lang[2] wäre ich also außer Stande solche kleinere und größere Arbeiten abzufassen, welche bei uns nach jenem einfachen arithmetischen Verfahren gewürdigt werden, das in der Addition der Seitenzahlen gipfelt.[3] Während dieser Zeit würden meine Herren Collegen jeder eine beträchtliche Seitenzahl geliefert haben; und leicht möglich, daß noch innerhalb dieser zwei Jahre eine Besetzung notwendig wird, wo ich dann offenbar den Kürzeren ziehn müsste, und die Gewinnung einer Position für mich wieder in's Ungewisse sich verschieben würde.

Aber auch wenn jener Fall nicht eintritt, so frage ich mich, ob das Erscheinen des Buches in den Augen unserer maßgebenden Persönlichkeiten zwei gänzlich publicationsleere Jahre aufwiegen würde. Hier muß ich mir sagen, daß jedermann meine Mitwirkung für Nichts veranschlagen wird, wenn er mich neben Ihnen genannt findet. Dieser Umstand ist ohne jeden Einfluß auf meine Empfindung; mir genügt völlig das eigene Bewußtsein, und ich weiß, wie viel mehr Befriedigung ich von solcher Thätigkeit haben würde, als von noch so vielen kleinen Arbeiten, über deren Wert ich mich ja keiner Täuschung hingebe. Aber jene Leute, an deren Urtheil mir so gar nichts liegt, und von deren Urtheil ich doch so ganz abhängig bin, werden ganz anderer Überzeugung sein.

Sie haben, ich möchte dies wenigstens hoffen, von mir nicht die Ansicht gewonnen, als ob ich unsere Wissenschaft nur oder hauptsächlich mit Rücksicht auf ihre direkte Verwertbarkeit für meine Zukunft zu betreiben beflissen bin. Sie würden also meine vorige Auseinandersetzung nicht motivirt finden, wenn ich nicht Folgendes hinzufüge.

Ich bin 25 Jahre alt und durchaus mittellos, also genötigt, meinen Angehörigen vollständig zur Last zu fallen, oder einen Teil meiner an sich schon ungewissen Zukunft zu anticipiren.[4]

Was ist natürlicher, als daß ich es als eine Pflichtverletzung nicht nur mir sondern vor Allem auch meinen Angehörigen gegenüber betrachten möchte, wollte ich das Geringste versäumen, was mich der Aussicht auf baldige Erringung einer Position näher bringen könnte.

Nehmen Sie meine Überlegungen von dieser und nur von dieser Seite. Ich kann nur wiederholen, daß ich mich glücklich schätzen würde, unter irgend welchen Bedingungen Ihr Mitarbeiter sein zu dürfen, und nur jene leidigen Pflichten des täglichen Lebens – um so zu sprechen – sind es, welche mir Bedenken verursachen.

In vorzüglicher Hochachtung und Verehrung bin ich

Ihr ergebenster Georg Pick.

---

1 Klein hatte Pick somit in seinem vorangegangenen Brief vorgeschlagen, an der Edition seiner Vorlesungen über die Theorie der elliptischen Modulfunktionen mitzuwirken.

2 Klein veranschlagte offensichtlich zwei Jahre für die Edition dieser Vorlesungen, wofür letztlich fünf (KLEIN/FRICKE Bd. 1, 1890) bzw. sieben Jahre (Bd. 2, 1892) benötigt wurden.

3 Da math. Ergebnisse von der Administration und oft auch von Kollegen schwer beurteilt werden konnten, war die Quantität der Publikationen durchaus ein Entscheidungsmerkmal.

4 *anticipiren* [aus d. Latein.] *ante* „vorher“ und *capere* „nehmen“; sinngemäß: etwas vorwegnehmen bzw. adäquat reagieren.

[20] 230

Prag, 16.2.84.[=1885]

Hochgeehrter Herr Professor!

Sie haben durch Ihren letzten Brief meine Bedenken so vollständig zu nichte gemacht, daß ich nun mit größter Freude auf Ihren Antrag eingehe.[1] Andere Bedenken als die schon geäußerten gab es für mich nicht, und es bleibt mir nur auszusprechen, daß ich selbst von unerwartet bald sich ergebenden Berufsgeschäften keine ernstliche Ablenkung befürchte, weil es ja die hiesigen mathematischen Verhältnisse mit sich bringen, daß der Unterricht an den Lehrer keine hohen Anforderungen stellt.

Weber's Abhandlung[2] habe ich, wie ich fürchte, erst in Folge eines Briefes erhalten, welchen ich zugleich mit meiner Note in dem guten Glauben an ihn sendete, das betreffende Heft der Acta sei schon erschienen. Jene Congruenzen

$$\Phi_p \equiv (u - v^p)(u^p - v) \qquad (\text{mod.}\, p),$$

welche bei mir grundlegend sind, scheinen auch bei ihm ein wichtiges Hilfsmittel zu sein. Im Ganzen kann ich mir nicht recht zusammenreimen, warum W.[eber] soweit [sic!] ausholt; allerdings konnte ich die Abhandlung noch nicht so in's Einzelne lesen, um beurteilen zu können, ob nicht viele Detailuntersuchungen ihm dazu Veranlassung gegeben haben.

Für die Übersendung von Molien's Note[3] danke ich bestens; an Gierster und Hurwitz hatte ich Abzüge geschickt.

Betreffs der Correctur werde ich nach der Angabe Ihrer eben erhaltenen Karte verfahren.

In vorzüglichster Hochachtung Ihr ergebenster Georg Pick.

1 Es kann hier nur vermutet werden, dass Klein schrieb, Pick werde bei der Edition noch offene Fragen zu klären haben und darüber gesondert publizieren können. Verlage zahlten damals auch ein Honorar pro Druckbogen, worauf Klein ebenfalls verwiesen haben könnte.

2 Zu Webers Abhandlungen in den *Acta mathematica* vgl. Brief [3], Anm. 3.

3 Theodor Molien studierte drei Semester lang bei Klein (vgl. Teil II). Dessen Arbeit, „Ueber gewisse, in der Theorie der elliptischen Functionen auftretende Einheitswurzeln". *Sächsische Berichte* 37: 25–38, hatte Klein in derselben Sitzung (12.1.85) wie PICK 1885a bei der Kgl. Sächsischen Gesellschaft vorgelegt und dann an Pick einen Separatdruck geschickt.

[21] 231

Prag, 18.2.84.[=1885]

Hochgeehrter Herr Professor!

Meinem vorgestrigen Briefe hatte ich zuzusetzen vergessen, daß ich selbstverständlich bereit bin, zu jeder Ihnen passend erscheinenden Zeit in Leipzig anwesend zu sein. Ich hätte in dieser Hinsicht nur die eine Bitte, daß mein Aufenthalt nicht in die Messzeit[1] hineinreicht, wenn es anders möglich ist. –

Da in Folge der längeren Anmerkungen ein Umbrechen des Satzes ohnedies erforderlich werden dürfte, so könnte vielleicht der Passus auf der ersten Seite: „Es scheint indeß .... Hand zu geben." durch einen weniger schroffen und persönlichen ersetzt werden, etwa:

Es hat jedoch bis heute an einer zusammenhängenden und systematischen Behandlung des Gegenstandes gefehlt. (od.[er] dgl.[=dergleichen])[2]

Die ausgestrichenen Correcturen kommen daher, daß ich die Bezeichnung mit der meiner Note in Übereinstimmung habe bringen wollen. Als ich zu sehen begann, daß zu viel Änderungen nötig würden, ging ich davon ab; nun fürchte ich, daß der Bogen beinahe unbrauchbar geworden ist.

In vorzüglichster Hochachtung bin ich

Ihr ergebenster Georg Pick.

1 Gemeint ist das jüdische Pessachfest.

2 Der Satz wurde wörtlich so aufgenommen, vgl. PICK 1885b: 433.

[22] 232

Prag, 19.2.85.

Hochgeehrter Herr Professor!

Meine Bereitwilligkeit zu Ostern nach Leipzig zu kommen habe ich schon in meinem gestrigen Brief erklärt. Wie es scheint, ist Ihnen die Zeit unmittelbar <u>nach</u> Ostern am passendsten; also bitte ich sich an meine Bitte nicht zu kehren, da ja die geringe Unbequemlichkeit die mir die Messverhältnisse auferlegen würden, unmöglich in's Gewicht fallen können. Ich werde also Ostersonntag (5ter) mich einfinden nach dem in Ihrem heutigen Briefe enthaltenen Wunsche.[1]

Was nun die Erledigung früherer Arbeiten angeht, so habe ich doch noch einige Zeit vor mir; im Augenblicke wirkt nur der Umstand einigermaßen entmutigend auf mich, daß ich jene kleine Frage, die ich Anfangs ganz auf die leichte

Achsel[2] genommen hatte, nicht fördern kann. Von allen Seiten her habe ich's schon versucht, die ich während längerer Zeit vielleicht allein bestreiten könnte, an die ich mich so aber gar nicht heranwagen will. Meine einzige Hoffnung ist also ein glücklicher Einfall; er läßt nur zu lange auf sich warten.

Gerne hätte ich noch wenigstens die ersten Elemente für die singulären Moduln höherer Stufen erledigt; dazu wird nun wohl die Zeit nicht mehr langen.

In vorzüglicher Hochachtung

Ihr ergebenster G. Pick.

---

1 Der 5. April 1885 fiel auf den siebten Tag des jüdischen Pessach-Festes (mit Riten und Essvorschriften). Pick hatte Klein im Brief [21] gebeten, das Treffen nicht in der Messzeit stattfinden zu lassen. Klein änderte den Termin noch auf Freitag, den 20. März 1885.

2 Heute ist eher der Ausdruck „etwas auf die leichte *Schulter* nehmen" gebräuchlich.

[23] 233

Prag, 22.2.85.

Hochgeehrter Herr Professor!

Indem ich für Ihre letzte Karte Dank sage, möchte ich noch Weniges bemerken.

Zuerst möchte ich mir die Frage erlauben, inwiefern Sie über das geplante Unternehmen Schweigen beobachtet wissen wollen. Ich bitte mich dabei nicht miszuverstehn; ich will dasselbe durchaus nicht an die große Glocke hängen; aber es giebt eine Anzahl von Leuten, denen gegenüber ich eine gewisse Verpflichtung habe, über meine jeweilige Beschäftigung Offenheit zu bewahren; andererseits wird meine öftere Anwesenheit in Leipzig auffallen müssen, und ich weiß nicht wie ich mich etwaigen Fragen gegenüber verhalten soll.–

In meiner Note[1] sind leider drei fehlerhafte Formeln durch Unachtsamkeit meinerseits stehn geblieben; ich erlaube mir deshalb zwei Richtigstellungen beizulegen für die beiden Exemplare. Es sind die auf Seite 23 unten angegebenen Transformationsresultate, welche verbessert werden müssen.

In vorzüglicher Hochachtung

Ihr ergebenster Georg Pick.

---

1 Dies betraf die Note PICK (1885a: 23).

[24] 234

Prag, 9.3.85.

Hochgeehrter Herr Professor!

Endlich bin ich auf großem Umwege zu einer Bestimmung jenes restlichen Punktes im Irreducibilitätsbeweise gelangt, allerdings nur so, daß die zum Fortgange des Beweises nötigen Eigenschaften der fraglichen Größen erhalten werden, dagegen kein expliciter Ausdruck. Nun bin ich hinsichtlich des Abschlusses der Abhandlung im Zweifel; die ziemlich weit führende Entwicklung – es ist nötig ein Polynom (mod p) durch eine (mod p) als Congruenz aufzufassende Differentialgleichung zu bestimmen, was einen längeren Excurs erfordert – wird den Zusammenhang in unangenehmer Weise unterbrechen, so daß ich sie gerne für einen anderen Ort verspart hätte,[1] und andererseits weiß ich nicht, ob in einer Annalenarbeit eine derartige Lücke in der Beweisführung gelassen werden darf. Die Zeit drängt, wenn ich die Arbeit am 20ten nach Leipzig mitbringen will, und auch deshalb wäre es mir erwünscht, wenn der Umfang derselben nicht zu groß sein müßte. Wollten Sie mir gütigst hierin Ihren Rat erteilen?

Wenn ich nicht noch andere Weisung erhalte, so werde ich am 20ten [März] Vormittags bei Ihnen vorsprechen. Ich glaube wenigstens Ihre Angaben in dieser Weise verstehn zu sollen.

In vorzüglichster Hochachtung Ihr ergebenster Georg Pick.

---

1 Im Sinne von „aufgespart“, mit dem Ziel, dazu noch in einem anderen Publikationsorgan – als den vorgesehenen *Math. Ann.* – veröffentlichen zu können.

[25] 235

Prag, 16.4.85.

Hochgeehrter Herr Professor!

Leider kann ich Ihnen noch von keinem wesentlichen Fortschritt berichten; nicht einmal über die formalen Zweifel bin ich bisher zu einer sicheren Ansicht gelangt, sondern es haben sich vielmehr einige neue eingestellt, von denen ich Ihnen über zwei, so geringfügig sie sein mögen, berichten möchte. Da sind erstens die compendiösen[1] Proportionen von der Form

$$f : f - 1 : 1 = \ldots ,$$

welche Sie stets in dieser Anordnung schreiben; dieselben treten häufig in Beziehung zu einer hypergeometrischen Reihe resp.[ective] P-Function (s–F.[unction]), in welchen die Anordnung $0\ \infty\ 1$ üblich ist.[2] Was ist hier das Bessere?

Ferner zweitens: die in Betracht kommenden P-Functionen sind nicht eigentlich Riemann'sche sondern höchstens Grenzfälle derselben ($\alpha - \alpha'$, … nicht sämtlich gebrochen). Giebt es da nicht literarische Nachweise, so wird wo[h]l im Text ausführlicher auf diesen Umstand eingegangen werden müssen. – Wieso für mich diese beiden Fragen brennend sind, ist leicht zu erklären. Ich habe bald gesehn, daß ich die Arbeit in der Mitte anfangen muß; denn bei der Ausarbeitung der ersten Paragraphen war durch die fertige Vorlage die Gefahr nahe gelegt, daß ich mich in die mir natürliche Schreibart zuerst nicht hineingefunden hätte, was der Einheit der formalen Redaction Abbruch getan hätte.

Meine erste Beschäftigung nach meiner Rückkehr war indessen darauf gerichtet, jene Anregungen zu fixiren, die Sie mir in Bezug auf die weiteren Teile des Buchs auf den Weg gegeben hatten. Das ist mir in vollständiger Weise gelungen, vor Allem bei jener Frage über die Umkehrung der s-Functionen, die ich aus dem Gedächtnis niedergeschrieben habe und zwar in etwas veränderter Gestalt, indem ich dabei auf meinen „Privatmultiplicator“ $\frac{g_2^2 g_3}{\Delta}$ lossteuerte. Ebenso habe ich mir jene Ideen über „isomorphe Formenprobleme“, zugehörige Basen etc. geläufig zu machen gesucht. Nur dasjenige, was Sie unter dem Titel „neue

Auffassung der Modulargleichungen" vorgeführt haben, vermag ich nicht zu reproduciren. Mir ist der Ansatz zu jenem Gleichungssystem entfallen, welches an Stelle der einen Modulargleichung zu treten hat.

Auf die Basen etc. möchte ich noch zurückkommen. Dedekind – Weber unterscheiden Basen für *Λ*, d.i. für den Inbegriff aller mit *s* gleichverzweigten Functionen von *z* und Basen für *v*, d.i. für alle ganzen solche[n] Functionen. Unter den letzteren befinden sich die Normalbasen, welche auch bei D.[edekind]-W.[eber] schon functionentheoretisch a priori charakterisirt werden, so daß ich in Weierstraß' Normalbasen nur einen Fortschritt zur Vereinfachung der Darstellung nicht aber zur principiellen Klärung jenes Begriffs sehn kann.[3]

Übrigens habe ich Sie wo[h]l immer nur falsch verstanden, wenn mir jetzt so ist, als ob Sie die Bezeichnung „Normalbasen" auf alle „Basen von *v*" ausgedehnt wissen wollten.

Noch möchte ich fragen, wo Weierstraß über diese Angelegenheit publicirt hat?[4]

Gestatten Sie mir nun die Hoffnung auszusprechen, daß Sie vollständig wiederhergestellt nach Leipzig zurückgekehrt sind. Indem ich bitte, Ihrer Frau Gemahlin meine schönsten Empfehlungen zu bestellen, zeichne ich als

Ihr hochachtungsvoll ergebenster Georg Pick

Ich habe mir erlaubt, Ihnen die bekannten 2 Exemplare von meiner Akademie-Note[5] zu übersenden.

1 *kompendiös*, Synonyme: wie ein Kompendium (abgefasst), gedrängt, zusammengefasst

2 Zu den Proportionen vgl. KLEIN/FRICKE 1890: 104–105 (bei Dreiecks- oder *s*-Funktionen). – Zur hypergeometrischen Reihe seit Gauß; zur Riemannschen *P*-Funktion (auch PICK 1891a; PICK 1892b) vgl. KLEIN 1894a. – In späteren Arbeiten wird das Riemannsche *P*-Symbol auch als Papperitz-Symbol bezeichnet; vgl. Brief [62] zu Papperitz und zu Weiterentwicklungen im Gebiet Chapling, Richard (2016), „The Hypergeometric Function and the Papperitz Equation" (https://rc476.user.srcf.net/furthercomplexmethods/hypergeometric.pdf).

3 Zur Analyse von DEDEKIND/WEBER 1882 in Kleins Seminar des SS 1885 vgl. die Beiträge von Willibald Reichardt ([Protokolle] Bd. 7: 5–9); und von Gusztáv Raussnitz (Rados) (Reichardt ([Protokolle] Bd. 7: 27–50). – Zu DEDEKIND/WEBER 1882 vgl. auch GEYER 1981. – Zur Einordnung der Normalbasis Ludwig Baur (1897), „Ueber den Zusammenhang zwischen der Dedekind-Weber'schen Normalbasis und dem Hensel'schen absoluten Fundamentalsystem". *Math. Ann.* 49: 73–82.

4 Zu den Basen vgl. auch die Briefe [26] und [27]. – Zu Weierstraß' Normalform der elliptischen Integrale vgl. WEIERSTRAß/SCHWARZ 1885/1893: 85–89.

5 PICK 1885c.

[26] 236

Prag, 22.4.85.

Hochgeehrter Herr Professor!

Gestatten Sie mir, nochmals auf die Basen zurückzukommen. Ich glaube nicht zu irren, wenn ich annehme, daß die betreffende Nomenclatur von Dedekind (& Weber) herrührt.[1] Wenn ich aber diese nicht misverstehe, so wollen dieselben als Basen in *v* Funktionensysteme bezeichnen, deren Discriminante (von einem constanten Factor abgesehn) immer dieselbe ganze Function der gerade verwendeten unabhängigen Veränderlichen sind. Und zwar besteht diese Function eben aus allen (endlichen) Verzweigungsfactoren in der gehörigen Multiplicität, enthält also keine außerwesentlichen Factoren. Auch die Normalbasen besitzen dieselbe Discriminante und sind nur dadurch unter den Basen von *v* ausgezeichnet, daß sie a priori in ganz specieller Weise ausgewählt sind (§ 22 der Abh. v. Dedekind-Weber). Es ist nicht schwer, wie ich glaube, alle diese Aufstellungen von D.[edekind] u. W.[eber] in die gewohnte Sprache zu übersetzen, wo man dann besser sehn würde, was davon zu profitiren ist. –

Über Umkehrung der *s*-Functionen gestatten Sie mir folgende Bemerkung. Es giebt keinen Weg, als den von Ihnen eingeschlagenen, auf welchem man schneller und präciser über die verschiedenen Formen der Differentialgleichung für die Perioden und den jedesmal zugehörigen Multiplicator in's Klare käme. Ich bin bei der allgemeinen

$$P\begin{pmatrix} \frac{1}{2\lambda}+\frac{l}{2}, & \frac{1}{2\mu}+\frac{m}{2}, & \frac{1}{2\nu}+\frac{n}{2} \\ & & & X \\ \frac{-1}{2\lambda}+\frac{l}{2}, & -\frac{1}{2\mu}+\frac{m}{2}, & -\frac{1}{2\nu}+\frac{n}{2} \end{pmatrix}$$

$$l+m+n=1$$

geblieben; es folgt

$$X = x^{-l+1}(1-x)^{-n+1}\frac{ds}{dx}\cdot s_1^2 = (Multiplicator)^2$$

Nimmt man ihn irgendwie von der ersten Dimension an, so ergeben sich sofort l, m, n und die Differentialgleichung. Z.B. für

$x = \Delta^{-\frac{1}{6}}$ kommt $l = \frac{1}{3}$ $m = \frac{1}{6}$ $n = \frac{1}{2}$

und daraus ohne weitere Rechnung die Gleichung.

Ich habe durch solche Versuche, durch deren Mitteilung ich Ihnen durchaus nicht etwas Neues mitzuteilen glaube, jetzt die nötige Klarheit in den Abhängigkeitsverhältnisse[n] zwischen den verschiedenen Variablensystemen

$$\omega_1, \omega_2;\quad \omega_1, \omega;\quad X, J;\quad g_2, g_3;\ \text{--}$$

mir erworben, dabei aber ziemlich die Überzeugung gewonnen, daß diesen Angelegenheiten eigentlich eine ausführlichere Behandlung zu Teil werden sollte, als präliminirt ist[2]. Indessen will ich jetzt vor Allem möglichst rasch eine erste Redaction vornehmen, was hoffentlich binnen 3 – 4 Wochen getan sein wird.

Indem ich Ihnen für Ihren letzten Brief bestens danke, bleibe ich

hochachtungsvoll Ihr ergebenster G. Pick.

---

1 KLEIN/FRICKE 1892 (bes. 489–93 zum Basis-Begriff) folgt der Terminologie von DEDEKIND/WEBER 1882, über deren neuen Ansatz Klein später urteilte, dass sie zeigten „[…] daß man eine weitgehende Analogie zwischen der zahlentheoretischen Betrachtung (der ganzen Zahlen eines Zahlkörpers) und der funktionentheoretischen (der algebraische Funktionen auf einer

über der z-Ebene ausgebreiteten Riemannschen Fläche) herstellen kann." Klein erläuterte: „Besonders deutlich tritt diese Analogie hervor, wenn wir die *Diskriminanten* betrachten. Diese zerfallen im funktionentheoretischen Falle in zwei Teiler, in einen *wesentlichen Teiler*, der den Verzweigungspunkten der Riemannschen Fläche entspricht, und einen *außerwesentlichen Teiler*, der solchen Stellen entspricht, wo die Kurve $f(\xi, z) = 0$ einen Doppelpunkt hat (wo zwei Verzweigungspunkte sich aufheben). Dieser zweite Bestandteil heißt *außerwesentlich*, weil er sich ändert, wenn man das anfängliche ξ durch eine andere Function des Körpers ersetzt. – Genau so ist es im zahlentheoretischen Falle. Dabei sind es die Primfaktoren des *wesentlichen* Teilers der Diskriminante von $f(x) = 0$, die den Verzweigungspunkten von $f(\xi, z) = 0$ entsprechend gesetzt werden können." (KLEIN 1926: 324–25)

2 *präliminiert* = vorläufig festgelegt.

[27] 237

Prag, 30.4.85.

Hochgeehrter Herr Professor!

Ich habe heute nur eine Zahl von Fragen vorzubringen, welche sich auf die Basen bei isomorphen Formensystemen beziehn. Dabei fürchte ich nemlich nicht ganz die richtigen Grundlagen und Voraussetzungen zu besitzen, und möchte gerne volle Klarheit erlangen.

Ich stelle mir vor, daß man aus einem Galois'schen Körper algebraischer Functionen von z, ν Funktionen μ so auswählen kann, daß jedem Umlauf von z lineare homogene Umsetzungen der μ entsprechen. Es seien zwei solche Systeme von je ν Funktionen vorhanden; selbstredend sind die Gruppen isomorph; aber kann man überhaupt alle möglichen solchen Gruppen durch geeignete Transformationen auf eine bestimmte Zahl selbstständiger Typen zurückführen (welche etwa sogar nur eine einzige Gruppe in verschiedenen Anordnungen darstellen)?

Die Erhaltung des Basisbegriffs sowo[h]l im Allgemeinen, als bei ganzen Functionen insbesondere (Normalb[basis] nach Ihrer Bezeichnungsweise), ist auf der Hand liegend? Aber es scheint mir blos postulirt[1], daß immer ν voneinander unabhängige Systeme von Functionen derselben Gruppe existiren.

Wenn κ das kleinste gemeinsame Vielfache der Perioden aller Substitutionen der Gruppe ist, so ist die κ^{te} Potenz der Determinante von ν Systemen sicher eine rationale Function von z. Aber, welche Potenz (im Allgemeinen $< \kappa$) ist als Discriminante der Basis zu bezeichnen?

Genügt es, wie ich mir hier vorstelle, lineare und ganze, homogene Substitutionen zu betrachten?

Bei homogenen Functionen zweier Veränderlicher, sei es von gleichem oder verschiedenem Gewicht, scheint die Normalbasis immer aus mehr als der kleinsten Zahl von Functionen zu bestehn. Ich hoffe, ich komme in den nächsten Tagen zu einem bestimmten Resultat in Bezug auf den einfachsten Fall zweier gleichgewichtiger unabhängiger Veränderlicher. Vielleicht läßt sich dann weiter gehn. –

Daß die Zahl (4) der Basiselemente im contragradienten Falle mit der im cogradienten übereinstimmen muß, scheint mir klar; ich glaube, es muß der allgemeine Satz gelten, daß diese Zahlen überhaupt bei holandrisch[2] isomorphen Systemen von gleich viel Functionen desselben Körpers übereinstimmen. Man muß (beim Ikosaeder) doch zeigen können, daß die Basis der contragradienten Systeme wieder dargestellt werden kann durch

$$\begin{array}{cccc} z_1' & -\dfrac{\partial f}{\partial z_2'} & -\dfrac{\partial H}{\partial z_2'} & -\dfrac{\partial T}{\partial z_2'} \\ z_2' & \dfrac{\partial f}{\partial z_1'} & \dfrac{\partial H}{\partial z_1'} & \dfrac{\partial T}{\partial z_1'}, \end{array}$$

und etwas ähnliches allgemein? Oder irre ich da vollständig?

Im Allgemeinen möchte ich zu dem mir gütigst übersandten Manuscript bemerken: ich habe daraus ersehn, daß ich die Gesammtconception schon früher wo[h]l richtig und vollständig erfaßt hatte, daß mir aber auf allen Seiten specielle Kenntnisse und Übung abgeht. Nehme ich hinzu, daß mir die Redactionsarbeit aller Erwartung langsam von Statten geht – ich habe eigentlich blos die ersten 4 §§ des 4ten Kap.[itels] (ω – Subst.[itutionen]) – so möchte ich beinahe verzweifeln. Es ist lächerlich, aber ich hoffe auf – kühleres Wetter.

Verzeihn Sie aber auch aus diesen Gründen, wenn ich so viel frage, wo ich mir eigentlich durch selbständiges Nachdenken Klarheit verschaffen sollte. Ich bin eben noch zu sehr unter Wasser.

Ad Raussnitz[3] möchte ich noch bemerken, daß man wo[h]l auf transcendentem Wege am raschesten zum Ziele kommt: $\xi = p\ (u)$, $\eta = p'\ (u)$

Nachher kann man das ja nach berühmten Mustern verschleiern!

Sie werden mir vielleicht vorwerfen, daß ich zu viel an das Neue, zu wenig an die Redaction denke. Aber vorläufig konnte ich ohne solche Entwicklung nicht auskommen und habe mich bei dem Gedanken beruhigt, daß eine richtige Gesammtauffassung auch das Detail fördern muß.

Nun habe ich nur noch für die Ansprüche, die ich diesmal an Ihre Geduld stelle, um Nachsicht zu bitten.

In vollkommenster Hochachtung Ihr ergebener G. Pick.

1 *postuliert* [lat.] *postulare* resp. *poscere,* hier „etwas behaupten" (nicht bewiesen).
2 *holandrisch* [griech.] vorkommend.
3 Der ungarische Mathematiker Gusztáv Raussnitz (Rados), vgl. Brief [25], Anm. 3, studierte zwei Semester (1884/85 und 1885) bei Klein.

[28] 238

Prag, 3.5.85.

Hochgeehrter Herr Professor!

Auf dem beiliegenden Bogen ist eine Skizze einer, wie ich glaube, befriedigenden Durchführung der in Betracht kommenden Basisfrage notirt. Indem ich Ihnen dieselbe übersende, verhehle ich nicht, daß ich daraus gerne eine kleine Publication machen möchte. Natürlich aber unterlasse ich das, wenn H.[err] Raussnitz[1] nicht auf ganz verschiedenem Wege zum Resultate gelangt, und überhaupt, wenn Sie etwas dagegen haben.

Noch möchte ich Sie bitten, nicht zu glauben, daß ich die Redactionsarbeit mit Willen vernachlässige. Ich komme langsam vorwärts, weil ich immer wieder streiche; auch habe ich an den verschiedensten Stellen angepackt und dabei immer Detail[s] verarbeitet. Nur fertig redigirt ist so viel wie nichts; ich glaube aber zuversichtlich, daß das später um so rascher gehn wird.[2]

Momentan beschäftigt mich ein Punct: Wie soll man es einem Kettenbruch $\dfrac{1}{a+\dfrac{1}{b+\ldots}}$ ansehn können, daß er immer mit Hilfe der absolut kleinsten Reste aufgestellt ist? Ich möchte das wissen um die Reduction von $\dfrac{\gamma+\delta\omega}{\alpha+\beta\omega}$ in eine möglichst bündige arithmetische Vorschrift bringen zu können. Das giebt dann wieder eine Änderung von IV.§1. Ich hätte nicht geglaubt, daß mich diese Teile noch viel Überlegung kosten werden.

Mich Ihnen bestens empfehlend Ihr ergebenster G. Pick.

Soeben erhalte ich Ihren Brief, für welchen ich bestens danke. Den ersten Punkt anlangend, hatte ich mich wo[h]l nicht ganz correct und klar ausgedrückt. Mir war es wesentlich um die Frage zu tun, ob sich jene niedrigsten Räume aus einander durch Collineation[3] herleiten lassen. Ich habe noch immer Zweifel, ob alles, was für die von Ihnen geforderten Räume gilt, ohne weiteres auf die Fälle zu übertragen ist, wo immer nur eine in denselben enthaltene Curve in Betracht kommt. Ich will mir das nun zurechtlegen.

1 G. Raussnitz (Rados) publizierte Ergebnisse dazu in einer ungarischen Zeitschrift: „Az algebrai függvények elméletéhez" [Zur Theorie der algebraischen Funktionen], in: *Matematikai és Természettudományi Értesítő* 3, 1885: 185–87.

2 Die nächsten Briefe zeigen, dass die Editionsarbeit nicht rasch verlief.

3 *Collineation* [Kollineation] = eine bijektive Abbildung eines affinen oder projektiven Raumes auf sich selbst, bei der jede Gerade auf eine Gerade abgebildet wird. Die Menge der Kollineationen eines Raumes bildet eine Gruppe; die Umkehrungen von Kollineationen sind stets Kollineationen.

[29] 239

Prag, 8.5.85.

Hochgeehrter Herr Professor!

Nehmen Sie mir diese rasche Aufeinanderfolge von Briefen nicht übel. Heute ist es mir ebenso Bedürfnis Ihnen für Ihr letztes Schreiben zu danken, als zu bekennen, daß ich ungeachtet Ihrer Aufforderung über jene Basis zu publiciren sehr bereue, Ihnen überhaupt mit der Sache lästig gefallen zu sein; ich kann es in der Tat, nachdem ich darüber nachgedacht habe, mit meinem Gewissen nicht vereinbaren über eine Frage zu schreiben, die Sie mir gleich von Vornherein als für einen Anderen[1] bestimmt mitgeteilt haben. Ich glaube, ich bin mit dieser Anschauungsweise durchaus nicht hyperscrupulös[2].

Nur ganz privat gestatten Sie mir noch auszusprechen, daß sich wo[h]l in ganz analoger Weise der allgemeine Fall (beliebiger *p*) erledigen läßt, wenn man an § 12 der Weber-Dedekind'schen Abhandlung[3] anknüpfend ein Divisionsverfahren der Ideale definirt, um von unecht gebrochenen Idealen zu echt gebrochenen gelangen zu können. Die Redaction geht jetzt ganz unerwarteter Weise sehr flott; ich gestehe auch, daß ich bei der Abfassung des 4ten Kapitels zu der Einsicht gelange, daß ich jetzt erst wirkliche Klarheit hinsichtlich der ω-Gruppe gewinne.

In vollkommenster Hochachtung Ihr ergebener G. Pick.

1 Hier ist der erwähnte Gusztáv Raussnitz (Rados) gemeint.

2 *hyper-* = allzu, übertrieben, unverhältnismäßig; *skrupulös* = bedenkenvoll; peinlich genau.

3 DEDEKIND/WEBER 1882: 228–31 (§12 Die gebrochenen Functionen von z im Körper Ω).

[30] 240

Prag, 16.5.85.

Hochgeehrter Herr Professor!

Durch Ihre letzte Karte, für welche ich bestens danke, bin ich nun allerdings in meinem Gewissen beruhigt, und entschlossen, die kleine Abhandlung zu schreiben; hoffentlich ist auch Herr Raussnitz selbst über die Sache nicht verstimmt. Ich möchte das Ergebnis dann an unsere Akademie schicken,[1] wogegen, wie ich hoffe, Ihrerseits nichts einzuwenden ist.

Ferner ist wenig mitzuteilen. Die Redactionsarbeit, so langsam sie geht, und so oft ich auch immer wieder auf frühere Paragraphen zurückgreife und sie wieder umarbeite, hat doch jetzt alle Schrecken für mich verloren; und wenn Sie, wie ich annehme, die Fertigstellung der ersten fünf Kapitel (also I. Abschnitt) nicht vor September dieses Jahres erwarten, so kann ich jetzt fast behaupten, daß ich Ihnen keine schlimme Enttäuschung bereiten werde. Mehr aber will ich Ihnen jetzt nicht versprechen.

Was ich von Zeit für die Beschäftigung mit den folgenden Teilen gegenwärtig erübrigen kann, ist kaum mehr als die Viertelstunden, die ich täglich unterwegs bin. Also muß ich mich begnügen, mich mit den gelernten Begriffen zu spielen um sie mir möglichst klar zu machen. Daß ich also da nichts zu sagen weiß, außer etwa, wie man die homogenen Substitutionen holandrisch isomorph mit den nichthomogenen macht, und dergleichen nichtssagende Dinge, ist begreiflich. Aber ich erkenne, daß ich, um auch den wirklichen rechnerischen Partien der Theorie näher zu treten, mir ein Thema suchen muß, welches mit den z_α etc. etwas zu tun hat. Aber das muß für die Ferien bleiben, wo ich doch in vieler Beziehung freier sein werde als jetzt.

Mit bestem Danke sende Ihr Manuscript zurück. Es ist mir dabei der Gedanke wieder erwacht, wie es doch schön wäre, in der Theorie der singulären Moduln weiter zu gehn. Ich vermute, daß man da einen mit $\sqrt[3]{J}$, $\sqrt[2]{J-1}$ analogen Fall vor sich hat, nämlich daß die ganzen algebraischen Zahlen eines Gebiets singulärer Moduln eine Basis im gewöhnlichen Sinne besitzen, innerhalb der Zahlen $a+b\sqrt{-\Delta}$. Aber der Beweis wird wo[h]l viel schwieriger sein als bei Functionen.

Indem ich noch dankend den Empfang Ihres letzten Briefes bestätige, bin ich hochachtungsvoll Ihr ergebenster G. Pick.

1 Die *Sitzungsberichte* der Wiener Akademie weisen aus, dass eine Arbeit von Pick eingereicht wurde (PICK 1885d), die der Akademie-Secretar am 16. Juli 1885 vorlegte.

[31] 241

Prag, 29.5.85.

Hochgeehrter Herr Professor!

Im Begriffe das 4te Kapitel in der Hauptsache abzuschließen, bemerke ich an einer Stelle Ihrer Skizze der Paragrapheneinteilung das Wort: „Analytische Fortsetzung".[1] Hieraus wird mir klar, daß ich Ihre Intentionen doch wieder misverstanden habe. Denn ich hatte dieses 4te Kapitel als völliges Analogon der ersten beiden Kapitel des Ikosaeders angesehn und also rein geometrisch – gruppentheoretisch ohne Beziehung auf die transcendenten Invarianten der Gruppe überhaupt ohne Erwähnung von $J\ (\omega)$ etc. abzufassen versucht. Inwieweit, oder besser in welchem Maße ich fehl gegangen bin, kann ich nun gar nicht beurteilen, und möchte also um eine Directive bitten, falls Sie mir nicht vor den Hand[2] freie Verfügung lassen wollen.

Hinsichtlich der Bezeichnung möchte ich jetzt meinen – selbstverständlich unmaßgeblichen – Standpunkt auseinandersetzen. Aus dem Princip des möglichst genauen Anschlusses an vorhandene Literatur leite ich folgende Punkte ab:

1. Anschluß an Weierstraß – Schwarz: $z\omega$, $z\omega'$, τ [3]

   Dagegen Δ, J (letzeres bei Frob.[enius] u. Stick.[elberger] = g). [4]

2. $\dfrac{\gamma+\delta\tau}{\alpha+\beta\tau}$, wobei ich hauptsächlich an die jedenfalls sehr verbreiteten Vorlesungen v.[on] Dirichlet – Dedekind denke.[5] Hurwitz könnte sich doch zu dieser Concession entschließen, wenn Sie damit vorangegangen sind. (Ich meine das vorigjährige Colleg.)

Bezüglich der isomorphen Gruppen, insofern a priori darüber Bescheid gegeben werden soll, habe ich mich jetzt vorläufig bei der Überlegung beruhigt, daß man Alles an linearen Differentialgleichungen anschließend genau so formal verfahren kann, wie Dedekind – Weber in der Theorie der algebraischen Functionen. Für mich haben solche Betrachtungen ein eigentümliches Interesse. Ich möchte das mit dem Interesse vergleichen, welches Sie v.[on] Staudt's Geometrie[6] zuschreiben. Natürlich, es handelt sich nicht um so fundamentale (halbphilosophische) Fragen.

In vorzüglicher Hochachtung

Ihr ergebener

G. Pick.

---

1 Zur *analytischen Fortsetzung* vgl. vorliegendes Buch, Teil II. 5, Picks Vortrag 1.

2 *vor der Hand* [österr., schweizer., veraltet] vorderhand = einstweilen, vorläufig.

3 Vgl. WEIERSTRAß/SCHWARZ 1885.

4 Frobenius, G.; Stickelberger, L. (1877): „Theorie der elliptischen Functionen". *Crelle Journal* 83: 175–79. – Zurzeit der gemeinsamen Publikation war Georg Frobenius (1849-1917) Professor und der Schweizer Ludwig Stickelberger (1850-1936) Privatdozent am Polytechnikum in Zürich. Beide hatten bei Weierstraß in Berlin promoviert.

5 P.G. Lejeune Dirichlet: *Vorlesungen über Zahlentheorie*. Hrsg. und mit Zusätzen versehen von Richard Dedekind. Braunschweig: Vieweg, [1]1863, [2]1871.

6 Georg Karl Christian von Staudt: *Geometrie der Lage*. Nürnberg: Verlag der Friedr. Korn'schen Buchhandlung, 1847.

[32] 242

Prag, 31.5.85.

Hochgeehrter Herr Professor!

Für Ihren letzten Brief und Einschluß sage ich besten Dank. Er hatte sich mit meinem Brief, wie Sie wo[h]l ersehn haben, gekreuzt. Von Hurwitz' Darstellung[1] kann ich jetzt nur mehr den einen Nutzen ziehn, daß ich mit Genugtuung die vollständige Uebereinstimmung zu constatiren in der Lage bin. Das ist ja nicht zu verwundern. Denn, obwo[h]l ich nicht im Stande war, mir irgendwelche Literaturbehelfe zu beschaffen, so hat mich doch einerseits mein Gedächtnis andererseits die Notwendigkeit, eine ganz einwurfsfreie Darstellung zu Stande zu bringen, die richtigen Wege gelehrt. Wünschen Sie das H.[urwitz]'sche Manuscript zurück?

Von der von Ihnen vorgezeichneten Paragrapheneinteilung werden sich doch vielleicht kleinere Abweichungen nötig machen, wenn an dem Grundsatz der möglichst gleichen Länge festgehalten wird. Jedenfalls indeß nur so geringe, daß Sie wo[h]l nicht unzufrieden sein werden.

Mehr Sorge in formeller Beziehung macht mir eine gewisse pedantische Ausführlichkeit, von welcher ich meine Darstellungsweise nicht frei machen kann. Wenn ich vergleiche und finde, wie Sie mit wenigen bezeichnenden Worten Alles sagen, während ich nach einer peniblen Auseinandersetzung doch noch immer im Rückstande bin, so muß ich immer für die Gleichförmigkeit fürchten.

Ich werde dieser Tage mit dem 5ten Kapitel beginnen, und, wenn ich nicht allzu 4–Kap.–müde bin, unterweilen an einer Reinschrift des 4ten arbeiten. Sie gestatten mir vielleicht, Ihnen dieselbe nach ihrer Verfertigung einsenden zu dürfen. Es würde zu meiner Beruhigung viel beitragen, wenn Sie mir dann bekannt geben, welche Änderungen nötig sind.

Hochachtungsvoll Ihr ergebenster G. Pick.

1 Hurwitz, Adolf (1886): „Ueber einige besondere homogene lineare Differentialgleichungen". *Math. Ann.* 26: 117–26 (datiert Januar 1885). – Hurwitz verwies darin auf sein Anknüpfen an die Bezeichnungen von Klein.

[33] 243

Prag, 17.6.85.

Hochgeehrter Herr Professor!

Mit großer Freude habe ich Ihre jüngste Zusendung erhalten und gleich durchgelesen. Neu war mir hauptsächlich der Beweis, daß sich jede unverzweigte Invariante in die Form

$$C\cdot\phi^{\lambda'}\psi^{\mu'}\chi^{\nu'}\Pi\left(\chi^{\lambda}+c\psi^{\mu}\right)$$

setzen läßt; ich war mit dieser Frage nie ganz exact zu Rande gekommen. Ich setze voraus, daß ich das Manuscript noch bis Ende dieser Woche behalten darf, und werde mich dann beeilen, dasselbe zu returniren.[1]

Schon jetzt möchte ich Ihnen mitteilen, daß ich von Mitte Juli angefangen bis etwa Mitte September wahrscheinlich nach Tirol verschlagen sein werde. Hoffentlich kommt die körperliche Erholung, die ich mir davon verspreche, auch den Anfangsgründen der Modulfunctionen zu Gute, und ich bringe einen nicht gar zu langweiligen Text zu Stande.

Mit vorzüglicher Hochachtung

Ihr ergebener G. Pick.

1 Dieses Manuskript konnte (nach Analyse der *Math. Ann.* u.a.) nicht identifiziert werden.

[34] 244

Prag, 27.6.85.

Hochgeehrter Herr Professor!

Verzeihen Sie die verspätete Rücksendung des mir gütigst überlassenen Manuscripts, für welches ich, so wie für die Zusendung Ihrer neuen Abhandlung[1] bestens danke.

Ich wollte, ich könnte von mir nur Gutes berichten. Aber in Wahrheit, wenn ich auf das nun fast vergangene Semester zurückblicke, so muß ich sagen, daß ich gerade am allerschlimmsten in körperlicher und geistiger Beziehung daran war, wo doch normales Befinden am nötigsten war. So bin ich auch wenn ich mein bisheriges Concept ansehe, so unglücklich zu finden, daß ich im besten Falle gut ausgearbeitet habe, nichts mehr. Meine Vorsätze von kühner Durcharbeitung, überlegenem Standpunkt etc. kommen mir jetzt sehr lächerlich vor; wahrscheinlich ist es so am besten.

Auf Ihren Wunsch einer Besprechung im September kann ich jetzt gar nichts antworten. Ich bin so ganz von Anderen abhängig, daß ich auf so weit hinaus über mich nicht verfügen kann.

Indem ich bitte mir meine ewigen Lamentationen nicht übel zu nehmen, bin ich in vorzüglicher Hochachtung

Ihr ergebenster Georg Pick.

1 Damit könnte KLEIN 1885a gemeint sein.

[35] 245

Prag, 5.7.85.

Hochgeehrter Herr Professor!

Bestens danke ich für Ihren Brief. Meine Ferialbeschäftigung ist also gegeben: Abwickelung der ersten 5 Kapitel (wo möglich) und die geraden *n*.

Während einer ziemlich langen Zeit, in welcher ich durch die Hitze oder sonst welche Ursachen zu jeder Anspannung unfähig war, habe ich Dedekind – Weber cultivirt. Ich besitze davon den Eindruck, daß verschiedene algebraische Verfahrensweisen von Nutzen darin anzutreffen sind. Z.B. Normalbasen und deren complementäre zur Aufstellung der Differentiale erster Gattung etc. Ich hatte noch die Idee, ob es nicht hübsch wäre, die gesetzmäßige Bildung der rechten Seite jener Differentialgleichungen 3ter Ordnung angeben zu können, von welcher die von Ihnen mit η bezeichnete Function mit lin.[earer] Tr.[ansformation] i.[n] s.[ich] (=*automorphe Funktion*) abhängt. Das scheint nicht so einfach zu sein.

H.[err] S. Kantor[1] beschäftigt uns jetzt durch seinen Satz, daß jede eindeutige Curventransformation als Reflex einer eindeutigen Ebenentransformation angesehn werden könne. Das ist doch hoffentlich nicht wahr?!

Wie soll ich eine bestimmte Bitte oder Ansicht über dasjenige äußern können, was Sie in den Ferien unternehmen wollten?[2] Was immer Sie unternehmen, werde ich ja durch die gebotene Erleichterung zuversichtlicher und also arbeitsfähiger. Andererseits glaube ich immer noch die Sendung im Ganzen zu verstehn, und gerade nur das Detail ist es, was mir überall mehr als erwartet Schwierigkeiten und leider Ungeduld verursacht. Gerade also dasjenige, was Ihre Absicht war, würde für mich, glaube ich, sehr förderlich sein, weil es so sehr concrete Dinge betrifft und dieselben doch auf das Allgemeine bezieht.

Mit Stimmungen verspreche ich, Sie nicht mehr zu behelligen. Ich wollte, ich könnte mich selbst davon frei machen.

Vielleicht interessirt es Sie, zu erfahren, daß Ungar[3] in Wien immer noch um jeden Preis die Modulargleichungen für $\sqrt[n]{\lambda}$ aufstellen will, trotzdem ich ihm nach bestem Wissen die Existenz als unwahrscheinlich hingestellt habe. Dabei kümmert er sich nicht um die Gruppe, und giebt andererseits keine rechte Auskunft über seine Methode. Ich weiß nicht, was davon zu halten ist.

Ich habe noch ein Geständnis zu machen. Vor längerer Zeit hatte ich den Eindruck, daß σ_{xy} so angesehn werden kann, als ob es die Werte einer Function 2er complexer Veränderlicher auf ihrer natürlichen Grenze vorstellen könnte. Vergeblich aber war meine Bemühung, jene Funktion, oder besser eine solche, wirklich zu construiren. Ich hatte vielleicht nicht genug Zuversicht. Ob die Sache nicht doch einige Wahrscheinlichkeit für sich hat, und ob dadurch nicht das Verständnis jener Größe gefördert werden könnte?

Ein Weiteres ist die Größe $\eta = \frac{\eta_2}{\eta_1}$. Diese wollte ich gern genauer studiren mit der Absicht, direct etwas für Kap. III. zu gewinnen.[4] Auch dies war ohne Resultat, und gewiß nur, weil ich aus Furcht, mich zu verlieren, keine rechte Energie aufbrachte. In der Tat, ich glaube, die Sache hätte zu weit abgeführt. Aber ich kann nicht läugnen, daß dies und vieles andere mir sehr interessant gewesen wäre, und daß ich es nur ungern aufgegeben habe, und auch erst dann, als ich einsah, daß ohnedies genug zu tun sei.

Nun habe ich nur noch für die übermäßige Länge und den ungeordneten Inhalt dieses Briefs um Entschuldigung zu bitten.

Hochachtungsvoll Ihr ergebenster G. Pick.

---

1 Seligmann Kantor (1857-1903), damals Privatdozent an der Deutschen Technischen Hochschule in Prag, entstammte einer jüdischen Familie aus Böhmen. Er hatte an der TH Wien, in Rom, Straßburg und Paris und auch bei Klein in Leipzig (1881/82, 1882) studiert; ein Promotionsverfahren scheiterte hier 1882 aus formalen Gründen, trotz Kleins Unterstützung.– Kantors Name ist bekannt durch den Möbius-Kantor Graph. Vgl. BEČVÁŘOVÁ 2022.

2 Klein plante, mit Hurwitz im August auf die ostfriesische Insel Borkum zu reisen und über hyperelliptische Funktionen zu beraten (vgl. TOBIES 2019: 267).

3 Max Ungar, Sohn eines Unternehmers und Enkel eines Rabbiners, stammte aus Boskowitz (Mähren); als Privatdozent an der Universität Wien publizierte er 1880 gemeinsam mit Georg Pick. Ungars *Lebenserinnerungen* (vgl. HENGERER 2011) vermitteln ein Bild vom jüdisch-orthodoxen Elternhaus, dem Bruch mit diesem, seiner gescheiterten Laufbahn als Mathematiker in Wien und Jahre erfolgreicher Leitung des Familienbetriebs. In den 1890er Jahren zog sich Max Ungar als Privatgelehrter mit seiner Familie nach Brünn zurück.

4 Zu den Perioden η_1, η_2 , als Funktionen von ω_1, ω_2, vgl. KLEIN/FRICKE 1890: 121–22.

[36] 246

Prag, 12. Juli, 85.

Hochgeehrter Herr Professor!

Die conforme Abbildung der J-Halbebene durch η war mir von früher her wo[h]lbekannt. Auch sind es speciellere Fragen gewesen, welche ich gerne geklärt hätte: namentlich Natur der Punkte η = rationale Zahl, in welchen die elliptischen Functionen eigentümliche Abnormitäten zeigen, insoferne σ–Quotienten, deren Residuensumme nicht periodengleich ist, doch bis auf einen Exponentialfactor doppeltperiodisch sind od.[er] dgl.[dergleichen]. Ich glaube, es sind Werte compl. [exer] N.[atur]. σ_{xy} mit complexen x,y verstehe ich nicht. Da fehlen mir offenbar sehr wichtige Kenntnisse von analytischen Ausdrücken.[1]

Nun komme ich zu einer Bitte, die Sie vielleicht in der Lage sind, zu gewähren. Ich habe nämlich hier trotz continuirlicher Bemühungen diejenigen Kronecker'schen Publicationen nicht erhalten können, welche sich auf das (Cauchy'-sche?) Verfahren zur Ermittlung der gewissen [sic!] Einheitswurzeln beziehn; ebensowenig war mir Cauchy selbst zugänglich. So habe ich also diese ganze Angelegenheit nicht aufgenommen. Könnte nicht H.[err] Molien[2] bewogen werden, einen ganz kurzen Abriß der verschiedenen Methoden zu schreiben und mir zur Benutzung zu überlassen? Dringend ist ja übrigens die Sache nicht.

Darf ich noch fragen, ob die von Ihnen erwähnten Tetraederreihen auf hyperelliptische Functionen sich gründen und wie überhaupt die hyperelliptischen Functionen[2] oder Modulfunctionen sich bewährt haben?

Vom 15. Juli an bin ich in Jenbach, Tirol, bei Frau Marie Berger.

Hochachtungsvoll

Ihr ergebenster

G. Pick.

1 Für die Details sei hierzu auf KLEIN/FRICKE 1890/1892 verwiesen.

2 Theodor Molien weilte im SS 1885 nicht mehr in Leipzig.

3 Klein begann seit Sommer 1885, sich intensiver hyperelliptischen Funktionen zu widmen; im gemeinsamen Sommerurlaub hatten Klein und Hurwitz eine ausgearbeitete Weierstraß-Vorlesung zu hyperelliptischen Funktionen im Gepäck (vgl. TOBIES 2019: 267–69, 305–09).

[37] 247

Jenbach, 21.7.85.

Hochgeehrter Herr Professor!

Zunächst, auf Ihren letzten Brief zu antworten, bemerke ich, daß mein jetziger Aufenthalt wo[h]l Alles aufzehren wird, was mir für die nächste Zeit über das Alltägliche hinaus zur Verfügung steht.[1] Wenn es also nur auf mich ankäme, so hätte ich vorgeschlagen, meine Reise[2] bis Weihnachten verschieben zu dürfen; bis dahin hoffe ich die nötigen Mittel wieder beisammen zu haben. Nichtsdestoweniger, wenn Sie es für nötig halten, so komme ich natürlich, wann Sie wünschen (Ende September oder Anfangs October). Meine kleinliche Aufrichtigkeit werden Sie, hoffe ich, nicht übel nehmen. Ich bin so sanguinisch[3], an das Zustandekommen des Buches zu glauben. Also, denke ich mir, kann Alles, was mündlicher Unterweisung bedarf, auch bis Weihnachten verschoben werden.

Von Ihren beiden Karten fand ich die eine bei meiner Ankunft vor; die andere bekam ich am Tage meiner Ankunft. Molien ist mir unangenehm.[4] – Ad II stehe ich mitten in der Rechnung; wenn die Formel falsch ist, so kann ich den Grund nur in einem Rechnungsfehler sehn. Ich fahre nächster Tage nach Innsbruck um mir etwas Literatur zu verschaffen (auch Kronecker & Cauchy).

Soll ich denn die geraden *n* anfangen? Ich glaube Sie haben in dieser Hinsicht Ihre Absichten geändert?

In größter Hochachtung Ihr ergebenster G. Pick.

---

1 Georg Pick weilte zu diesem Zeitpunkt bereits in den Semesterferien in Tirol.

2 Klein hatte eine Besprechung mit Pick vor Semesterbeginn erbeten.

3 *sanguinisch* [lat.] sanguineus = leichtblütig, lebhaft, evtl. leichtsinnig

4 Der Grund dafür bleibt unklar, zu Molien vgl. Teil II, sowie Brief [36].

[38] 248

Jenbach i.T.[irol], 30.7.85.
(als Adresse genügend).

Hochgeehrter Herr Professor!

Es ist mir sehr lieb und auch wieder nicht, daß Sie in den Ferien Manuscript wünschen. Denn einerseits hätte ich längst gerne etwas abgewickelt und andererseits bin ich sehr wenig mit meiner Arbeit zufrieden. Ich habe immer in Gedanken mich mit dem Ganzen beschäftigt und doch die verbindenden Fäden nur sehr spärlich erfunden, so daß alles, was ich geschrieben habe immer so für sich herauskommt.

Ist es Ihnen recht, wenn ich Ihnen etwa in 8 – 10 Tagen Cap. IV und im weiteren Verlaufe Cap. V getrennt schicke? In Prag habe ich mehreres getrennt Begonnenes der 1ten 3 Capitel zurückgelassen, wovon ich aber fürchte, daß ich es künftig verbrennen werde, wie so viele Auflagen der letzten Capitel.

Mein Hauptfehler ist, glaube ich, Systemlosigkeit und Nachgiebigkeit gegen meine Launen. Daher brauche ich so viel mehr Zeit. Oder ist das immer so und ich erfahre es eben erstmal?

Von Innsbruck bin ich gestern ohne Bibliothek zurückgekehrt. Es scheint dort Alles zerstoben zu sein. Wie ist die allgemeine Regel um aus einem beliebigen System Galois'scher Irrationalitäten solche mit linearen Subst.[itutionen] zu gewinnen? (der Fundamentalsatz.) Das ist mir im Detail nicht mehr gegenwärtig; mit unbestimmten Coefficienten habe ich nichts herausgebracht.

Hochachtungsvoll

Ihr ergebenster

G. Pick

[39] 249

Jenbach i.Tirol, 22.8.85.

Hochgeehrter Herr Professor!

Vor Allem meinen so verspäteten Dank für Ihre gütige Zusendung. Für die Verspätung habe ich nur meine sträfliche Lässigkeit als Grund anzuführen. Ich hatte von vorn herein nicht gefürchtet, so spät mit meiner Sendung zu kommen; denn, daß ich hier so wenig arbeiten würde, konnte ich nach früheren Ferialerfahrungen wo[h]l denken, wollte es aber diesmal besser machen. Aber wer könnte hier den verlockenden Bergen und dem fast durchaus herrlichen Wetter widerstehn, wenn sich noch die Notwendigkeit hinzugesellt, einen ein halbes Jahr alten „nervösen Krampfhusten" los zu werden.

Von IV §6 an habe ich wieder neu redigirt.[1] Ohnehin hatte ich nur zerstreute Blätter und außerdem war ich in eine derartige Ausführlichkeit verfallen, daß mir Kürzung auf ein Drittel nötig schien. Jetzt ist sichtlich der andere Fehler da; ich schicke das nun mit um nicht neuerdings eine Verzögerung herbeizuführen. Die beiden letzten Paragraphen machen mir mehr Sorge. Das Zahlentheoretische in den Rahmen eines oder selbst zweier Paragr.[aphen] zu bringen, muß ich verzweifeln. Auch bezüglich des Geometrischen scheint mir zu viel Stoff vorzuliegen. Könnte Beides nicht einen separaten Anhang ausmachen?

Von den ersten drei Kapiteln erlassen Sie mir hoffentlich jetzt etwas zu schicken. Wirklich Zusammmenhängendes habe ich da nicht gemacht, nur immer in die Lücken Ihres Entwurfs hineingeflickt. Wenn ich nächsten Monat erst wieder in Prag bin, wird es mir leicht und schnell gelingen, das Nötige zusammenzustellen. Kap. V will ich, so weit die geschilderten Umstände es zulassen, während der Tage, die ich noch hier bin, ins Reine zu bringen anfangen.

Vielleicht, so hoffe ich wenigstens, ersehn Sie aus meiner Sendung, daß ich mich, wenn auch leider ungeordnet, doch immerwährend mit der Sache abgegeben habe, und rechnen den Mißerfolg mehr als das Lehrgeld, das ich bei einem solchen Versuch zuerst einmal zu zahlen hatte.

In vorzüglicher Hochachtung

Ihr erg. G. Pick.

---

1 Es sind Teile der Ausarbeitung von Kleins Vorlesungen über elliptische Modulfunktionen gemeint.

[40] 250

Prag, 11.9.85.
vorl.[äufig]: II. Breitegasse, 41

Hochgeehrter Herr Professor!
Ihre Rücksendung habe ich hieher nachgeschickt erhalten, wohin ich mich sehr rasch zu gehen entschlossen hatte, in Erkenntnis der Notwendigkeit, mich wieder ordentlich einzuspannen.

Vor Allem meinen Dank für Ihre Nachsicht. Ich weiß sehr wo[h]l, daß ich viel mehr und vielleicht Besseres hätte zustandebringen können. Die Fortführung werde ich genau Ihrem Wunsche gemäß mit Abschluß von Kap. V etc. beginnen. An Hn.[Herrn] Nimsch[1] schreibe ich demnächst; eine größere Zahl von Formeln habe ich übrigens schon im vorigen Semester aufgestellt und mehrfach controllirt.

Sehr und nicht durchaus angenehm hat mich die Nachricht überrascht, daß Sie Leipzig zu verlassen gedenken.[2] Ich habe nun einmal das mathematische Leipzig lieb gewonnen, und nun muß ich für seinen Bestand fürchten. Es versteht sich, daß ich über die Nachricht volles Stillschweigen beobachten[3] werde.

Was nun das vierte Kapitel betrifft, so möchte ich nur nochmals meinen leisen Zweifel daran aussprechen, ob man denn die Formen mit positiver Determinante in wenigen Seiten abtun kann. Ich spreche nicht ohne Erfahrung; ich habe im vorigen Semester versuchen wollen meinen Hörern in der Zahlentheorie mit Veranschaulichungen den Gegenstand zu erleichtern und verdaulicher zu machen, mußte aber sehr bald davon abstehn, weil die Sache eine ungeahnte Ausdehnung anzunehmen drohte.

In der Hoffnung, Ihnen recht bald weiteres Manuscript senden zu können, (ich fühle mich jetzt sehr arbeitslustig) bin ich

Hochachtungsvoll Ihr ergebenster Georg Pick.

1 Paul Nimsch studierte von 1880/81 bis 1884/85 bei Klein und promovierte bei ihm mit der Dissertation *Über die Perioden der elliptischen Integrale 1. und 2. Gattung als Functionen der rationalen Invarianten* (Leipzig: C.G. Naumann, 1886; 47 S.). – Klein hatte Nimsch dafür gewonnen, die von Pick erbetene Formelsammlung zu erstellen (vgl. Briefe [36] und [43]).

2 Klein hatte am 7. August 1885 das offizielle Rufangebot als o. Professor an die Universität Göttingen vom preußischen Kultusministerium erhalten, vgl. TOBIES 2019: 284–91, 500-04.

3 Hier wäre das Wort „beachten“ oder „bewahren“ (nicht „beobachten“) zu erwarten.

[41] 251

Prag, 14.9.85.
Breitegasse, 41

Hochgeehrter Herr Professor!
Sie verbitten sich meinen Dank für Ihre Güte; gestatten Sie wenigstens, daß ich ihn ausspreche für die liebenswürdige Form, in der sie geboten wurde.

Um Ihre Fragen zu beantworten, habe ich zweierlei zu sagen: wie ich nach Prag gekommen bin und was mich hier hält. Meine Eltern leben in Wien in Verhältnissen, welche ihnen nicht ermöglichen, mir eine irgendwie ausgiebige Unterstützung zukommen zu lassen.

So war ich gezwungen, während meiner Studienjahre darselbst Privatstunden zu geben.

Es war also eine entschiedene Aussicht auf Verbesserung – vor Allem durch die Möglichkeit, auch fernerhin mit den akademischen Kreisen in Fühlung zu bleiben –, als sich mir durch Vermittlung meines Onkels, Professor an der hiesigen medicinischen Facultät, eine Assistentenstelle bei Mach, der mich schon vorher kennen gelernt hatte, bot. Ich stand damals (1880) im Examen, und versäumte nicht, Koenigsberger in dieser Angelegenheit um Rat anzugehn. Er riet mir ohne Bedenken dringend zur Annahme.

Meine neue Stellung erwies sich sehr bald als eine schiefe, wie wo[h]l hätte vorausgesehn werden können. Denn obgleich oder vielleicht weil gar keine directen Anforderungen an mich gestellt wurden, fühlte ich umso stärker die Verpflichtung, mich in physikalischer Arbeit zu versuchen. Nun zeigte sich, daß mein Sinn offen war für alle ins Allgemeine gehenden Fragen der Physik; aber für die experimentelle Detailuntersuchung ging mir das Notwendige ab: Geduld und Findigkeit. Es zog mich zur Mathematik; doch konnte ich für diese nicht die alte Unbefangenheit wiederfinden. Kräftige Anregung tat Not. Ich verdanke sie Ihnen, und so war mein Leipziger Aufenthalt, zu welchem ich durch Professor Mach und das Professorencollegium die Mittel von der Regierung erlangte, für mich eine wirkliche Erlösung.

Seit meiner Rückkehr nun falle ich ausschließlich meinem Onkel zur Last. Und wenn ich auch froh sagen darf, daß von seiner Seite nie das Geringste geschehn ist, das mir die Annahme schwer machen könnte, daß ich völlig wie seine eigenen Kinder ihm gegenüber stehe, so ist doch klar, daß die Entferntheit der Aussicht, mich einmal dankbar bezeigen zu können, und das Bedürfnis, in meinen Jahren doch endlich mich selbstständig zu sehn, viel Drückendes für mich haben. Wie sollte ich nun daran denken dürfen, meinen Aufenthaltsort zu verändern, was ja eine wesentliche Erschwerung meiner materiellen Versorgung involviren würde?

Wenn ich noch von der Wahrscheinlichkeit spreche, in der nächsten Zeit eine kleine Privatdocentensubvention zu erlangen, so habe ich über meine gegenwärtigen Verhältnisse erschöpfend berichtet.

Was meine Aussichten bei uns betrifft, so stützen sie sich für Österreich im Allgemeinen einzig und allein auf meine literarische Tätigkeit. Dagegen habe ich wo[h]l in Prag directe Anknüpfungspunkte. Die Professoren (Durège, Lippich, Mach, Puchta) wollen mir wo[h]l, und stellen mich allem Anschein nach über meinen (jetzt einzigen) hiesigen Concurrenten [Otto] Biermann.[1] So hat mich Prof. Durège zu Beginn dieser Ferien aufgefordert, im Wintersemester über Differentialgleichungen zu lesen, wobei er mir direct sagte, die Hörer wären mit B.'[iermann]s Colleg über diesen Gegenstand sehr wenig zufrieden gewesen, und hätten ihn (Durège) selbst gebeten, doch wieder über Differentialgleichungen (elementare) vorzutragen. Ihm sei das aber jetzt nicht gelegen, und er werde die Hörer auf eine von mir zu haltende Vorlesung verweisen, wenn ich darauf eingehe.

Abb. 12: Otto Biermann

Abb. 13: Ferdinand Lippich

Ich darf aber nicht verschweigen, daß ein Schritt jener mir freundlich gesinnten Professoren zu meinen Gunsten auf Schwierigkeiten stoßen könnte. Ich fürchte da Biermann's oben und unten „sehr beliebten" Vater, Director des hiesigen Kleinseitner Gymnasium's,[2] und den Umstand, daß ich Jude bin.

Ich gestehe, ich habe wo[h]l schon daran gedacht, wie sich diese Sachlage mit einem Schlage ändern würde, wenn ich einen noch so kleinen Erfolg in Deutschland in die Wagschale zu werfen hätte. Es wäre den mir wo[h]lwollenden hiesigen Professoren damit eine ausreichende Handhabe gegeben, um überall bestimmend wirken zu können. Mein Ideal, allerdings, war und ist, in Deutschland sein und bleiben zu können. Bedarf das einer Begründung, so brauche ich blos zu sagen, daß ich darin die einzige Sicherung für die Möglichkeit erblicke, mit Ihnen in stetem Contact bleiben zu können.

Mein Bericht ist fast zu einer Historie geworden. Sie werden das hoffentlich entschuldigen; ich glaubte so am genauesten Bescheid geben zu können. –

Die neue Disposition werde ich demnächst zurücksenden. Ich habe sie bei meinem jetzigen Provisorium noch nicht copiren können.

Hochachtungsvoll

Ihr ergebener

Georg Pick.

1 Zu Durège, Mach, Puchta, Lippich, Otto Biermann, vgl. auch Teil I, 3.6.

2 Gottlieb Biermann (1828-1901), Vater von Otto B., hatte Theologie und Pädagogik in Jena studiert, an Schulen gelehrt und ab 1852 zusätzlich Studien (Geschichte, Geographie, Germanistik) in Wien absolviert. Er leitete verschiedene Gymnasien, seit 1873 das K.K. Staats-Obergymnasium in der Prager Kleinseite. Daneben verfasste er historische Abhandlungen.

[42] 252

Prag, 20.9.85.

Hochgeehrter Herr Professor!
Anbei folgt die neue Disposition, welche ich copirt habe, zurück. Sie hat mir Vieles in weit klarerem Lichte gezeigt, als bisher. Aber, wenn ich mir eine Bemerkung erlauben darf, sie zeigt auch mit frappirender Deutlichkeit, ein wie kleiner Teil des Programms heute nur realisirt werden kann. Gerade in dem Haupteil ist Alles noch so sehr von dem zufällig historisch Gegebenen beherrscht.[1]
Ich darf nicht vergessen meine neue Adresse hier anzufügen:
Prag, Wenzelsplatz, Charaus.

Hochachtungsvoll
Ihr ergebenster
Georg Pick.

1 Die Forschungen dazu waren noch im Fluss. Bis zum fertigen Produkt KLEIN/FRICKE 1890/92 änderte sich die Disposition zur Monographie noch mehrfach (TOBIES 2021: 341–43).

[43] 253

Prag, 25.10.85.

Hochgeehrter Herr Professor!
An der Verzögerung der Absendung von Kap. 5 ist nicht so sehr der Umstand schuld, daß ich jetzt mehr als gewöhnlich mit der Einleitung meiner Semesterbeschäftigung zu tun habe; vielmehr war es doch natürlich, daß ich bei der jetzigen Redaction wenigstens einigermaßen Ihren neulich ausgesprochenen Wünschen gerecht werde. Dafür habe ich das Gefühl, welches hoffentlich nicht täuscht, im Vergleich mit meiner ersten Sendung einen Fortschritt zu machen. Bleibt mir überhaupt meine Lust zur Arbeit – und warum sollte sie nicht – so rechne ich mit Zuversicht, die Zeit einbringen zu können, welche ich versäumt habe, weil ich mir von dem Gegenstande zu lange habe imponiren[1] lassen.

Die Nachricht von Ihrer Berufung nach Göttingen stand schon vor einer Woche in dem hiesigen Wochenblatt; „Deutsche Hochschule". Ich war seitdem mehrfach genötigt ihre Richtigkeit zu bestätigen.

Von Hn.[Herrn] Nimsch habe ich eine ganz ungeheuerliche Formelsammlung zugeschickt bekommen, in der, so viel ich sehn kann, Alles Nötige und noch viel mehr enthalten ist.

Mit der Bitte, mir noch eine kleine Zeit zur Abschließung von Kap. 5 zu gewähren, zeichne ich als Ihr

Hochachtungsvoll
ergebener
Georg Pick.

1 *imponiren* (imponieren) [lat.] *imponere*, hier im Sinne von *beeindrucken*.

[44] 254

Prag, 26.11.85.

Hochgeehrter Herr Professor!

Auf Ihre Frage sowie den darin enthaltenen Vorwurf kann ich nur eins antworten: Wenn ich das kaum Begonnene überhaupt zu Stande bringen soll, ist es höchste Zeit für mich, wieder mit Ihnen persönlich verkehren zu können.

Ich habe Ihnen zu gestehn, was mir selbst erst in der letzten Zeit klar geworden ist. Es war eine Selbsttäuschung, wenn ich meine vormaligen schlechten Fortschritte meinem schlechten körperlichen Befinden allein zu geschrieben habe. Denn ich bin in diesem Schuljahre völlig wo[h]l, auch fleißig, nämlich den ganzen Tag über eifrigst mathematisch beschäftigt, und doch sobald ich mich zu den Modulfunctionen (d.h. zu dem ersten Abschnitt) setze, kann ich dann Stunden zubringen, ohne recht vom Fleck zu kommen, weil ich nicht im Stande bin, mich darauf zu concentriren. Warum, das weiß ich jetzt wo[h]l. Einen großen Teil meiner Zeit und Arbeit nimmt meine Vorlesung in Beschlag, die mir mehr, als ich je gehofft habe, Freude und Anregung bereitet. Was mir außerdem von persönlichem Verkehr hier geboten wird, kann auch nur ganz andere Gedankenrichtungen wecken, als solche, die auf die Modulfunctionen führen. Diesen äußeren, immerhin starken, Bestimmungen steht kein Widerstand entgegen, wenigstens gegenwärtig kein kräftiger; ich selbst bin viel zu energielos, um ihn aus mir nehmen zu können. Nehmen Sie mir wenigstens das Eine nicht übel, daß ich All das so spät sage; ich weiß es selbst erst seit den letzten Tagen.

Sie können vielleicht nicht ganz beurteilen, was für ein Schlag in den verschiedensten Beziehungen für mich wäre, wenn Sie hiernach mich aufgeben würden. Ich hoffe, Sie tun das nicht, und ich glaube, ich kann bezüglich des Weiterarbeitens plausible Vorschläge machen, die ein Gedeihn sichern möchten. –

Das 5te Kap. habe ich erst sehr verkehrt begonnen, im Laufe der Abfassung bin ich auf den richtigen Weg gekommen und jetzt bleibt mir wieder die Aufgabe, die erste Hälfte der zweiten adaequat zu machen; außerdem einen schweren und zwei leichte §§ noch neu (oder doch fast neu) zu verfassen. Ich sende sie, sobald ich fertig bin.

Ich sehe mit Bangigkeit der Aufnahme dieses Briefs entgegen;[1] ich glaubte, ihn zu schreiben, schon im Interesse der Wahrhaftigkeit verpflichtet zu sein.

Hochachtungsvoll

Ihr ergebenster

G. Pick.

---

1 Am 27. November 1885 schrieb Klein an Hurwitz, dass er einerseits stark mit der Angelegenheit der Berufung eines Nachfolgers für seinen Lehrstuhl in Leipzig befasst sei (Klein erreichte erstmals an einer deutschen Universität, dass ein ausländischer Mathematiker, der Norweger Sophus Lie, berufen wurde) und andererseits sich Sorgen mache, weil *Pick die Modulfunctionen nicht so gefördert* habe, wie er erwartet hatte. ([UBG] Math.Archiv 77: 149)

[45] 255

Prag, 29.11.85.

Hochgeehrter Herr Professor!
Von meiner Seite war von vornherein die 2te Alternative gewählt;[1] aber ich muß es Ihnen überlassen, über Annahme derselben zu entscheiden, bis Sie gesehn haben, was ich zu Weihnachten von Arbeit schicken kann. Wenn ich Ihnen in diesem und dem vorigen Semester nichts als Enttäuschungen biete, so kann ich nichts als Zusicherung angespannter Arbeit für die Zukunft geben: ich werde die Sache machen. Aber doch muß die Entscheidung bis vor Weihnachten in suspenso[2] bleiben; vielleicht ist Ihnen die Vergangenheit zu schlecht, um von noch so guter Zukunft aufgewogen zu werden.

Hochachtungsvoll Ihr ergebenster Georg Pick.

1 Klein hatte wohl in seiner Antwort auf Brief [44] die Alternative gestellt, die Zusammenarbeit aufzugeben oder intensiv zu arbeiten.

2 *in suspenso* [lat.] unentschieden, in der Schwebe.

[46] 256

Prag, 20.12.85.

Hochgeehrter Herr Professor!
Anbei Alles, was ich momentan schicken kann: so ziemlich das 5te Capitel. Ich ziehe von den beiden Eingängen den rot bezeichneten vor.
Ich hoffe, wenn Sie meine Reise wünschen, noch Folgendes mitzubringen:

1) Ein kurzes Verzeichnis von Richtigstellungen Ihr Manuscript betreffend.
2) Neubearbeitung von P und s Functionen.[1]
3) Etwas über die Picard'schen Sätze.[2]

Ich sehe meinerseits nur einen Punkt, in Bezug auf welchen ich noch nicht orientirt bin: Grenzwerte der Mudulfunctionen. In allen anderen Beziehungen glaube ich auch im Detail ziemlich sattelfest zu sein, wenn mich auch mein Gedächtnis bei σ und ϑ trotz vielfachen und langwierigen Rechnens immer wieder verläßt.

Im Allgemeinen habe ich mir seit unserer letzten Besprechung mehreres angeeignet, was der Zukunft zu Gute kommen könnte. Vor allem ist es die Geometrie auf algebraischen Curven, deren Grundzüge mir keine Schwierigkeit mehr machen, wofür ich Weber-Dedekind zu danken habe, und erst in der Folge Nöther.[3] Übrigens habe ich lineare Diffgl. [Differentialgleichungen], insbes. P- und s- Functionen, auch eigentlich erst jetzt ordentlich studirt, da ich sie früher nur so vom Hörensagen gekannt hatte.

Noch immer habe ich großen Respect vor dem höheren Formalismus der elliptischen Functionen. Ich muß jede Rechnung wirklich gemacht haben, wenn ich mich nicht unsicher fühlen soll, und so komme ich darin nicht recht fort.

Dies Alles glaubte ich zu Ihrer Orientirung schreiben zu sollen. Noch möchte ich hinzufügen, daß ich auch eine Neubearbeitung von Cap. 4 mitgemacht hätte, wenn dies zu schreiben in diesen letzten Tagen auch nur denkbar gewesen wäre.

Hochachtungsvoll Ihr ergebenster Georg Pick.

1 Vgl. KLEIN/FRICKE 1890: 93 („Begriffsbestimmung und Fundamentaleigenschaften der Dreiecks- oder *s*-Functionen"), wo *s* als Abkürzung von „sphaera" bezeichnet wird, was darauf deuten sollte, dass man die einfachste Vorstellung von dem Verlaufe dieser Funktion erhält, „indem man sich die in Betracht kommenden Kreisbogendreiecke durch stereographische Projection auf der Kugel übertragen denkt."

2 Klein drückte sein damaliges Interesse an den Arbeiten von Émile Picard (1856-1941), nebst Poincaré – worauf er auch Georg Pick lenkte – in einem Brief an Max Noether aus: „Die Noten von Picard und Poincaré haben natürlich auch mein lebhaftes Interesse hervorgerufen. Alles was diese beiden Mathematiker schreiben, liegt nicht nur meiner Auffassung, sondern auch meinem Gefühle so nahe: ich habe immer die Empfindung: das hätte ich auch machen können, wenn ich noch die frühere Elasticität besässe und nicht als schwer beladenes Frachtschriff langsam meinen vorgeschriebenen Weg zurückzulegen hätte." ([UBG] Cod. Ms F. Klein 11, Klein an Noether, 1.3.1885). Klein hatte zu viele Aufgaben parallel übernommen, aber nicht nur Poincarés Arbeiten, sondern auch die Sätze von Picard in seinen Seminaren analysieren lassen (vgl. z.B. [Protokolle] Bd. 3: 56–61). Noch später (KLEIN 1926: 364) hob er Picards wichtigsten Satz hervor, dass jede ganze nicht konstante Funktion *f* jeden Wert *a* im Komplexen mit höchstens einer Ausnahme annimmt (*C.R.* Bd. 88 (1879) 1024–27). Dieser Satz besaß maßgeblichen Einfluss auf die Entwicklung der Funktionentheorie im 19. Jahrhundert. (Vgl. auch GAIER 1990).

3 Vgl. DEDEKIND/WEBER 1882 und NOETHER 1883, die in Kleins Seminar des SS 1885 analysiert worden waren ([Protokolle] Bd. 7). Max Noethers Arbeit war 1882 mit dem *Steiner-Preis* der Kgl. Akademie der Wissenschaften zu Berlin geehrt worden.

[47] 257

Prag, 4.1.86.

Hochgeehrter Herr Professor!
Kap. IV. habe ich doch sofort nach meiner Ankunft aufgefunden[1] an einem Orte, wo ich es von vornherein nicht vermuten konnte, und wohin es auch ohne mein Zutun gelangt sein mußte. Ich sende es und zugleich den Schlüssel vom Seminar, welchen Abends (2ten) Dr. Engel oder Hilbert zu übergeben ich vergessen hatte.[2]

Nun müssen Sie mir schon noch einmal gestatten, von der für meine Briefe festgesetzten Norm[3] abzugehn, indem ich Ihnen und Ihrer Frau Gemahlin meinen herzlichen Dank für die liebenswürdige Aufnahme sage. Hiefür kann ich doch nicht zur Verantwortung gezogen werden!

Hochachtungsvoll
Ihr ergebenster
Georg Pick.

---

1 Pick hatte vergessen, seine Ausarbeitung zu Kapitel IV der elliptischen Modulfunktionen mit nach Leipzig zu nehmen, als er zum Jahreswechsel 1885/86 dorthin fuhr.

2 Es war der Schlüssel vom Leipziger Mathematischen Lesezimmer. Wie in Teil I erwähnt, hatte Pick damals erstmals David Hilbert getroffen, der nach seiner Promotion in Königsberg im WS 1885/86 bei Klein studierte (vgl. auch FREI 1985). – Friedrich Engel und Pick kannten sich bereits seit den gemeinsamen Studien in Leipzig 1883/84.

3 Klein hatte offensichtlich eine „Norm" für eine geringere Häufigkeit der Briefe Picks an ihn gesetzt. Er hatte einen sehr großen Kreis von Korrespondenzpartnern, und wie er selbst notierte „∞ viele Geschäfte" (in JACOBS 1977: 1885, Bl. 5).

[48] 258

Prag, 17.1.86.

Hochgeehrter Herr Professor!
Anbei das versprochene erste Kapitel, zu welchem ich mir folgende Bemerkungen gestatten möchte.

In stylistischer Hinsicht sind noch mannigfache Fehler da, die sich einstellten, weil ich doch ziemlich in continuo[1] fortgeschrieben habe, die aber wo[h]l bei neuer Durchsicht rasch zu beseitigen stehn.

In sachlicher Hinsicht habe ich einige Mängel mit Bleistift am Rande vermerkt. Ich wollte dieselben nicht jetzt verbessern, um die Absendung nicht zu verzögern.Wenn Sie mir das Manuscript späterhin mit Ihren Ausstellungen versehn wieder zusenden, so glaube ich dasselbe binnen höchstens einer Woche leidlich druckfähig gestalten zu können.

l von Weierstraß – Schwarz ist erst eine transformirte Octaederirrationalität.[2]

Hochachtungsvoll
Ihr ergebenster Georg Pick.

1 *in continuo* [lat.] kontinuierlich, fortlaufend.
2 Vgl. WEIERSTRAß/SCHWARZ 1885/1893: 55–57.

[49] 259

Prag, 18.1.86.

Hochgeehrter Herr Professor!
Meine Zeit war gestern, wenn ich das Inscr.[1] noch abschicken wollte, so knapp bemessen, daß ich Einiges noch heute nachtragen muß.

Voran das Unangenehme. Mir ist, seit ich wieder hier bin, in unseren Kreisen sehr bestimmt die Meinung entgegengetreten, daß die Herausgabe von Vorlesungen „keine Arbeit“ sei. Nicht etwa, daß dabei entfernt an mich gedacht wurde: es waren ganz naive Äußerungen[,] veranlaßt durch ein Gespräch über F. Neumann's Vorlesungen[2]. Worauf ich mit dieser Mitteilung kommen möchte, das ist der Titel, den Sie zuletzt für das Buch vorgeschlagen haben. Ich finde, durch jene Äußerungen aufmerksam gemacht, daß der früher projectirte mich in den Augen der Leute wo[h]l etwas höher stellen möchte, als der neue. Ich weiß wo[h]l, daß der Titel das Sachverständnis niemals vollständig darstellen kann, dazu ist die Vorrede da. Aber wie viel mehr Leute lesen den Titel als die Vorrede, und um wie viel mehr Eindruck macht der Titel! – Selbstverständlich gestatte ich mir keinen Vorschlag, sondern gebe die Angelegenheit Ihrer wo[h]lwollenden Erwägung anheim. –

Bezüglich des ersten Kapitels möchte ich noch fragen, ob es nicht angezeigt wäre, irgendwo zu sagen, daß die Normalform (III_2) auch so geschrieben werden kann:[3]

$$\int \frac{dy}{\sqrt{1+(2-4\lambda)y^2+y^4}} \quad .$$

Leider habe ich außer Redaction (und Colleg) auch gar nichts machen können. Die Productzerlegung von J etc. habe ich als eine trotz Mangold[t][4] noch offene

Frage an Ungar[5] mitgeteilt zum Troste für die verlorene $\sqrt[3]{\lambda}$. Vielleicht, daß er da anbeißt. An Mangold[t] habe ich zwei Separatabzüge (keinen von den Annalen) geschickt, in der Erwartung, dafür seine Productzerlegung zu bekommen. Es hat aber nicht gewirkt.

Noch möchte ich mir eine Frage erlauben. Ich weiß wo[h]l, daß die binären Formen 6[ten] Grades keine kanonische Form mit rationalen Invarianten haben können. Ist aber auch überhaupt für die hyperelliptische Curve $y^2 = f_6(t,z)$ keine Normalform mit rationalen Invarianten vorhanden?

Hochachtungsvoll Ihr ergebenster Georg Pick.

---

1 *Inscr.* Inscription [lat.] *inscriptio* Einschreibung (hier: eingeschriebener Brief).

2 In den 1880er Jahren erschienen folgende Vorlesungen Franz E. Neumanns im Verlag B.G. Teubner in Leipzig, K. VonderMühll (Hg.), *Neumann, F.E.*, *Vorlesungen über elektrische Ströme*, 1884; E. Dorn (Hg.), *Neumann, F.E.*, *Vorlesungen über theoretische Optik*, 1885; O.E. Meyer (Hg.), *Neumann, F.E.*, *Vorlesungen über die Theorie der Elasticität*, 1885.

3 Zu Weierstraß' Normalform des elliptischen Integrals erster Gattung vgl. KLEIN/FRICKE 1890: 24, und WEIERSTRAß/SCHWARZ 1885/1893: 85–89.

4 Hans von Mangoldt (1854-1925) übertrug den Weierstraßschen Satz von der Produktentwicklung ganzer Funktionen auf Funktionen, deren Regularität oder meromorpher Charakter nur in einem Teil der Ebene (z.B. der oberen Halbeben oder dem Einheitskreis) vorausgesetzt war. In zwei Arbeiten (MANGOLDT 1885; 1886) sind Produktdarstellungen der elliptischen Modulfunktionen gegeben, unter Benutzung von Sätzen, die Henri Poincaré in seiner Arbeit „Mémoire sur les fonctions fuchsiennes" (*Acta mathematica*, Bd. 1) publiziert hatte. Vgl. auch Konrad Knopp (1927): „Hans von Mangoldt†". *Jahresbericht der DMV* 36: 332–48. – In MANGOLDT 1886 ist auch Kleins „Hauptkreis" benutzt, mit Bezug auf KLEIN 1883.

5 Zum Mathematiker Max Ungar vgl. Brief [35] Anm. 3.

[50] 260

Prag, 23.1.86.

Hochgeehrter Herr Professor!

Einerseits um für Ihren letzten Brief zu danken, andererseits um Ihnen morgen die Mühe der Absendung einer Karte zu ersparen, schreibe ich schon heute wieder. Ich bin diesmal mit der Förderung von Kap. II scheinbar im Rückstand, nemlich erst bei der Verzweigung der Perioden durch Verschiebung von e_1, e_2, e_3. Über diese Angelegenheit habe ich in den letzten Tagen sehr viel nachgedacht, und glaube jetzt zu einer consequenten und klaren Darstellung gelangt zu sein, die ein wenig von der Ihrigen abweicht. Allerdings wird dabei an den Leser die Anforderung gestellt, sich in das Mechanische der Sache, wie ich es nennen möchte, ordentlich hineinzudenken.

Ich hoffe trotz dieser Retardation[1] doch wieder von morgen über acht Tage Ihnen das II. Kap. zusenden zu können. Sollte sich indeß wider Erwarten dies nicht bewerkstelligen lassen, so wird die verlorene Zeit doch sicher beim dritten Kapitel wieder einzubringen sein.

Noch möchte ich eine Neuigkeit erzählen. In Graz ist am Polytechnikum durch den Tod von Prof. Rogner[2] eine Vacanz. Nach einem Brief von P.[rof] Mertens an A. Puchta,[3] der allerdings ganz genial ist, besteht die Absicht Gegenbauer

(Innsbr.[uck]) und Puchta außerdem aber noch ein paar Jüngere in Vorschlag zu bringen, die ersteren, denke ich, primo loco ex aequo[4]. Daß ich da sehr gerne in die Terne käme, brauche ich nicht zu sagen.[5] Es wäre ein erster Schritt; aber ich habe, glaube ich, keinerlei Aussicht. Ich habe erst jüngst wieder erfahren müssen, daß die öffentliche Meinung (wenigstens außerhalb Prag's) die ist, daß z.B. Biermann[6] viel mehr geleistet hat, als ich. Es wird augenscheinlich blos die Seitenzahl in Betracht gezogen.

Mit der Bitte, Sie möchten diese Abschweifung nicht übel nehmen, verbleibe ich hochachtungsvoll Ihr ergebenster Georg Pick.

---

1 *Retardation* [franz., lat.] Verzögerung.

2 Johann Rogner (1823-1886), o. Professor für Elementare Mathematik und Gesamte Mathematik am Polytechnikum (seit 1874 Kaiserlich-Königliche Technische Hochschule) in Graz.

3 Franz Mertens (1840-1927), vor allem als Zahlentheoretiker bekannt (vereinfachter Beweis des Dirichletschen Primzahlsatzes), bekleidete im Verlaufe seiner Karriere von 1884 bis 1894 eine Professur an der TH in Graz. – Zu Anton Puchta vgl. Teil I, 3.6.

4 *primo loco ex aequo* [lat.] an erster Stelle auf gleicher Höhe (ranggleich).

5 *In die Terne kommen*: einer von den drei Vorgeschlagenen sein; vgl. Briefe [54] und [57].

6 Zu Otto Biermann vgl. Teil I, 3.6 und auch Brief [41].

[51] 261

Prag, 2.2.86.

Hochgeehrter Herr Professor!
Anbei Kap. II. mit einer Lücke. Gerne hätte ich, um diese auszufüllen den ganzen Teil die „Deformation“ der zweiblättrigen Fläche nach meiner jetzigen Idee nochmals gearbeitet, aber lieber noch bitte ich Sie, das Ganze, so wie es jetzt steht, provisorisch anzunehmen, damit ich zunächst einmal wo[h]l oder übel durchkomme. Die Bemerkungen an Stelle der Lücke (p. 18) habe ich zur Unterstützung meines eigenen Gedächtnisses hingesetzt.

Was ich in der früheren Darstellung vermisst hatte (und was mich beinahe unbewusst gedrängt hat, eine neue zu suchen) ist ein innerer Zusammenhang der einzelnen Kapitel. Ich sehe überhaupt drei Möglichkeiten der Durchführung. Entweder 1) ganz wie früher, wo dann, wie ich eben glaube, eine gewisse Zerrissenheit bleibt. Oder 2) wie es (allerdings höchst fehlerhaft in der Ausführung) in dem jetzigen Manuscript tendirt ist, wo dann wieder die Darstellung durch die Notwendigkeit die allgemeinste Deformation sorgfältig zu zerlegen, sehr überladen wird. Endlich 3): Man nimmt die Differentialgleichung vorweg, um aus derselben die Windungspunkte 0, ∞, 1 abzulesen, bestimmt die den 3 Elementarwegen von J (um 0, 1, ∞) entsprechenden Deformationen der Fläche und hierauf die entsprechenden Periodenänderungen. In den beiden letzten Fällen würde die conforme Abbildung und das Vorzeichen von Imag. (ω) zunächst nur als Bestätigung des Resultats dienen. Welches soll gewählt werden? –[1]

Ich habe jetzt hie und da zur Erholung mir den Begriff einer Resolvente von linearen Differentialgleichungen klar zu machen versucht, und hatte dabei anfangs die verworrene Idee, daß jede solche Dgl.[Differentialgleichung] eine (nicht ausgezeichnete!) Resolvente 2ter Ordnung besitze, daß also in abstracto[2] jede Gruppe von ∞ hohem Index schon in zwei Veränderlichen dargestellt werden kann. Diesen offenbaren Unsinn glaubte ich, ich weiß nicht weshalb, als den eigentlichen Inhalt der Poincaréschen Arbeit über Dgl. [Differentialgleichungen] (Acta. 4, 3) annehmen zu dürfen; ich hatte diese nur einmal (vor 2 Jahren in Leipzig) flüchtig angesehn.[3] Ich glaube aber jetzt, daß es sich da vielmehr um eine ausgezeichnete Resolvente handelt, und zwar daß dieselbe die sämmtlichen Integrationsschwierigkeiten in sich birgt, so daß sonst etwa nur noch Quadraturen oder auch noch weniger zu tun bleibt.[4] Ich will nun Poincaré daraufhin ansehn.

Wenn ich doch Ihre Vorträge über hyperelliptische Moduln hätte sehn können![5] Ich lechze da nach Aufklärung, und kann mir doch selbst gar nichts fördern.

Hochachtungsvoll Ihr ergebenster Georg Pick.

Kap. III. hoffe ich jetzt wieder bis Montag über acht Tage in Ihre Hände gelangen lassen zu können.

---

1 Zur Deformation ebener und räumlicher Figuren zur Erläuterung gruppentheoretischer bzw. funktionentheoretischer Verhältnisse, vgl. KLEIN/FRICKE 1890: 77ff; 81; 294; 299; 328.

2 *in abstracto* [lat.] rein begrifflich, nur in der Vorstellung.

3 Poincaré, H. (1884): « Sur les groupes des équations linéaires ». *Acta math.* 4: 201–312.

4 Zu den Resolventen der „Modulgleichung" vgl. KLEIN/FRICKE 1890: 139; zur Gestalt der Modulgleichung, ebd.: 125, 154; zum Galoisschen Satz über die niedersten Resolventen 5., 7. und 11. Stufe in KLEIN/FRICKE 1890: 488–91. – Zum Begriff Resolvente vgl. auch Brief [53].

5 Im Januar/Februar 1886 hielt Klein Spezialvorträge über hyperelliptische Funktionen und vollendet im April 1886 seine erste Arbeit dazu (KLEIN 1886b).

[52] 262

Prag, 4.2.86.

Hochgeehrter Herr Professor!

Ich schreibe schon heute wieder, weil ich einen Vorschlag machen möchte, der vielleicht, wenn überhaupt gut durchführbar, etwas zur Symmetrie der Bezeichnungsweise beitragen möchte. Wenn Sie die Riemannsche Fläche

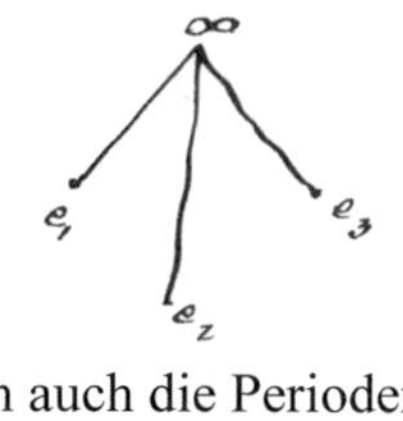

acceptiren, so liegt es nahe, dann auch die Perioden ω_1, ω_2, ω_3

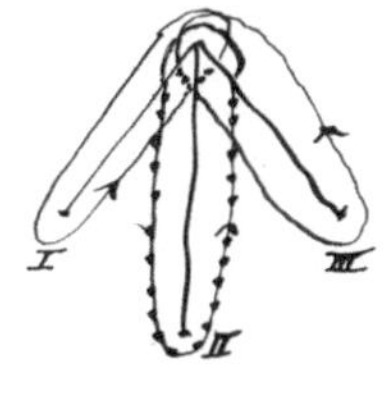

mit der Relation $\omega_1 + \omega_2 + \omega_3 = 0$ einzuführen, welche gerade die verdoppelten bei Weierstraß so bezeichneten Größen sind. Dann wäre immer

$$e_i = p\left(\frac{\omega_i}{2}\right)$$

und dergleichen bei σ_i (u) Übereinstimmung der Indices. Nun kommt aber das Fatale: man müßte

$$\omega = \frac{\omega_3}{\omega_1}$$

setzen, um sonst Übereinstimmung zu erzielen. Ist das nun der größere Übelstand? Ich traue mich nicht, auf diese Frage zu antworten.
Übrigens kann das Letztere ja auch vermieden werden. Wir setzen

$$\omega = \frac{\omega_2}{\omega_1},$$

dann aber $$\lambda = \frac{e_1 - e_2}{e_3 - e_2} = -\frac{C}{A},$$

so ist wieder alles in Ordnung und K, iK' sind ω_1, ω_2 proportional. Ich kann nicht leugnen, daß mir eine solche Einrichtung sehr gut gefiele. Kap. I wäre schnell darnach umgearbeitet. Noch immer wäre nicht volle Übereinstimmung mit Weierstraß – Schwarz erzielt; dort heißt es [1]

$$K^2 = \frac{e_2 - e_3}{e_1 - e_3}\left(= -\frac{A}{B}\right). \quad ---$$

Kap. III. läßt sich ziemlich glatt an.

Hochachtungsvoll Ihr ergebenster Georg Pick.

1 In WEIERSTRAß/SCHWARZ (1885: 30) ist angegeben, dass der Modul k der Jacobischen elliptischen Funktionen durch diese Gleichung bestimmt wird und sich σ-Quotienten ergeben. – In FRICKE/KLEIN (1890: 26) steht, dass die Bezeichnung k vermieden wird, um Missverständnissen zu entgehen: „Die Bezeichnung ‚*Modul*' aber, die man gewöhnlich dem k ausschliesslich beilegt, übertragen wir gleichförmig auf die absoluten Invarianten J, λ, μ, sowie auf eine grosse Reihe weiterer Grössen, die wir späterhin kennenlernen werden."

[53] 263

Prag, 8.2.86.

Hochgeehrter Herr Professor!
Fast muß ich fürchten, Sie durch die Häufigkeit meiner Zuschriften ungehalten zu machen. Doch möchte ich noch heute Ihre Nachricht für einige Mitteilungen erbitten. Erstens die Bitte, mir Kap. 4 nun wirklich zuzusenden. So war es doch projectirt. Nachher (nach Kap. 5.) ist es vielleicht am besten, wenn ich noch einmal von Anfang anfange, um noch größtmögliche Reinlichkeit in die Details zu bringen. Mir macht so eine gewisse Pedanterie auch Vergnügen, und wo[h]l ist es dann für den Leser eine gewisse Erleichterung, wenn auch Alles im Einzelnen klappt. Bei solcher Revision wird ja voraussichtlich Kap. 2 allein etwas mehr Zeit in Anspruch nehmen. Dieses werde ich auch leicht auf Grund Ihrer Angaben redigiren können.

Poincaré habe ich noch nicht ansehn können[1]; dazu komme ich immer nur, wenn Clubabend ist.[2] Ich danke sehr für Ihre Bemerkungen bez. Dyck's „Studien", welche mich sofort über den Stand der Sache näher aufgeklärt hat.[3] Vielleicht habe ich Recht, wenn ich jetzt so auffasse: Es giebt eine Resolvente zweiter Ordnung; die in ihr nicht definirten Operationen der urspr.[ünglichen] Gl.[eichung] sind „accessorische"[4] (Quadraturen etc.). Ich denke an die Sache nicht weiter; aber irgend eine provisorische vage Anschauung muß ich mir doch zu meiner Beruhigung in den Kopf setzen. Eine Resolvente erster Ordnung giebts:

$$\Delta = \begin{vmatrix} y_1 & \cdots & y_n \\ y_1' & \ddots & \\ \vdots & & \\ y_1^{(n-1)} & & \ddots \end{vmatrix},$$

die enthält aber natürlich nichts, als das Princip vom letzten Multiplicator für diesen Fall. –

Übrigens, die Möglichkeit aller Gruppen im binären Gebiet beruht wo[h]l auf der Unwesentlichkeit der Dimensionszahl bei discreter Anschauungsweise (Cantor)?[5]

Dieser Tage habe ich mir folgende Formel abgeleitet

$$[\eta]_r = -\frac{1}{2n^2 r}\{G(r) - n^2 \cdot r\}$$

oder

$$[\eta]_u = -\frac{n^2-1}{2}\cdot\frac{1}{u^2} - \frac{u^{n-2}}{2}\{G(u^n) - n^2 \cdot u^n\}.$$

Dabei ist

$$\eta = s(\frac{1}{3},\frac{1}{n},\frac{1}{2},J)\ , \qquad r = e^{z\pi i\cdot\omega}, \quad u = r^{\frac{1}{n}} = e^{\frac{z\pi i\cdot\omega}{n}}$$

$$G(r) = 12\cdot\left(\frac{\omega_1}{2\pi}\right)^4 \cdot g_2(\omega_1,\omega_2)$$

$$= 1 + \varepsilon_1 r + \varepsilon_2 r^2 + etc. \quad (\varepsilon \text{ ganze Zahlen}).$$

Daraus könnte sich erstens die analytische Darstellung von η durch r resp.[ektive] ω knüpfen; zweitens aber die Ausfindigmachung der für complexe Mult.[iplication] passend eingerichteten Ikosaederirr.[ationalität] etc. Handlicher müßte Alles wahrscheinlich noch gemacht werden durch geeignete Zerfällung $\eta = \frac{\eta_2}{\eta_1}$ und Aufstellung einer linearen Dgl. [Differentialgleichung] 2[ter] Ordnung. – Hier fällt mir nun plötzlich die Collision zwischen der Bezeichnung der Ikosaederirr.[ationalität] und den Perioden zweiter Gattung auf![6]

Weiter habe ich wo[h]l nichts zu berichten, und schließe also als Ihr

Hochachtungsvoll ergebener

Georg Pick.

---

1 Vgl. Brief [51], Anm. 2.

2 *Clubabend*: Hier ist ein Abend im „Verein für freie Vorträge aus der Mathematik und Physik" gemeint, der seit März 1862 in Prag bestand, vgl auch BEČVÁŘOVÁ 2013.
3 Walther Dyck: „Gruppentheoretische Studien". *Math. Ann.* 20 (1882) 1–44. Darin sind u.a. betrachtet „die Gruppen der Modulargleichung für Primzahltransformation der elliptischen Functionen", pp. 39–44.
4 *accessorisch / akzessorisch* [lat.] nebensächlich. – Zur akzessorischen Irrationalität von Gleichungen 5. und 6. Grades vgl. KLEIN 1922, pp. 481ff.
5 Hier ist Georg Cantors mengentheoretische Anschauung gemeint.
6 Die Terminologie (η betreffend) war bei den Autoren unterschiedlich; in der Theorie der elliptischen Funtionen werden auch die Perioden des Integrals zweiter Gattung damit bezeichnet, bei WEIERSTRAß/SCHWARZ 1885 und KLEIN/FRICKE (1890: 145–47) ebenfalls abweichend. – Zur *Ikosaederirrationalität* und *-gleichung* vgl. KLEIN/FRICKE 1890: 103–107.

[54] 264

Prag, 14.2.86.

Hochgeehrter Herr Professor!
Kap. 3 hat mehr Anforderungen an mich gestellt, als ich vorausgesehn hatte, weil ich mir die Sache unüberlegter Weise als blose Abschreibung der „Formeln etc." mit einigen Bemerkungen dachte. Ich bitte um Aufschub des Termin's auf einige Tage, deren Zahl ich noch unbestimmt lassen möchte. Ich versichere Sie, daß ich tue, was in meinen Kräften steht, umsomehr als ich öfters nötig habe, andere Angelegenheiten in der Arbeit zu vergessen zu suchen.

Vergangene Woche war in einer hiesigen Zeitung telegraphisch der Grazer Vorschlag[1] mitgeteilt: 1. Gegenbauer, 2. Puchta, 3. Ameseder[2]. Das wäre so schlimm nicht. Gestern aber erfahre ich von Puchta gegen Versprechen der Verschwiegenheit – welches ich auch einzig und allein Ihnen gegenüber breche – Folgendes. Erstens ist der Grazer Vorschlag überhaupt noch nicht definitiv. Biermann père[3] hat nach Graz an Krones (<u>Historiker</u> daselbst!)[4] sehr dringend geschrieben, er möchte doch Alles aufbieten, damit sein Sohn in den Vorschlag käme, und es ist nicht auszuschließen, daß das zu Stande kommt.[5] Das ist schon nicht gut, aber nicht das Ärgste; ich denke mir, jeder tut, was er kann, und wie er's kann, und warum soll nicht einmal auch ein Historiker Einen zum Mathematiker machen, wenn dieser nicht selbst sich dazu zu machen im Stande ist?

Aber zweitens, die Herrschaften hier sind sehr ängstlich, nun Puchta hier Ordinarius werden zu lassen, denn sie fürchten sich vor der Verlegenheit, die sein Abgang schaffen würde.[6] Lippich, der die ganze Angelegenheit führt, hat unter Anderem zu Puchta gesagt; „Ja wen sollen wir dann vorschlagen. Zwar Kantor[7] hat sich wo[h]l unmöglich gemacht. Aber dann?" – „Da kann wo[h]l kein Zweifel sein?" – So, ja Biermann ist wo[h]l der fleißigere, hat viel mehr publicirt; Pick trägt jedoch besser vor." – „Man kann Biermann mit Pick gar nicht vergleichen." – So erzählt mir Puchta, naiv hinzufügend, daß er doch jetzt sich nicht sehr einlassen könne. Naiv ist ja überhaupt die Indiscredtion, mit der er solche Dinge <u>mir</u> erzählt.

Ich schreibe Ihnen dies nur, um Ihnen ein unterhaltendes Beispiel von dem ganzen hiesigen Getriebe zu geben. Lippich hatte ich noch immer für halbwegs urteilsfähig gehalten. Ich hätte mir doch Einiges denken sollen, wenn er Beifall jauchzt bei den Erzählungen Biermann jun.'s von dessen schönen Resultaten bei der Wahlagitation (er ist immer in allen Wahlcomité's) oder von den Prügeleien seines jüngeren Bruders zur Nachtzeit mit Čechen etc. etc. Diese Dinge sind hier maßgebend, alles andere Nebensache. Man müßte rein die Mathematik an den Nagel hängen oder à la Biermann fabrikmäßig, plagiatorisch und verstandlos betreiben, dafür aber recht fleißig in Politik machen. Das letztere ist nicht mein Fall, das erstere, schmeichle ich mir, auch nicht ganz.[8]

Die einzige Entschuldigung für diesen Brief ist oder wäre die, wenn er für eine mäßige Viertelstunde zu Ihrer Unterhaltung beiträgt. Daß für mich die Sache mehr traurig als unterhaltend ist, brauche ich nicht erst zu sagen. Was wird denn nur mit mir werden?!

Die richtige Formel für $\eta = J\left(\frac{1}{3}, \frac{1}{n}, \frac{1}{2}\right)$ lautet $[\eta]_u = -\frac{1}{2n^2}\{12\left(\frac{\omega_1}{2\pi}\right)^4 g_2 - 1\}$

$$= -\frac{120}{u^2}\sum_{\mu=1}^{\infty}\frac{\mu^3 \cdot r^\mu}{\left(1-r^\mu\right)^2}$$

$\left[r = e^{2\pi i\omega}, u = e^{\frac{2\pi i\omega}{n}}\right]$, also $u^2 \cdot [\eta]_u$ von n ganz unabhängig!

Hochachtungsvoll Ihr ergebenster Georg Pick.

1 Vgl. Brief [50].

2 Die Position an der TH Graz erhielt Adolf Ameseder (1858-1891), 1886 als ao. Pofessur, 1890 o. Professur. Ameseder hatte in Wien studiert, von 1880 bis 1885 Assistent an der TH Wien, daneben 1882 Lehramtsexamen (Mathematik; darstellende Geometrie), 1884 Habilitation. Er war im SS 1885 bei Klein in Leipzig, im WS 1885/86 an der Universität Erlangen.

3 *père* [franz.] Vater, vgl. Brief [41].

4 Franz Krones (ab 1879 Krones Ritter von Marchland) (1835-1902) war seit 1865 Ordinarius für Österreichische Geschichte an der Karl-Franzens-Universität in Graz.

5 Otto Biermann wurde schließlich 1891 ao. Professor an der Deutschen Technischen Hochschule in Brünn, dort 1894 o. Professor.

6 Anton Puchta, seit 1882 ao. Professor an der Deutschen Universität in Prag, folgte erst ein Jahr später, 1887, einem Ruf als o. Professor an die Universität Czernowitz.

7 Seligmann Kantor, siehe Brief [35], Anm. 1 und Brief [105], Anm. 6.

8 Aus dem folgenden Brief [55] geht hervor, daß Klein an Puchta (der bei ihm in München studiert hatte) geschrieben hatte, um ihm sein Urteil über Pick mitzuteilen.

[55] 265

Prag, 21.2.86.

Hochgeehrter Herr Professor!

Zum dritten Kapitel möchte ich im Allgemeinen bemerken, daß es mir deshalb so viel Arbeit gemacht hat, weil ich das Rohmaterial schon jetzt vollständig controllirt sehn wollte. Ich habe die Permutation (2 3) gegenüber Weierstraß vollständig durchgeführt, die Vorzeichen durchgehend (einige leichte Formeln der letzten

Seiten abgerechnet) genau festgestellt, eine möglichst ungezwungene und nützliche Darstellung von μ zu geben versucht ($\frac{\sigma_{10}^2 + i\sigma_{01}^2}{\sigma_{11}^2}$), und überhaupt im Einzelnen gestrebt, Alles möglichst handlich zu machen. Dagegen was den Text anbelangt, so ist er sehr ungleichmäßig ausgefallen, und wird also total umgearbeitet werden müssen. §1 wird wo[h]l doch ganz ausgelassen werden? Es fehlt die Berücksichtigung der Terminologie, ferner in §8 Eindeutigkeit und Vieldeutigkeit u. dgl. [dergleichen] mehr, wie Sie ja gleich bemerken werden. Endlich §9 ist mir mislungen, und über die Cauchy'sche etc. Methoden kann ich wegen Unkenntnis derzeit nicht referiren. Noch möchte ich bemerken, daß mir nicht klar war, woher die Identität

$$\Pi_m\left(1-r^m\right)=1-r-r^2+r^5+r^7-r^{12}-r^{16}+\ldots$$

zu erlangen ist, wenn man sie nicht etwa selbstständig ableiten will.[1]

Zu den 3 ersten Kapiteln habe ich also statt der präliminirten 6 Wochen, 7 W.[ochen] – 1 Tag gebraucht.[2] Das ist doch nicht so böse?

Unser Semester endet d. 15ten April, und da nach einer ganz neuen Ministerialverordnung frühestens 8 Tage früher geschlossen werden darf, so ist für mich vor dem 7ten April nicht an Abreise zu denken. Also habe ich noch 6½ Monate vor mir. Ich will sie nach bestem Vermögen ausnützen und denke durchzukommen.

Puchta hat mir am Tage, als ich Ihre letzte Karte erhielt, erzählt, daß Sie an ihn geschrieben haben; ich danke herzlich dafür. Er glaubt trotz meiner gegenteiligen Versicherung, daß ich direct darum ersucht habe – so kommt mir's wenigstens vor. Daß mir nichts ferner lag, als ein irgendwelcher Zweck, den ich mit meinem Brief verbunden hätte,[3] kann ich wahrheitsgemäß versichern. Auf seine Frage hin habe ich eingeräumt, Ihnen von dem Grazer Vorschlag Mitteilung gemacht zu haben. – Übrigens hat er mich ersucht, von Ihrem Briefe an ihn nichts zu erzählen, was ich doch ohnehin nicht getan hätte; er selbst hat Durège erzählt, Sie hätten ihm gratulirt, und – über Frage – weiter sei nichts von Belang in dem Briefe gestanden. Er hält es offenbar für nötig, jetzt ausschließlich seine Interessen zu verfolgen, um erst im Falle seines definitiven Abgang's für mich einzutreten, vorausgesetzt, daß er zu Letzterem wirklich entschlossen ist. Vielleicht ist es so am besten, ich fürchte nur, daß dann Alles wie ein von mir eingefädeltes Complot aussehn wird, und daß er dann durch brusques Vorgehn mir auch noch den Rest von Geneigtheit der Andern entzieht. Nun da ist nichts zu tun, als einfach abzuwarten.

Nochmals herzlichst dankend

Ihr hochachtungsvoll

ergebener Georg Pick.

---

1 Weierstraß' Exponentialgröße *r* wird in KLEIN/FRICKE (1890: 146–47) als Entwicklungsgröße übernommen. Zur Produktdarstellung der Sigma-Funktionen vgl. KLEIN/FRICKE (1890:156).

2 *präliminirt* vorläufig festgelegt. – Klein hatte mit Pick Ende 1885 in Leipzig vereinbart, dass er von Abschnitt I alle 14 Tage eines der 5 Kapitel in vorläufiger Redaction an ihn schickt.

3 Hier ist Brief [54] gemeint.

[56] 266

Prag, 2.3.86.

Hochgeehrter Herr Professor!
Obzwar ich aus dem Ausbleiben jeder Nachricht über Kap. III. schließen muß, daß Sie zur Zeit sehr mit Geschäften überhäuft sind,[1] möchte ich mir doch zwei Mitteilungen erlauben. Die erste ist, daß ich glaube, Kap. IV gut zu arbeiten. Die zweite, daß ich dieser Tage die Einteilung der Substitutionen

$$\overline{\omega}' = \frac{C + D\omega}{A + B\omega} \qquad (AD - BD = 1)$$

allgemein und für ganzzahlige A, B, C, D durchgeführt habe. In letzterem Falle giebt es nur zwei Sorten: 1) Solche mit festbleibenden Kreisen, welche als Orte der ambigen[2] Formen von negativer Determinante erklärt werden können (Spiegelungen); 2) Solche mit festbleibenden Punktepaaren der reellen Axe, welche die ambigen Formen von posit.[iver] Det.[erminante] vorstellen. Im allgemeinen Falle ist das Resultat auch viel einfacher als ich erwartet hatte. Namentlich interessirt mich ein, allerdings noch nicht controllirter, Punkt: Jene Substitutionen lassen sich, wenn sie nicht selbst Spiegelungen sind, doch stets in drei Spiegelungen zerlegen. Ich hatte fünf erwartet. Es würde daraus folgen, daß bei der Zerlegung einer loxodromischen Substitution in vier Inversionen eine erste von diesen ganz willkührlich ist, was ich aber noch nicht verificirt habe.[3]

Soll der specielle Fall in das Buch?[4] Das ist die einzige Frage, die ich heute stellen möchte, zugleich mit der Bitte um Übersendung von Kap. V.

Hochachtungsvoll Ihr ergebenster Georg Pick.

Soeben erhalte ich Ihren Brief, und habe den meinigen wieder geöffnet, um noch Folgendes hinzuzufügen. Daß wenigstens eine Zeit lang die negative Halbebene mitzuberücksichtigen, und namentlich $^1/r$ gegenüber r beizubehalten ist, habe ich mir wo[h]l selbst schon gesagt. Ich glaube gerade Kap. III wird mir bei der nächsten Redaction eher gelingen; Respect habe ich blos vor II.

Ich ärgere mich jetzt schon über gar nichts mehr. Geschieht es, daß hier B.[iermann] vorgeschlagen wird, nun so ist es eben ein Scandal ungeheuerer Sorte für die Commission und weiter für die Universität. Ich kann das an der Hand von B.'s neuester Publication: „Über Fuchs'sche Functionen"[5] Jedermann beweisen. Denn diese ist von Beginn bis zum Schluß bewußter Schwindel.

Große Freude hat mir dieser Tage der Empfang von Hurwitz' Note über Correspondenzen[6] bereitet. Nun verstehe ich auch das Correspondenzprincip. Unangenehm ist blos, daß ich zu einem Vortrag darüber in unserem Club gepresst worden bin.[7]

1 Felix Klein notierte für den 15.2.1886: „Besuch von Lie, mit dem ich u.a. nach Dresden [zum Sächsischen Kultusministerium, R. To.] reise." Sophus Lie trat zum 1.4.1886 Kleins Nachfolge in Leipzig an. Für den 6.3.1886 notierte Klein: „Abschiedsgesellschaften" in Leipzig, und „Erkrankung von Luise" (JACOBS 1977: 1886, Bl. 5); Luise war eine Tochter Kleins.

2 *ambigue* [franz.] mehrdeutig.

3 Vgl. zur Einteilung der Substitutionen Brief [61]; zur *loxodromischen Transformation* auch HURWITZ 1922: 276.

4 Der spezielle Fall ist in KLEIN/FRICKE 1890/92 nicht enthalten; es wird die Spiegelung einer Ebene an einem Kreis, d.h. die durch Substitution vermittelte Transformation der Ebene betrachtet, bei der Winkel unverändert bleiben und Kreise in Kreise übergehen, sowie die Kreisverwandtschaft zweier Ebenen, KLEIN/FRICKE 1890: 85ff.

5 Biermann, Otto: „Über die Darstellung der Fuchs'schen Functionen erster Familie durch unendliche Producte". *Wiener Berichte* 92 (1885); zum selben Titel in *Monatshefte für Mathematik und Physik* 1 (1890) 49–70 und 3 (1892) 143–68.

6 Hurwitz, Adolf (1886): „Ueber algebraische Correspondenzen und das verallgemeinerte Correspondenzprinzip". *Sächsische Berichte* (Sitzung vom 11.1.1886). Klein veranlasste davon einen Wiederabdruck (*Math. Ann.* 28 (1886): 561–85), da er bei der Naturforscherversammlung in Berlin im September 1886 (vgl. Brief [89]) feststellte, dass Hurwitz' wichtige Arbeit ungenügend bekannt war (Klein an Hurwitz, 24.9.1886 [UBG] Math. Archiv 77: 103).

7 Zum *Club* vgl. Brief [53], Anm. 2.

[57] 267

Prag, 4.3.86.

Hochgeehrter Herr Professor!
Sie haben hoffentlich wieder Nachsicht, wenn ich von hiesigen Vorgängen erzähle, welche ziemliche Ursache zur Verzweiflung geben. Gestern habe ich erfahren, daß [Otto] Biermann nun tatsächlich in Graz im Vorschlag ist, und zwar – auf besondere Empfehlung von Durège. Bobek hat nämlich durch Hn.[Herrn] Prof. Küpper und dessen ehemaligen Assistenten Pelz (Graz)[1] für sich etwas ausrichten wollen, und nun folgende Antwort: Mertens sagt, er könne doch nur solche Privatdocenten in den Vorschlag bringen, die ihm von „Autoritäten" empfohlen seien; und das wären nur zwei: Ameseder[2] von sämmtlichen Wiener Professoren, Biermann von Durège.

Durège hat sich also als das erwiesen, wofür ich ihn immer gehalten habe: gänzlich unverläßlich um nicht zu sagen perfide.*[3] Ich bin nun entschlossen, nicht länger zu schweigen, sondern dem einzigen Manne hier, der nach seiner Überzeugung handelt, [Ernst] Mach nämlich, die Beschaffenheit von B.[iermann]'s Arbeiten zu erklären. Ich will mir die Zeit nehmen, über eine Auswahl derselben eingehenden Referate (vollkommen sachlich) zu schreiben und sie Mach mit der Bitte überreichen, das Urteil irgend ihm beliebiger, aber competenter, Männer über die Berechtigung derselben einzuholen. Hinzu muß ich nun vor Allem Sie um den dazu nötigen Urlaub von wenigen Tagen bitten.

Zugleich will ich es mir möglichst angelegen sein lassen, Mach selbst einen Einblick in die Gegenstände, um die es sich handelt zu gewähren, um ihn, wenn es geht, in die Lage zu versetzen, sich aus Eigenem eine Überzeugung zu bilden. Ob zwar die Gelegenheit je kommen wird, daß er für mich eintreten kann, ist sehr fraglich.

Ich bin durch diese Dinge, namentlich im Hinblick auf den bösen Prospect[4], den sie auch für die fernere Zukunft gewähren, um meine Nachtruhe gekommen, und heute schlechterdings arbeitsunfähig; vielleicht war ich auch schon ein wenig überarbeitet. Hoffentlich bin ich morgen wieder in Ordnung.

Puchta bittet mich, Ihnen zu sagen (was ich ja schon von selbst getan habe), daß er bei gegebener Zeit von Ihrem Briefe Gebrauch machen wird. Auch ein Leisetreter![5]

Nun habe ich nur noch um Verzeihung zu bitten, daß ich Sie wieder mit diesen Dingen belästige; ich kann mich ja hier Niemand gegenüber aussprechen; selbst bei meinem Onkel glaube ich in letzter Zeit halb ungläubige und halb vorwurfsvolle Blicke als Antwort auf meine Berichte entdeckt zu haben.

Hochachtungsvoll Ihr ergebenster Georg Pick.

---

1 Carl Pelz (1845-1908) war 1870-75 Assistent am Lehrstuhl für Beschreibende Geometrie und Steinschnitt des Deutschen Polytechnischen Instituts in Graz unter Karl Küpper (1828-1900). Pelz hatte 1881 die o. Professur für Darstellenden Geometrie an der TH Graz erhalten.

2 Ameseder erhielt, wie gesagt (Brief [54], Anm. 2) die Stelle als ao. Prof. an der TH Graz.

3 *(=Fußnote von Pick): *In Anbetracht der Art, wie er sich mir gegenüber über B.[iermann] geäußert hat.* (Vgl. dazu Brief [41]). – *perfide* niederträchtig, *perfidus* [lat.] treulos.

4 *Prospect* von *prospectus* [lat.] Hinblick; Aussicht.

5 Vgl. dazu Brief [54].

[58] 268

Prag, 5.3.86.

Hochgeehrter Herr Professor!
Eben erhalte ich Kap. V. (durch meine Abwesenheit am gestrigen Nachmittag aus meiner Wohnung verspätet). $\overline{\varpi} = \ldots$ könnte vielleicht eine kleine Note geben.[1] Ich muß sagen, daß ich sie eventuell gerne nicht bei uns publicirt sehn möchte, weiß aber nicht ob Sie dieselbe, falls Sie sie überhaupt acceptiren, jetzt noch in die sächsischen Berichte nehmen wollten. Ich möchte mich zu gern in „guter Gesellschaft" sehn.

Aber was werden Sie zu meinem gestrigen Brief sagen! Ich bitte ihn als Wirkung einer schlaflos verbrachten Nacht anzusehn. Heute, wo ich meiner wieder ganz Herr bin, sehe ich, daß D.[urège] eigentlich kein Vorwurf zu machen ist. Denn daß er urteilsunfähig ist, steht doch längst fest. Und daß er B.[iermann]s Ansinnen, auf eine Anfrage von Graz günstige Auskunft zu erteilen, zurückgewiesen hätte, konnte doch nur zu Stande kommen, wenn er die Überzeugung von B.'s Unfähigkeit in sich getragen hätte.

Ich sende Ihnen B.[iermann]'s letzte Tat,[2] und bitte zu bemerken, daß er ganz wo[h]l weiß, daß den maßgebenden Leuten, weder Weierstraß' elliptische Functionen, noch Poincaré's Arbeiten, noch überhaupt die allgemeinen Sätze über algebraische Functionen etc. bekannt sind. Bei der neulichen Club-Kneipe, als er mir die Arbeit übergab, und ich dieselbe sofort anzusehn mich anschickte, bezeichnete er mir, ohne mich ordentlich lesen zu lassen, mit ängstlichem Eifer die beiden gesperrt gedruckten Sätze als seine Entdeckungen. Ich konnte mich nicht enthalten, dieselben ihm gegenüber als völlig selbstverständlich zu bezeichnen. Geniert ihn aber sehr wenig!

Damit dieser Brief nicht mit diesen Dingen schließt, erzähle ich noch, daß ich in den Differentialgleichungen keine Fortschritte gemacht habe. Es beschäftigt mich häufig der Gedanke, wie denn die positive und negative ω-Halbebene mittelst η *[3] zusammenhängt. Ich habe noch keine Vorstellung davon, und den bekannten Fall $n = 6$ noch nicht angesehn. Auch die Aufstellung der ausg.[ezeichneten] Untergruppe, welche zu η gehört, scheint nicht leicht zu sein. Jedenfalls aber, glaube ich, wird η eine eindeutige Function mit linearen Transformationen in sich vom Geschlecht Null, und deshalb das Fundamentalpolygon wahrscheinlich nur eine endliche Zahl von Ecken besitzen.

Hochachtungsvoll Ihr ergebenster Georg Pick.

---

1 Vgl. hierzu die Briefe [56] und [61].

2 Vgl. Brief [56] Anm. 3. – Klein hatte Biermanns Arbeit offensichtlich von Pick erbeten.

3 * Fußnote von Pick, die für η angibt: $= s\left(\frac{1}{3}, \frac{1}{n}, \frac{1}{2}, J\right)$ für $n \geq 6$

[59] 269

Prag, 7.3.86.

Hochgeehrter Herr Professor!

Von den Beschränkungen, welchen die Entwickelungen meiner dieser Tage revidirten Abhandlung unterliegen, hoffe ich die <u>eine</u> nun demnächst behoben zu haben; insoferne nämlich Jacobi'sche Functionen[1] von beliebig vielgliedrigen Argumenten aufzustellen, bei ebenen Curven ohne Doppelpunkt keinem Hindernis mehr begegnet. Es ergiebt sich dabei auch ganz glatt die nötige Übertragung Ihrer Sätze über die Reihenentwickelung der genannten Functionen.

Nicht so gut geht es mir mit den Versuchen im (zunächst dreidimensionalen) Raume. Die Formeln für die elliptischen Functionen nach der in der Ebene verwendeten Methode auszurechnen, ist kaum möglich. Es muß da offenbar für einen Kenner der Invariantentheorie Möglichkeiten der Durchführung geben, welche ich nicht entfernt ahne. Ich hoffe indeß, doch noch irgend einen glücklichen Einfall zu bekommen.

Eben im Begriffe, Ihnen über einen schon oft gehegten Plan zu schreiben, erhalte ich Ihre Karte. Dieser Plan ist, wenn ich mit den Abel'schen Functionen etwas über Wasser gekommen bin,[2] d.h. das Vorhandenene an Theorie mit jener Bequemlichkeit aufgenommen habe, welche man immer genießt, wenn man gleichzeitig selbst kleine Versuche macht, – zu $p = 2$ zurückzukehren, und ein „η" zu suchen, von welchem Alles eindeutig abhängt. Das richtige η zu finden, und daran eine gehörige Theorie zu knüpfen, ist eine Aufgabe, der ich mich gewachsen fühle, und von der ich mir eine Fülle von Belehrung und Vergnügen erhoffe.

Inzwischen verliere ich bei uns mehr und mehr an Boden, Biermann's eben erschienenes Buch, in Laien- und Fachkreisen angestaunt und bewundert, hat mich ganz in den Hintergrund gedrängt. Den Herren in Deutschland, Weierstraß Anhängern insbesondere, mag es wo[h]l gleichgiltig sein, ob jemand durch so ein Werk, welches doch wo[h]l ein elendes Machwerk mit einer verlogenen Vorrede[3] ist, dummen Leuten Sand in die Augen streut. Vom hohen Roß der Überlegenheit ignoriren oder durchschlüpfen lassen, ist ja sehr schön, wenn es nur nicht großen Schaden tut. Es ist mein Schicksal, daß mir speciell das scheinbar Gute immer noch zum Bösen ausschlägt. Meine wenigen Freunde hier beschuldigen mich jetzt, und nicht mit Unrecht, ich hätte ihn provocirt. Und sicher, er wäre nie auf die Idee gekommen, die anal.[ytischen] Functionen zu schreiben, wenn er nicht einen Gegenzug gegen mich zu unternehmen sich genötigt gesehn hätte. Weierstraß u. Biermann contra Klein und Pick, so denkt er augenscheinlich. Es wäre ja zu lächerlich, wenn es ein weniger geschickter Faiseur[5] unternommen hätte, diese Parole den Leuten unvermerkt zu verstehn zu geben. Ich will ganz von den Kränkungen schweigen, die mir nächste Freunde bereiten, indem sie meinem Urteil über Biermann jetzt absolut keinen Glauben mehr schenken wollen.*[4]

In Czernowitz hat man folgende Vorschläge gemacht, der Regierung die Entscheidung ob Ord.[inariat] oder Extraord.[inariat] anheimgebend:

für ein Ord.: solo loco Puchta
für ein Extr.: 1. Ameseder & Sersavy[6]
2. Hočevar[7] & Biermann
3. Bobek & Pick.

Die Wahrscheinlichkeit ist nach wie vor, daß Sersavy hinkommt. [8]

Hochachtungsvoll Ihr dankbarer G. Pick.

1 Alexander Wittig (1861-1946) arbeitete „Ueber Jacobi'sche Functionen k^{ter} Ordnung zweier Variabler". *Math. Ann.* 29 (1887) 157–70, anknüpfend an KLEIN 1885b.

2 Picks Weg bis zu seiner Arbeit PICK 1887c spiegelt sich in sehr vielen der folgenden Briefe: [72], [79], [81], [86], [88], [91], [94], [95], [96].

3 BIERMANN 1886/1887. Vgl. dazu Hurwitz Rezension in Teil I, 3.6.

4 *Anmerkung von Pick: *auch davon, daß natürlich das Nichtzustandekommen der Modulfunctionen in den Augen der Leute nur eine Deutung erfährt.* – Er meinte, dass ihm die Schuld für ein Nicht-Vollenden der Monographie zugesprochen würde.

5 *Faiseur* [franz.] hier im Sinne von Angeber, Blender, Prahler.

6 Viktor Sersavy (1848-1901), geb. in Lechwitz (Mähren), studierte nach autodidaktischen Studien ab 1873 mit Stipendium an der Universität Wien, dort 1876 Promotion (Dissertation über eine Integrationsmethode für partielle Differentialgleichungen), 1877 Habilitation; Karriere in der Versicherungsmathematik (1896 Honorardozent TH Wien).

7 Franz Hočevar (1853-1919), Promotion 1875 (L. Boltzmann) Wien; 1883 Habilitation Innsbruck; 1891 ao. Professur TH in Brünn (Brno), ab 1894 dort o. Professor.

8 Anton Puchta erhielt das Ordinariat an der Universität Czernowitz, die erst 1875 als österreichische Universität eröffnet worden war, vgl. Teil I, 3.6.

[60] 270

Prag, 9.3.86.

Hochgeehrter Herr Professor!

Die nochmals revidirte Abh.[andlung][1] sende ich anbei; an der ersten der von Ihnen bemängelten Stellen war wo[h]l Alles in Ordnung, doch habe ich im Interesse glatterer Lecture einen entsprechenden Zusatz gemacht; einen dergleichen habe ich mir – durch die gewissenhaften Fragezeichen des T.'schen Hauscorrector's angeregt[2] – noch an einer zweiten Stelle gestattet (pag. 10). Das „notwendig" auf S. 11, Zeile 6 möchte ich gerne aufrecht erhalten, ohne es an dieser Stelle näher zu begründen. Die Größe $\Psi\ (hxy)^2$ stellt als Function von x betrachtet, gleich Null gesetzt eine C_{n-1} dar welche in den $(n-1)$ von y verschiedenen Schnittpunkten von $h\hat{y}$ mit $a_x^n = 0$, und ferner in p weiteren Punkten der Grundcurve je zweipunktig berührt. [sic!] Die letzteren Berührungspunkte sind eben die unteren Grenzen in der fraglichen σ-Function. (Diese Definition der Grenzen bietet mancherlei Vorteile.) Es scheint mir nun aus der Irreducibilität der Zweiteilungsgleichung für $p > 1$ zu folgen, daß eine von der Grundcurve rational abhängige derartige Berührungscurve nicht existirt.

Im Übrigen besteht zur Aufstellung von $\Psi(hxy)^2$ folgende Möglichkeit. Die in den $(n-1)$ von $h\hat{y}$ berührenden C_{n-1} bilden ein lin.[eares] System von ∞^p Curven. Eine derselben ist die ausgezeichnete $\Phi^{(2)}(h,x,y)$ meiner Abhandlung, und das gesammte System kann also in der Form

$$(C_{n-1}) \qquad \Phi^{(2)}(h,x,y) - F_{n-3}(x)(hxy)^2 = 0$$

ausgedrückt werden. Das Zweiteilungsproblem besteht also in der Bestimmung der p „Constanten“ von $F_{n-3}(x)$, so daß die Curve C_{n-1} paarweise zusammenfallende Schnittpunkte erhält.*[3] Der Umstand, daß diese „Constanten“ als rationale Functionen von y herauskommen müssen, scheint mir nur ein Ausdruck für die Art und Weise des Zusammenhangs der allgemeinen mit der speciellen Teilungsgleichung.[4] Vielleicht gestattet der Gegenstand in dieser Form eine tiefergehende Ausführung, was im Interesse der hier auftretenden irrationalen Covarianten erwünscht wäre.

Ihrer Einladung nach Göttingen Folge zu leisten, wird für mir sehnlicher aber auch vergeblicher Wunsch bleiben. Wie soll ich das ermöglichen?![5]

Hochachtungsvoll Ihr dankbarer G. Pick.[6]

---

1 PICK 1886a mit dem Beweis für den Satz, „dass die Gleichungen der complexen Multiplication irreducibel sind, selbst nach Adjunction der Quadratwurzel aus der Determinante, zu welcher die betreffenden Moduln gehören.“ (Zitat S. 219).

2 Die Abkürzung betrifft den Corrector des Verlags B.G. Teubner in Leipzig.

3 Fußnote von Pick: * *Will man die unger.*[aden] *Charakt.*[eristiken] *mitnehmen so muß man dem* $\Phi^{(2)}$ *noch einen Factor* λ *erteilen, welcher für diese Ch.*[arakteristiken] = 0 *wird.*

4 Vgl. zu speziellen Teilungsgleichungen KLEIN/FRICKE 1892: Erstes Kapitel. – Hieran knüpften an: Rudolf Fueter/Max Gut (1927), *Vorlesungen über die singulären Moduln und die komplexe Multiplikation der elliptischen Funktionen* (Leipzig: B.G. Teubner); Abschnitt IX: Berechnung der singulären Werte von t und der Teilungsgleichungen.

5 Es war ein finanzielles Problem; Pick konnte schließlich im April/Mai 1886 doch reisen.

6 Nach Picks Unterschrift folgen handschriftliche Notizen Kleins auf dem Briefbogen: hier *kursiv* gesetzt ([mit meinen Anmerkungen], R.To):
Mey. Edlich – 100 Cigarren.
6 Paar Manschetten
Manschettenknöpfe.
Schlipse.
[Im Leipziger Geschäft Mey & Edlich, gegründet von Ernst Mey (1844-1903) mit Teilhaber Bernhard Edlich (†1879), wollte Klein offensichtlich diese Dinge kaufen [lassen].]
Hegel. [Hier ist vermutlich Kleins Schwiegervater Karl Hegel (1813-1901) gemeint, dessen 73. Geburtstag am 7. Juni 1886 nahte.]
Nekrassoff [Mit Pavel A. Nekrasov (1853-1924), Moskauer Mathematische Gesellschaft, vereinbarte Klein den Schriftenaustausch mit den *Math. Ann.* und russischen Zeitschriften.]

Algebraregister. [Dies wollte Klein offensichtlich für seine erste in Göttingen angekündigte 4-stündige Vorlesung „Ueber die Auflösung der algebraischen Gleichungen" (SS 1886) vorbereiten; vgl. hierzu auch HELLER 2023].
Benekesitzung. [Die Philosophische Fakultät der Universität Göttingen hatte eine Preisstiftung zu Ehren des Philosophen Friedrich Eduard Beneke (1798-1854) angenommen. Damit war das Stellen von Preisaufgaben verbunden, wozu auch mathematische Preisaufgaben gehörten. Felix Klein beteiligte sich daran, vgl. TOBIES 2019: 414] –
Müller Maschke Haskell. [Hier handelt es sich um Personen, die ab SS 1886 an Kleins Göttinger Lehrveranstaltungen teilnehmen wollten. Ein Student *J. Müller* war als Hörer in Kleins Algebra-Vorlesung eingetragen ([UBG]7F: Bl. 155v). Heinrich *Maschke* (1853-1908), promoviert seit 1880, gelangte erst durch Felix Klein in Göttingen zu kreativer mathematischer Arbeit und erreichte eine Karriere in den USA. Der Amerikaner Mellen Woodman *Haskell* (1863-1948) war von SS 1886 bis SS 1889 in Kleins Hörerliste eingetragen, hielt vier Vorträge und promovierte 1890 mit dem Thema „Über die zur Kurve $\lambda^3\mu+\mu^3\nu+\nu^3\lambda=0$ im projectiven Sinne gehörende mehrfache Überdeckung der Ebene" (1890). (Zu Maschke und Haskell vgl. auch PARSHALL/ROWE 1994).

[61] 271

Prag, 10.3.86.

Hochgeehrter Herr Professor!

Anbei eine Darstellung der $\overline{\omega}$- Substitutionen, welche ich mir erlaube einzuschicken,[1] obwo[h]l sie in dieser viel zu breiten und wichtigtuerischen Form natürlich nicht publicirbar ist. Ich hatte eben beabsichtigt, eine neue und anständige Redaction noch jetzt vornehmen zu können, resp.[ective] die dazu nötige Zeit abzusparen. Außer der gewöhnlichen Behandlung ist auch noch interessant, die zugehörigen Raumcollineationen in Betracht zu ziehn wegen der hiebei erforderlichen Sätze über Zusammensetzung solcher Collineationen etc. Ich glaube, man müßte die Lösung folgenden Problems anstreben: Gegeben ist eine beliebige Zahl von Spiegelungen je durch das Centrum derselben. Es sind dieselben zusammenzusetzen, das heißt das Resultat in normaler Form darzustellen. Als normale Form gilt dabei: für Spiegelungen – Angabe des Centrums; für gewöhnliche Substitutionen – Angabe der (conjugirten) Axen und Fixirung der auf beiden vorhandenen Projectivitäten; für „Symmetrien" – Angabe der (conjugirten) Axen, von denen hier immer die eine als punktweise fest angenommen werden darf, und eines Spiegelungscentrums auf dieser festen Axe (außerdem Projectivität auf der anderen). Ob das dafür steht, weiß ich nicht, denn vielleicht ist die Lösung nicht sehr einfach.

Nun habe ich noch von einem Zweifel zu erzählen, der mich hie und da recht quält. Er betrifft [2]

$$\eta = s\left(\frac{1}{3},\frac{1}{n},\frac{1}{2}J\right).$$

Man schließt hier so: Durch die „auflösende Kraft" der ω-Ebene wird η eindeutig in ω, welches aber zunächst auf die positive Halbebene beschränkt ist. Es ist eigentlich keine Berechtigung vorhanden weiter zu gehen. Sowie wir aber überhaupt η eindeutig in ω vermuten, stellt sich notwendiger Weise die Möglichkeit der Fortsetzung über die reelle Axe hinaus ein; denn eindeutige Functionen müssen jedem Wert sich beliebig nähern können, und für positiv imaginäre ω bliebe ja η selbst auf ein kreisförmig begränztes Gebiet beschränkt, etwa auch auf die positiv imag.[inären] Werte. So scheint mir das Ganze ein Cirkel. Nicht daß ich gerade das Resultat arg bezweifle; nur die Schlußweise scheint mir illusorisch. Bemerken möchte ich nur, daß gerade die bekannten Fälle $n = 2,\ldots 6$ hier nicht als inductiv wertvoll gelten können; denn gerade bei diesen ist η aller Werte schon in der positiven ω-Halbebene fähig. Darf ich um Ihre Meinung über diese Scrupel bitten?

Soeben erhalte ich Ihren Brief. Darüber, daß ich bei allen Ärgernissen meiner Aufgabe treu bleibe, bitte ich Sie nicht im Zweifel zu sein. Auch glaube ich jetzt schon wieder mehr gegen künftige Enttäuschungen gefeit zu sein. Ich finde – unter steter Dankbarkeit für Sie – in der Arbeit das einzige Mittel gegen meinen Unmut.[3]

Möbius ist hier nicht aufzutreiben; ich habe seine Anschaffung für das Seminar für jetzt nicht erreichen können.[4] Ich möchte deshalb kurz meine Resultate wiederholen. In methodischer Beziehung ergiebt sich, daß die Untersuchung der festbleibenden Punkte keine principiell ausreichende Einteilungsweise abgiebt, insofern dabei Verwandtes getrennt, andererseits Grundverschiedenes zusammengeworfen würde. Vielmehr muß man die durch Wiederholung der Substitution sich ergebende gewöhnliche lineare Substitution zu Grunde legen. Diese kann sein:[5]

1) die Identität. Dann hat man Spiegelungen. Merkmal: Netz von festbleibenden Kreisen. a) erster Art, wenn das Netz einen Orthogonalkreis besitzt. b) zweiter Art, wenn kein solcher vorhanden ist (in proj.[ectiver] Ausdrucksweise: wenn der Orth.[ogonalkreis] keine reellen Punkte besitzt.)

2) parabolisch, elliptisch, hyperbolisch. (niemals loxodromisch). Darnach hat man parabolische, elliptische, hyperbolische „Symmetrien". Jede derselben besteht aus einer gleichnamigen Substitution und einer Spiegelung (erster Art) an einem der bei der letzteren Substitution festbleibenden Kreise. – Die Einteilung nach den festbleibenden Elementen würde lauten:

festbleiben	Substitutionen
die Punkte eines Kreises	Spiegelungen erster Art
zwei Punkte	hyperbolische Symmetrie
ein Punkt	parabolische Symmetrie
kein Punkt	elliptische Symmetrie und Spiegelung zweiter Art

Indem ich für die unordentliche Verfassung dieses Briefs um Entschuldigung bitte, verbleibe ich

hochachtungsvoll Ihr ergebenster Georg Pick.

1 Vgl. Brief [56].

2 Vgl. hierzu auch die Briefe [58] und [62].

3 „Unmut" wegen Otto Biermann und Berufungsfragen, vgl. die Briefe [57] bis [59].

4 Die *Gesammelten Werke* (4 Vols., Leipzig: S. Hirzel) von August Ferdinand Möbius (1790-1868) wurden von 1885 bis 1887 als Projekt der Kgl. Sächsischen Gesellschaft herausgegeben, woran Felix Klein maßgeblich beteiligt war, vgl. TOBIES 2019: 279–80.

5 Die Ausdrücke *elliptische*, *parabolische*, *hyperbolische* Substitutionen wurden eingeführt in KLEIN (1878: 122–24), *loxodromische Substitution* wurde in KLEIN 1883 erstmals benutzt. Zur Einteilung der Substitutionen vgl. schließlich KLEIN/FRICKE 1890: 163–83.

[62] 272

Prag, 14.3.86.

Hochgeehrter Herr Professor!
Mit der Arbeit an den Modulfunctionen bin ich schon wieder arg im Rückstand. Eine kleine Abhaltung in den letzten Tagen, viel mehr aber der Umstand, daß mir Kap. IV unter der Hand ganz verzweifelte Dimensionen annimmt, welche die ganze „Architektonik" über den Haufen zu werfen drohe, ist Schuld. Die Paragraphen fallen in der Regel doppelt so groß aus, als gewöhnlich, und trotzdem ich z.B. einen dreimal überschrieben habe, kommt immer wieder so ein Monstrum zum Vorschein. Und dabei scheint mir immer noch nicht alles klar genug! Irgend eine wesentliche Änderung wird, fürchte ich, unerläßlich sein.

Gerne hätte ich jetzt rasch Etwas publiziert. Ich füge mich aber natürlich Ihrem Rate, wobei ich mir das Eine vorbehalten möchte, die Arbeit dann doch unserer Akademie zu übergeben;[1] denn bei den Annalen sind doch die Aussichten auf raschen Druck so sehr gering.

Bezüglich der Function $\eta = s\left(\frac{1}{3}, \frac{1}{n}, \frac{1}{2} J\right)$ kann ich meine Scrupel nicht recht für beseitigt erklären. η als Function von ω kann entweder über die reelle Axe hinaus fortgesetzt werden, oder nicht. In beiden Fällen liegen wesentlich singuläre Stellen nur auf dieser Axe. Ist die Axe natürliche Grenze[2] so existirt innerhalb der positiven Halbebene ein Fundamentalbereich (Abbild der η -Figur), innerhalb dessen η jeden Wert annimmt, dessen es überhaupt fähig ist (und jeden nur einmal). Das Integral

$$\int d \log \frac{\eta - a}{\eta - b}$$

um die Berandung des Bereichs erstreckt ist 0, weil sich die einzelnen Bestandteile aufheben. Nimmt also η irgend einen Wert a an, so nimmt es auch jeden anderen b an, im Widerspruch mit der Begrenzung der Veränderlichkeit von $\eta = s\left(\frac{1}{3}, \frac{1}{n}, \frac{1}{2} J\right)$. Es bleibt also nur die Möglichkeit, daß sich η über die reelle ω-Axe hinaus fortsetzen lassen muß. Wie das zugeht, erkläre ich mir so. Das Abbild der η -Figur in der ω-Ebene besitzt unendlich viele rationale Punkte zu Ecken. Diese müssen sich also an irgend einer Stelle häufen, und dorthin möchte ich die Übergangslücke verlegen. Die gesammte Punktgruppe, welche in der η -Ebene von den $\frac{1}{n}$ -Ecken gebildet ist, erscheint eben in der ω-Ebene ganz auf die reelle

Axe gerückt, und das Continuum von Häufungsstellen der ersteren (Gruppe der Variablen η als abhängig von J) bildet eine passirbare Strecke der reellen Axe für die Veränderliche ω. Diese passirbaren Strecken legen sich aneinander, werden kleiner und kleiner, geben zu Häufungsstellen ihrer Endpunkte Anlaß: wesentlich singuläre Stellen der Function η von ω. Und sowie wir über die reelle Axe hinaus sind, hört die Berechtigung der in Frage gestellten Schlußweise auf. Ich brauche also gar nicht über den Umfang der Variablen η eine Entscheidung zu treffen. Aber in dieser Beziehung möchte ich nebenbei meiner Überzeugung Ausdruck geben, daß der Satz, nach welchem jede eindeutige Function jedem Wert beliebig nahe kommt, ausnahmsweise richtig ist. Allerdings kann ich nur von einer Gefühlsüberzeugung sprechen.

Im Ganzen habe ich mir so die Ansicht gebildet, man müsste mit allen Mitteln darauf hinarbeiten, sich der Abbildungen des Grenzkreises der η -Ebene in der ω-Ebene zu vergewissern. Das wäre ein erster Schritt, der über das Elementare hinausgeht. Nur daß ich vor Allem keine Zeit habe, die Sache so voll zu nehmen, wie sie es verdient. Ich glaube bei der Intensität meines Interesses daran, würde ich schon etwas herausbringen. Jedenfalls werde ich aber fachlich vertraut sein, wenn Papperitz[3] nun wirklich Fortschritte macht, obwo[h]l ich nicht verschweigen kann, daß „bequeme Leute" eben bequeme Leute sind, und daß die Sache nicht gerade bequem ist. Bitte, nehmen Sie mir diese etwas freie Äußerung nicht übel!

Wenn ich, wie sehr möglich, im Sommer keine Hörer bekomme, so kann ich <u>vielleicht</u> meinen Aufenthalt in Göttingen beträchtlich verlängern; wäre Ihnen das recht?

Es ist wo[h]l ohne Nachteil, wenn Sie mir Kap. I-III jetzt gleich zusenden, obgleich ich jetzt noch weit davon bin; ich möchte also darum bitten.

Hochachtungsvoll Ihr ergebenster Georg Pick.

1 Pick reichte bei der Kaiserlichen Akademie der Wissenschaften in Wien im Juni und Juli 1886 insgesamt vier Arbeiten ein, vgl. PICK 1886b, 1886c, 1886d, 1886e.

2 Vgl. zur *natürlichen Grenze* in Teil II. 5, Vortrag 2.

3 Klein hatte offensichtlich auf Papperitz Arbeit „Untersuchungen über die algebraische Transformation der hypergeometrischen Function". *Math. Ann.* 27 (1886) 315–56, verwiesen. Papperitz löste, angeregt durch Klein, in der Theorie der hypergeometrischen Funktionen ein auf Gauß und Riemann zurückgehendens Problem, woraus u.a. die Bezeichnung *Riemann-Papperitz-Differentialgleichung* resultierte. Zur Bedeutung der Arbeiten von Papperitz vgl. u.a. HILLE 1997. Papperitz habilitierte sich 1886 an der TH Dresden, wo er 1889 ao. Professor wurde; 1892 erhielt er eine o. Professur an der Bergakademie Freiberg.

[63] 273

Prag, 27.3.86.

Hochgeehrter Herr Professor!

In großer Eile und mit großem Bedauern über den schlechten Ausfall schicke ich eine Hälfte von Kap. IV. Ich habe in der allerletzten Minute nur noch die letzten Seiten überschrieben.

Ich kann etwa Sonntag 11. [April] (frühestens) in Göttingen eintreffen und nahe an 4 Wochen dort verweilen. Eine Verlängerung dürfte da doch kaum nötig sein, wenn die Zeit nur ausgenützt werden kann. Ich muß jetzt so schreiben, denn, was ich neulich andeutete,[1] ist doch nicht recht möglich.

Mittlerweile habe ich im Anschluß an Hurwitz Correspondenzen[2] einige kleine Selbstverständlichkeiten zu Tage gefördert, von denen ich Ihnen dann gerne erzählen möchte.

Noch möchte ich mitteilen, bei Sendungen und Briefen die Bezeichnung „Charaus" oder auch die Nummer 834 der Adresse zuzufügen. Es haben sich schon letzthin Unzukömmlichkeiten ergeben.

Molien hat mir nichts geschickt.[3]

Hochachtungsvoll Ihr ergebenster G. Pick.

---

1 Die Andeutung betraf einen evtl. längeren Aufenthalt von Pick in Göttingen, vgl. Brief [62].
2 Vgl. HURWITZ 1886; auch Brief [56], Anmerkung 6.
3 Zu Theodor Molien vgl. auch Brief [20].

[64] 274

Prag, 3.4.86.

Hochgeehrter Herr Professor!
Meine Reise nach Göttingen war die Tage hier ernstlich in Frage gestellt; auf welche Weise, das zu erklären, möchte ich mir für mündliche Erzählung versparen. Nur insofern ist jetzt noch ein störender Umstand vorhanden, als ich erst Montag (13ten)[1] von hier abreisen kann. Das wird Ihnen aber wahrscheinlich sogar erwünschter sein. Schlimmer ist, daß das Semester hier schon wieder am 8ten Mai beginnt, so daß für meinen Aufenthalt nicht mehr als drei Wochen herausschauen.[2] Schon jetzt aber möchte ich jedenfalls in Beziehung auf jene zweite Zusammenkunft, welche für die großen Ferien in Aussicht genommen war, sagen, daß ich keine Möglichkeit sehe, sie zu bewerkstelligen. Auch in dieser Beziehung habe ich ausführliche Erläuterungen zu geben. Es ist ja immer wieder die alte Sache: ich habe nicht die Entscheidung, sondern die Verhältnisse.

Ich bringe mit, was ich noch inzwischen zusammenflicke. Außerdem erlaube ich mir die $\overline{\omega}$-Substitutionen wieder, und eine Kleinigkeit bezüglich Correspondenzen neu mitzubringen. Soll ich über letzteren Gegenstand vielleicht früher auch an Pr.[ofessor] Hurwitz berichten? –
Folgendes ist, glaube ich, eine zwar selbstverständliche, aber doch constatirenswerte Sache. Curven von einem $p \geq 1$, auf denen (nichtanalytische) Correspondenzen analog den $\overline{\omega}$-Substitutionen existiren, sind identisch mit „reellen" Curven (insoweit die Realität überhaupt in den Moduln sich aussprechen kann.)

Hochachtungsvoll Ihr ergebenster Georg Pick.

---

1 Der 13. April 1886 war ein Dienstag.
2 Georg Pick weilte von Donnerstag, den 15. April 1886, bis ca. 2. Mai in Göttingen und anschließend bis zum 8. Mai in Erlangen (vgl. Briefe [65], [67]). Das SS 1886 begann an der Universität Göttingen am 28. April. Am Sonntag, den 2. Mai, lud Felix Klein die damaligen

Göttinger Privatdozenten Otto Hölder, Arthur Schoenflies (1853-1928), den Leipziger Privatdozenten Eduard Study (1862-1930) und Georg Pick zu sich nach Hause ein (Göttingen, Weender Chaussee 6), wie Hölder seinen Eltern berichtete (vgl. TOBIES 2019: 297–98).

[65] 275

Prag, 10.4.86.

Hochgeehrter Herr Professor!
Mannigfache Umstände, vor Allem derjenige, daß ich schon jetzt über meine Rückreise schlüssig werden muß, um der Vorteile eines Rundreisebillets teilhaftig werden zu können, sind die Ursache dieses Briefs. Ich stehe vor der Alternative, entweder über Berlin oder über Erlangen meinen Rückweg zu nehmen. Und hier möchte ich mir Ihren Rat erbitten. Es könnte ja sein, daß es für mich von Vorteil ist, mich in Berlin vorzustellen. Ob aber dazu jetzt der geeignete Moment ist, oder die Sache besser verschoben wird, darüber kann ich mir kein Urteil bilden. In der letzteren Voraussetzung würde ich die mir durch die Anwesenheit der Hrn. [Herren] Waelsch und Weiß gebotenen Gelegenheit zu einem nahezu kostenfreien Besuche von Erlangen benutzen.[1]

Vielleicht ist Ihnen meine Bitte überhaupt nicht verständlich. Und in der Tat steht ja so Vieles ganz anders als bei meinem letzten Besuch in Leipzig, daß mannigfache Aufklärungen nötig sind, um meine gegenwärtige Verfassung darzustellen. Ich hoffe dazu findet sich Gelegenheit, wenn ich erst in Göttingen bin.

Wenn Ihnen an einem oder zwei Tagen besonders gelegen ist, so würde ich bitten, diesen Brief telegraphisch zu beantworten. In diesem Falle würde ich spätestens Donnerstag in Göttingen eintreffen und Vormittags etwa gegen 11 Uhr vorzusprechen mir erlauben. Anderenfalls würde sich meine Ankunft bis etwa Samstag verzögern.

In der Hoffnung, daß die vielfachen Complicationen, mit denen diesmal meine Reise verknüpft ist, keine schlimmen Störungen im Gefolge haben, bleibe ich

hochachtungsvoll Ihr ergebenster Georg Pick.

1 Emil Waelsch und Wilhelm Weiß (vgl. in Teil I, Kapitel 3.6 und 3.7) hatten bei Klein studiert (1884/85; 1885), der sie in die Theorie algebraischer Funktionen und Anwendungen in der Geometrie eingeführt und die Fortsetzung ihrer Studien in Erlangen empfohlen hatte. Weiß promovierte dort 1887, Waelsch 1888 („Ueber das Normalensystem und die Centrafläche algebraischer Flächen, insbesondere Flächen zweiten Grades". *Nova Acta Leopoldina* 52 (1888) 287–312); vgl. auch TOBIES 2019: 203; 221–22. – Pick folgte Kleins Ansicht, dass er stärker vom Besuch in Erlangen profitieren könne, vgl. dazu Brief [67].

[66] 276

PROFESSOR [Dr. med. Filipp Joseph] PICK[1] an Felix Klein

Prag, 1 Mai 1886

Verehrter Herr Professor!
Empfangen Sie meinen wärmsten Dank für Ihr geschätztes Schreiben, es hat mich äußerst angenehm überrascht. Angenehm, weil mir eine Äußerung von Ihnen dop-

pelt wertvoll erscheint, indem sie seinerseits Georg u.[nd] seine Eltern, die zeitweilig recht muthlos geworden sind, wieder aufrichten u.[nd] mir einen festen Rückhalt bieten wird.

Was meine persönliche Ansicht anlangt, so glaube ich fest an Georgs Prädistination für die Mathematik u.[nd] die akademische Carriere, obwohl ich selbst mit der Mathematik auf dem gescheiterten Fuße lebe u.[nd] mir über seine Arbeiten gar kein Urtheil bilden kann.

Er muß wissen, wie ich über ihn und seine Zukunft denke, es mußte mich deshalb überraschen, daß er eine Äußerung von Ihnen mir gegenüber provocirte.

Daß Georgs sehnsüchtiger Wunsch nach einer seinem wissenschaftlichen Streben entsprechenden Stellung möglichst bald in Erfüllung gehe, erscheint mir nicht so sehr aus materiellen Gründen, als aus Rücksicht für seine geistige u. psychische Stimmung dringlich.

Die Grazer Vorschläge und die Brünner [Brno] Besetzung[2] haben allerdings deutlich gezeigt, daß er für die nächste Zeit bei uns mehr auf äußere als auf innere Gründe bei der Besetzung vakanter Stellen ankommen wird, daß insbesondere der Protection und dem Nepotismus[3] Thür u.[nd] Thor offen stehen, allein ich gebe die Hoffnung nicht auf, daß auch bei uns ein wahres Talent sich Bahn brechen werde u.[nd] daß für alle Fälle die Welt nicht an den schwarz gelben Pfosten[4] ihr Ende habe.

Und darin bestärkt mich vor Allem der glückliche Umstand, daß Georg in so nahe Beziehung zu Ihnen treten konnte.

Indem ich Ihnen nochmals meinen herzlichsten Dank sage für das freundliche Wohlwollen, welches Sie meinem Neffen gegenüber bethätigen, bleibe ich

Ihr hochachtungsvoll ergebener

Prof. Dr. Pick.

---

1 Georg Pick befand sich noch in Erlangen, als sein Onkel auf einen Brief Felix Kleins antwortete. Klein hatte Picks Onkel geschrieben, nachdem Georg Pick bei ihm in Göttingen gewesen war und mündlich seine Probleme geschildert hatte.

2 Zu Besetzungsfragen in Graz und Czernowitz vgl. die Briefe [50; 54] bzw. [59]. Brünn [Brno] hatte Georg Pick in Briefen an Klein nicht thematisiert. Er hatte sich dort an der Technischen Hochschule auf eine o. Mathematikprofessur beworben, die durch die Pensionierung von Karl Prentner (1823-1904) frei geworden war. Die Professur erhielt Emanuel Czuber (1851-1925) im März 1886 (vgl. dazu BEČVÁŘOVÁ 2016: 46).

3 *Nepotismus* [ital., lat.] Vetternwirtschaft.

4 Es sind die Grenzen Österreichs gemeint. (Die offizielle zivile Flagge für die österreichische Reichshälfte der Österreichisch-Ungarischen Monarchie trug die Farben Schwarz-Gelb).

[67] 277

Prag, 13.5.86.

Hochgeehrter Herr Professor!

Seit vier Tagen bin ich wieder in Prag, und ebensolange schon liegt ein angefangener Brief an Sie vor mir, den ich nicht vollenden kann, weil ich nicht die Ruhe gefunden habe, meine Erlanger Eindrücke gehörig zu sammeln und zu ordnen. Ich darf und will es aber nicht länger verschieben, Ihnen und Ihrer verehrten Frau

Gemahlin meinen wiederholten herzlichen Dank für Ihre übergroße Freundlichkeit zu sagen, welche meinen Göttinger Aufenthalt zu einer so angenehmen Erinnerung für mich gestaltet hat.

Samstag hoffe ich Ihnen ausführlich über Erlangen berichten zu können, ferner die invariante Darstellung von $\wp(u)$ etc. an der C_3, über welche ich in Erlangen im Wesentlichen in's Klare gekommen zu sein glaube, einzusenden.[1] Ich will nun doch (auch noch in der nächsten Woche) 2 kleine Noten redigiren; mit den Correspondenzen habe ich begonnen, und enthalte mich gewissenhaft von jeder weiteren Ausführung der Sache, um ja meinen erlaubten Termin nicht zu überschreiten.[2]

Von Erlangen jetzt nur so viel, daß ich weit über Erwarten mehr gefunden habe, als ich dachte. Wo mögen nur immer meine Vorurteile herkommen?

Noch muß ich Ihnen bestens für Ihren Brief an meinen Onkel danken. Er hat gute Wirkung getan. Denn wenn er auch noch so oft behauptet, von meiner Befähigung überzeugt gewesen zu sein – was er Ihnen auch in übertriebenen Ausdrücken geschrieben hat – so ist das doch offenbar mehr auf eine allgemeine unberechtigte Familieneitelkeit als auf eine irgendwie begründete Überzeugung zurückzuführen. Sie haben jener Eitelkeit – ohne es zu wollen – geschmeichelt, und ich vermute nur, daß auch Sie übertrieben haben müssen. Verzeihn Sie mir diese Äußerung, denn ich bin Ihnen von Herzen dankbar.

Mit vielen Empfehlungen an Ihre verehrte Frau Gemahlin und Fräulein Schwester, und Grüßen für die lieben Kinder[3] bin ich

hochachtungsvoll Ihr dankbar ergebener Georg Pick.

---

1 Zum von Weierstraß eingeführten Buchstaben $\wp$ vgl. in Teil I, Kapitel 3.5, auch Teil III.7; zu Abweichungen der Bezeichnungen bei Klein vgl. insbes. KLEIN 1885b; KLEIN/FRICKE 1890/92. – Zur invarianten Darstellung an die C_3 vgl. auch den folgenden Brief [68].

2 Klein hatte wohl Pick das Ausarbeiten dieser Note während des Göttingen-Aufenthalts nahegelegt (vgl. Brief [63]), aber auch auf dem Einhalten der Termine hinsichtlich des Monographie-Projekts „Elliptische Modulfunktionen" bestanden.

3 Kleins Ehefrau war eine Enkelin des großen Philosophen Georg Wilhelm Friedrich Hegel (1770-1831). Anna und Felix Klein hatten zu diesem Zeitpunkt drei Kinder, Sohn Otto (1876-1963), die 1879 geborene Tochter Luise und die erst ca. 10 Monate alte Sophie. Anna Kleins unverheiratete Schwester Sophie Hegel (1861-1940) weilte in dieser Zeit in Leipzig, unterstützte im Haushalt und absolvierte nebenher eine Gesangsausbildung. http://hillebrand.de/index.php?title=Nachruf_auf_Sophie_Hegel

[68] 278

Prag, 16.5.86.

Hochgeehrter Herr Professor!

Um einen Tag später,[1] als verabredet, schreibe ich, um gleich auch die Formel für $\wp(u)$ mitteilen zu können.[2] Wenn

$$a_x^3 = b_x^3 = c_x^3 = 0$$

die Gleichung der Curve[3] ist und man setzt

$$u = \int_y^x \frac{(\kappa x dz)}{a_\kappa a_z^2}, \text{ so wird}$$

$$\wp\,(u) = \frac{2a_\kappa b_\kappa a_x^2 b y_y^2 + a_\kappa b_\kappa a_x a_y b_x b_y - a_\kappa^2 b_x b_y (a_x b_y + a_y b_x)}{3(\kappa xy)^2}$$

$$\wp'\,(u) = \frac{2a_\kappa b_\kappa c_\kappa a_x a_y b_x^2 c_y^2 - a_\kappa^2 b_\kappa c_x c_y \left(a_x c_x b_y^2 + a_y c_y b_x^2\right) + a_\kappa^3 \cdot b_x^2 b_y \cdot c_x c_y^2}{(\kappa xy)^3}$$

Hiebei bedeutet κ irgendwelchen Punkt der Ebene, und kommt überhaupt nur <u>scheinbar</u> in den Ausdrücken vor. Zur Ableitung diente mir folgende Überlegung. Wenn y dem x unendlich nahe liegt, so ist

$$u = -\frac{(\kappa xy)}{a_\kappa a_x^2}, \qquad \text{also}$$

$$\wp(u) = \frac{1}{u^2} = \frac{a_\kappa a_x^2 \cdot b_\kappa b_x^2}{(\kappa xy)^2}$$

$$\wp'(u) = -\frac{2}{u^3} = \frac{2a_\kappa a_x^2 \cdot b_\kappa b_x^2 \cdot c_\kappa c_k^2}{(\kappa xy)^3}$$

Ich vermutete nun, daß die auftretenden Nenner beibehalten werden können, die Zähler dagegen aus in x und y symmetrischen Termen bestehn müssen, welche Invarianteneigenschaft besitzen und für $y = x$ zum Teile verschwinden, zum Teile die oben angegebenen Zähler ergeben. Zugleich war durch die letzteren der Grad in den Größen κ, x, y und die Ordnung in den Coefficienten im Vorhinein festgestellt. Die Zahl der möglichen Terme ist bei $\wp(u)$ sowo[h]l, als auch bei $\wp'(u)$ eine geringe. Die noch unbestimmten numerischen Coefficienten berechnen sich <u>mit Controlle</u> aus der Bedingung, daß die Ausdrücke von den κ unabhängig werden sollen, und mit Rücksicht auf die gegebenen Werte für $y = x$. Die erstere Bedingung erfüllt man am einfachsten so, daß man den Zählern, als Curven in den κ aufgefaßt, für $\kappa = x$ einen zweifachen resp. dreifachen Punkt erteilt. Ein gleicher entsteht dabei wegen der herrschenden Symmetrie auch bei $\kappa = y$, so daß in der Tat die beiden Zähler in die doppelt resp.[ective] dreifach gezählte Verbindungslinie der x, y übergehn.

Die Richtigkeit der so hypothetisch aufgestellten Formeln habe ich nun durch Übergang zur Weierstraß'schen Normalcurve[4] streng bewiesen. Für

$$\frac{2}{3} a_z^3 = 4z_1^3 - g_2 z_1 z_2^2 - g_3 z_2^3 - z_2 z_3^2$$

$$\begin{array}{lll} x_1 = \wp(v) & x_2 = 1 & x_3 = \wp'(v) \\ y_1 = \wp(w) & y_2 = 1 & y_3 = \wp'(w) \\ \kappa_1 = 0 & \kappa_2 = 0 & \kappa_3 = 1 \end{array}$$

wird nämlich $u = v - \bar{w}$, und die Formeln für $\wp(u)$, $\wp'(u)$ gehen in der Tat in die bekannten für $\wp\,(v-w)$, $\wp'\,(v-w)$ über.

Die Formeln sind vollständig garantirt.

Was nun $\sigma\,u$ angeht, so bin ich mir über die Wahl der Integrationsgrenzen bei dem Doppelintegrale nicht im Klaren. Vielleicht genügt es, daß die Verbindungslinien durch denselben dritten Punkt der Curve hindurchgehn, oder so ähnlich. – Wie man von den gefundenen Ausdrücken zu den Brioschi'schen[5] übergeht, darüber habe ich auch blos Vermutungen, und will mich damit jetzt nicht weiter aufhalten.

Soll und kann denn diese Ableitung publicirt werden, vorausgesetzt, daß die Formeln noch nirgends stehn? Ich setze voraus, daß die Art der Ableitung auch noch in höheren Fällen von Erfolg sein könnte, oder daß wenigstens die Verwendung des überflüssigen k allgemein indicirt ist.[6]

Bei Lindemann stehn pag. 653 (75) Formeln,[7] welche in irgend einer Weise die Auflösung der meinigen nach y sein müssen. Doch dürfte eine directe Verification hievon noch ihre Schwierigkeiten haben.

Eine Fortführung dieser Formeln müßte wo[h]l auf die $\sigma_{\frac{\lambda}{3},\frac{\mu}{3}}$ führen?*[8] Es wäre doch hübsch, alles das einmal beisammen zu haben, und ich glaube, daß sich formell dann die Anwendung der ell.[iptischen] Funct.[ionen] auf Curven dritter Ordnung noch eleganter gestalten würde, als bei Lindemann. – Was ich bei der Sache gelernt habe, ist, die symbolische Rechnung zu respectiren. Ohne die würde sich kaum bewältigen lassen, was mit ihr ohne sonderliche Mühe gemacht werden kann. Ich habe das noch in Erlangen nicht glauben wollen, trotzdem Gordan sehr bestimmt dergleichen aussprach, und ich sonst sehr geneigt bin, Autoritäten Glauben zu schenken. Nur, wenn er behauptet, daß das Schöne daran gerade sei, daß der einzelne Factor für sich keinen Sinn hat, so verstehe ich die Meinung noch nicht. Und wenn er gar der Idealtheorie daraus einen Vorwurf machen will – so habe ich wenigstens verstanden –, daß bei ihr die Primfactoren auch eine selbstständige Existenz haben, so klingt das doch paradox. Ich möchte doch einmal z.B. aus Dedekind – Weber das eigentlich neue, das ist: die wirkliche Aufstellung der Differentiale in einer als rational zu bezeichnenden Form, herausschälen, um zu zeigen, daß auch diese Art der Betrachtung ihre guten Früchte trägt, wenn sie auch in der Mehrzahl der Fälle hinter der invariantentheoretischen Behandlung zurückstehn muß.

Verzeihn Sie, wenn ich nun den Bericht über Erlangen abermals verschiebe, weil ich möchte, daß dieser Brief noch heute abgeht. Ich will nun, wenn Sie die Publication der beiden Formeln angezeigt finden, die $\vartheta(u_r(x) - pu_r(y))$ und die Formeln fertig redigiren, und laufe also voraussichtlich Donnerstag oder Freitag wieder in den Hafen der Modulfunctionen ein.

Über die ϑ habe ich, aber ohne eine wo[h]lwollend klingende Seite zu berühren, mit Professor [Max] Nöther gesprochen. Die Sache ist ja übrigens auch kein Wo[h]lwollen wert.[9]

Mit vielen Empfehlungen an die werten Ihrigen

hochachtungsvoll Ihr dankbarer Georg Pick.

1 Pick versprach in Brief [67], am Samstag zu schreiben; der 16. Mai 1886 war der Sonntag.
2 Pick versuchte hier eine „invariante Darstellung von $\wp(u)$ etc. an der C_3“, was er mit Gordan in Erlangen besprochen hatte (vgl. Brief [67]). Das Ergebnis floss in PICK1886b sowie in PICK 1887b; die benutzte Symbolik ist dort erklärt. Vgl. auch KLEIN/FRICKE 1892: 6ff.
3 Hier ist eine ebene Curve dritter Ordnung ohne Doppelpunkt gemeint, vgl. PICK 1887b: 310.
4 Hier ist die *Weierstraßsche Normalform* gemeint, die eine bestimmte Form von Gleichungen darstellt, die elliptische Kurven beschreiben, wobei elliptische Kurven spezielle algebraische Kurven sind, auf denen geometrisch eine Addition definiert ist. $\wp$(u) und $\wp$'(u) parametrisieren diese Normalcurve. Vgl. HURWITZ 1922: 154–55, und zu Weiterentwicklungen im Gebiet ZAGIER 1990.
5 Klein hatte Brioschis Ergebnisse zu Kovarianten, auch mit Bezug zu Hermite, in die *Mathematischen Annalen* gebracht, vgl. Brioschi, F. (1877): „La Théorie des formes dans l'integration des équations différentielles linéaires du second ordre“. *Math. Ann.* 11 : 401–11. In PICK (1887b) ist u.a. erklärt, wie der Übergang von seinen Formeln („ein elliptisches Gebilde in Form einer allgemeinen ebenen Curve dritter Ordnung“ betreffend) zu Ausdrücken von Hermite-Brioschi vollzogen werden kann – und damit auch zur Weierstraßschen Normalform.
6 *indizieren* [lat. indicare] anzeigen, hier: (allgemein) etwas erkennnen lassen.
7 Dies bezieht sich auf CLEBSCH/LINDEMANN 1876.
8 Fußnote von Georg Pick: * *mit Hilbert's Hilfe*. – Vgl. Brief [47], Anm. 2, zu David Hilbert.
9 Daraus entstand PICK 1886e, eine in KLEIN/FRICKE (1892: 270) besonders erwähnte Arbeit.

[69] 279 [Postkarte – Korespondenčni listek]

Prag, 20.5.86.

H.[ochgehrter] H.[err] Pr.[ofessor]! Der Formelsegen wird immer größer und größer. Ich habe jetzt eine ganze Serie neuer Formeln, die von drei Punkten der C_3 symmetrisch abhängen, und aus denen Brioschi unmittelbar folgt.[1] Argument ist dabei das Integral erstreckt von dem dritten Schnittpunkt der Verbindungslinie zweier von den Punkten x, y, z bis zu dem dritten Punkt. Ich redigire über Hals und Kopf eine blose Zusammenstellung ohne Beweis mit einer kurzen Einleitung.[2] Die Sache hat jetzt doch, ohne daß ich darauf Anstrengung verwendet hätte, einen hübschen Abschluß bekommen. Nämlich die Formel für das neue $\wp(u)$ steht schon unter dem Doppelintegral $Q(x,y)$, und so hat sich Alles von selbst dargeboten.
Mit der Bitte um Entschuldigung wegen meiner häufigen Zuschriften
Ihr hochachtungsvoll ergebener G. Pick.

1 Vgl. Brief [68], Anm. 4.
2 Vgl. PICK 1886b.

[70] 280

Prag, 20.5.86.

Hochgeehrter Herr Professor!
Zwischen der Redaction der ϑ(-Correspondenzen), mit welchen ich noch meine liebe Not habe, ist eine Formel für die σu fertig geworden; ich bitte um Entschuldigung, wenn ich nun gleich wieder mit der Mitteilung belästige. Es sei wie früher

$$u = \int_y^x \frac{(\kappa x dz)}{a_k a_z^2},$$

und es werde $Q\,(x, y) =$

$$-\int_y^x \int_y^x \frac{(\kappa \xi d\xi')}{a_\kappa a_\xi^2} \cdot \frac{(\kappa' \xi' d\xi')}{a_{\kappa'} a_{\xi'}^2} \cdot \frac{-a_z a_\xi^2 \cdot b_z b_{\xi'}^2 + a_z a_\xi a_{\xi'} \cdot b_z b_\xi b_{\xi'} - a_z^2 b_\xi b_{\xi'} (a_\xi b_{\xi'} + a_{\xi'} b_\xi)}{3(z\xi\xi')^2}$$

gesetzt. Dann ist

$$(\sigma u)^2 = \frac{(zxy)^2}{a_z a_x^2 \cdot b_z b_y^2} \cdot e^{Q(x,y)}.$$

z bedeutet dabei einen willkürlichen Punkt <u>der Curve</u>, von welchem natürlich σu gänzlich unabhängig ist. Dieses ist dann auch der Haken, den die Sache noch hat. Mit der Einführung dieses Punkts hat es nämlich die Bewandtnis, daß durch ihn wieder die hyperelliptische Eigenschaft des Gebildes in Benutzung gezogen wird. Das giebt eine schlechte Perspective für die höheren Fälle, etwa die C_4. Ich wünschte eine Formel die keinen <u>Curven</u>punkt zu Hilfe zieht, sehe aber keine Aussicht dazu. Immerhin stelle ich jetzt die drei Formeln (im Sinne Ihrer Karte) zu einer kurzen Note für unsere Akademie zusammen,[1] und man muß abwarten, ob sich später einmal die Sache bessern läßt.

Morgen und übermorgen kommt nun zum zweiten Male großer Umzug. Ich beziehe mit der Familie meines Onkels[2] ein kleines Häuschen in einem Park in unmittelbarer Nähe der Stadt; einmal war schon Alles vorbereitet, worauf ein kleines Unwo[h]lsein in der Familie uns zwang, die Übersiedelung zu verschieben. Ich schreibe das, um zu erklären, wieso ich nun das zweite Mal zwei Tage ausschließlich zur Überlegung ohne Papier und Feder benutzen muß, was mir übrigens sehr willkommen ist. Meine Adresse ist die meines Onkels (II. Breitegasse 41); ich komme täglich dahin.

Hochachtungsvoll Ihr dankbarer Georg Pick.

1 Pick reichte die Arbeit für die Wiener Akademie-Sitzung am 4. Juni 1886 ein.

2 Zur Familie des Onkels Filipp Joseph Pick und seiner Ehefrau Mathilde Pick (geb. Stein) gehörten – wie in Kapitel I genannt – drei Söhne, alle jünger als Georg Pick: der spätere Internist und Medizinhistoriker Professor Dr. Friedrich Pick, der spätere Dermatologe Dozent Dr. Walther Pick sowie der spätere Chemiker Dr. Hans Pick, der im Mai 1942 von Prag nach Lublin transportiert und ein Opfer des Holocaust wurde.

[71] 281

Prag, 24.5.86.

Hochgeehrter Herr Professor!

Vor Allem danke ich für Ihren zustimmenden Brief und die bewilligte Frist. Inzwischen hatte ich mich auf schleunigen Abschluß eingerichtet (wiewo[h]l mir die Perspective auf höhere Fälle klar war), und will eben jetzt eine blos vier Seiten lange Note nach Wien schicken. Die Zeit, die mir nur gegeben ist, denke ich so zu benützen, daß ich eine anständige Darstellung desjenigen, was bis jetzt da ist, verfasse, und jedenfalls versuche, ob ich nicht noch weiter komme. Principiell finde ich noch rätselhaft, warum die Formeln gerade durch die Bedingung, von dem Hilfspunkt κ unabhängig zu sein, schon völlig bestimmt sind. Hier liegt entweder ein allgemeines Gesetz zu Grunde (daß Covarianten ähnlicher Structur stets Functionen der <u>einen</u> Veränderlichen $\int_y^x \ldots$ darstellen, oder meine Art, zu den Formeln zu gelangen, wird in den höheren Fällen unzureichend. Ich vermute das Erstere, und hoffe eventuell leicht einen Beweis zu finden. (Denn natürlich, glaube ich, muß man immer auch die Formeln der ersten Art $\left(u = \int_y^x \right)$ aufstellen.)

Was σu bei der Definition

$$u = \int_{u_z=0}^{x,y,z} \ldots\ldots$$

angeht, so gewinnt es die wünschenswerte Symmetrie wo[h]l erst, wenn man ein <u>drei</u>faches Integral ($\int\int\int d\varphi\, d\psi\, d\chi\, \wp'(\varphi + \psi + \chi)$) in den Exponenten setzt. Ich habe das aber noch nicht ausgeführt.

Schnell geht es mir mit den Correspondenzen. Ich kann mich nicht entschliessen damit ganz zu brechen und andererseits wieder nicht zu publiciren, ohne wenigstens folgenden Punkt erledigt zu haben. Die Anzahl der Nullstellen von

$$\vartheta\ \{pu_{\mathrm{r}}(x) - u_{\mathrm{r}}(y)\},$$

als Function von x betrachtet, giebt um p vermindert, die Zahl der Weierstraßpunkte, also wie bekannt $p^3 - p$. Wie ist nun ein μ-facher W.[eierstraß]-Punkt, also ein μ-facher Nullpunkt von δ zu charakterisiren, d.h. wie liegen seine Lücken? [1] Dahinter kann ich schlechterdings nicht kommen, obwo[h]l ich ein Gesetz, welches ganz plausibel ist, inducire[2]. Nämlich

$$\mu = \sum \mathit{Lücken} - \sum_{\nu=1}^{p} \nu \quad ,$$

↓ *gewöhnliche Lücken.*

was im hyperbolischen Falle stimmt.

Ich habe Roch[3] noch nicht nachgesehn, zweifle aber, ob da <u>die nötige</u> Hilfe zu haben ist.

Hn. [Herrn] Wälsch [Waelsch] teile ich die Ableitung der Formeln nächstens mit, in der Hoffnung, ihn dadurch bei den C_4 behilflich zu sein.[4] In Eile

Ihr hochachtungsvoll ergebener

G. Pick

---

1 Zu Weierstraß' „wesentlich singulären" Punkten vgl. HURWITZ (1922: bes. 49–58). PETERSSON 1950 diskutiert ebenfalls die Lückenbedingung; zum historischen Überblick über die Bedeutung der Weierstraß-Punkte für die Untersuchung algebraischer Kurven, vgl. DEL CENTINA 2008.

2 *inducire* [lat.] mir vorstelle.

3 Klein hatte Pick auf Gustav A. Roch (1839-1866) verwiesen. G. Rochs Arbeit „Ueber die Anzahl der willkürlichen Constanten in algebraischen Functionen" (*Crelle Journal* 64 (1865): 372–76) enthält den Beweis eines Satzes, der in BRILL/NOETHER (1874: bes. 280–98) algebraisch ausgearbeitet und als *Satz von Riemann-Roch* bezeichnet wurde. DEDEKIND/WEBER (1882: bes. 274–281) gaben dafür einen neuen Beweis, über den Klein im Seminar des SS

1885 referieren ließ ([Protokolle] Bd. 7: 10–26). Vgl. auch KLEIN 1926: 308ff. – PETERSSON 1950 benutzt den Riemann-Rochschen Satz als eine methodische Grundlage.

4 Emil Waelsch arbeitete zu dieser Zeit noch in Erlangen an seiner Dissertation zum Gebiet der Theorie algebraischer Flächen (vgl. Brief [65]).

[72] 282

Prag, 5.6.86.

Hochgeehrter Herr Professor!

Es ist wo[h]l selbstverständlich, daß ich nicht von so viel berichten kann, als Sie. Ich bin noch in der ersten Hälfte von Kap. 2 (mit welchem ich zunächst begonnen habe) und zwar bei der Verification der Verwandlungstafeln. Ich empfinde wieder, wie schwer mir die allgemeinen Auseinandersetzungen (als Fundamentalpolygon, Fortsetzung, Lückenlosigkeit etc.) werden; weshalb ich fortan mich durchaus auf ganz concrete Dinge beschränken werde, um erst späterhin mich an das Andere heranzumachen. So wird das entschiedener vorwärts gehn.

Gestatten Sie mir nun noch von den Abel'schen Integralen zu erzählen, welche ich ja allerdings vor 5 Tagen pünktlich aufgesteckt habe, hoffentlich nicht für immer.[1] Ich habe mir eine allgemeine Ansicht gebildet, die ich darlegen möchte. Zu wie viel Veränderlichen soll man aufsteigen? Ich glaube, wenn auf dem Gebilde eine (irgendwie ausgezeichnete) g_m^n existirt, so ist man berechtigt, mit Beruhigung in dem Raum von n Dimensionen zu verbleiben. Z.B. dürften alle Galois'schen Resolventen mit Vorteil im binären Gebiet zu behandeln sein. Ich habe dann für die Irrationalität $\sqrt[m]{f(x)}$ nach diesem Princip vorläufig das $Q_{xy}^{x'y'}$ aufgestellt,[2] und vermute bei jeder Galois'schen Resolvente die Existenz von Fundamentalsystemen einer besonderen Beschaffenheit, durch welche die richtige Einführung der in dem gegebenen Bereich rationalen Covarianten ermöglicht wird. Es sind indeß noch gewisse anderswo liegende Schwierigkeiten vorhanden, welche sich der Weiterführung entgegenstellen, die ihren Grund wo[h]l hauptsächlich darin haben, daß ich mich bisher allzu ängstlich an das Integral dritter Gattung im gewöhnlichen Sinne gehalten hatte.

In gewohnter Hochachtung Ihr ergebenster Georg Pick.

1 Vgl. PICK 1887c.

2 Zum invariantentheoretisch ausgezeichneten Integral Q, das Klein beim Übergang von den Theta- zu den Sigmafunktionen aufstellte, siehe KLEIN 1886b und Teil I, 3.4. – In Picks Arbeit „Ueber Abel'sche Functionen" (PICK 1887c: 261) ist dieses hier im Brief genannte (Doppelintegral) $Q_{xy}^{x'y'}$ benutzt.

[73] 283

Prag, 10.6.86.

Hochgeehrter Herr Professor!

Es wäre nutzlos, darüber zu sprechen, wie unerwartet und geradezu unangenehm mich Ihr gestriger Brief berührt hat. Besser ist es, wenn ich gleich meine unumwundene Antwort sage. Das Aufgeben des Unternehmens bedeutet für Sie nichts, was Sie nicht einzig und allein mit sich selbst auszumachen hätten. Daß hingegen für mich die gewichtigsten äußeren Rücksichten vorhanden sind, welche mich zwingen, um jeden Preis an demselben festzuhalten, habe ich schon oft genug betont. Eines der schwerwiegenden Argumente für viele: wie darf ich es auf den Eindruck ankommen lassen, welche das Aufgeben des Buch's auf jene Gruppe von Leuten machen würde, von welchen in erster Linie meine Zukunft abhängt? Und darauf, daß dieser Eindruck, wie unfehlbar geschehn würde, von gewisser Seite in sehr schlimmer Art ausgenützt würde?

Glauben Sie mir, daß ich schon oft mit tiefsten [sic!] Bedauern daran gedacht habe, daß überhaupt Jemand von der Sache Etwas weiß, wenn mir gleich klar ist, daß meinerseits die Mitteilung an meine hiesigen Bekannten eine einfache Notwendigkeit war. Denn sonst wäre mir die von Ihnen vorgeschlagene Lösung längst die erwünschte gewesen; wie ich Ihnen ja gar nicht ausdrücklich zu sagen brauchte.

Ich wiederhole also: <u>Ich halte an dem Unterfangen fest, wie immer Sie sich dazu stellen mögen, einfach, weil ich muß</u>.

Hingegen scheint es mir sehr überlegenswert, ob im Hinblicke auf eine raschere Abwickelung nicht an eine Publication des ersten Teils für sich gedacht werden könnte. Allerdings müßte er dann ganz überarbeitet und mit einigen originellen Bereicherungen – ich denke vor Allem an die vermehrte Einführung der Invariantentheorie (im Sinne Ihrer hyperell. Σ-Functionen) versehn werden.

Wie dem immer sei, ich hoffe, Sie erkennen meine Nötigung an, Ihren Vorschlag, so weit er meine Person angeht, abzulehnen. Wenn Sie nun wieder zu dem Modus zurückzukehren wünschen, welcher vor meinem Besuche in Göttingen beliebt war, so muß ich das ruhig geschehn lassen, und mich mit der Genugtuung trösten, zu sehn, daß auch Sie das Bedürfnis fühlen, mühselige Arbeit, die den Arbeiter nicht mehr fördert, abzugeben.[1]

In der Hoffnung auf baldige Nachricht

Ihr hochachtungsvoll ergebener G. Pick.

1 Hier ist unklar, welchen Modus Pick meinte. Beim Aufenthalt in Leipzig (Silvester 1885) war ein 14-tägiger Rhythmus für das Senden neu bearbeiteter Kapitel vereinbart worden.

[74] 284

Prag, 16. Juni 86.

Hochgeehrter Herr Professor!

Verzeihen Sie die Verzögerung in der Beantwortung Ihres letzten Briefs; die Sache mußte überlegt werden. Ich glaube, sie steht jetzt so. Mein Brief[1] war leider die Veranlassung der im Gange befindlichen Erörterung. Denken Sie doch den Brief weg, der ja geschrieben worden ist, nachdem ich kaum eine Woche wieder an der Arbeit war, und vielmehr die Absicht hatte, noch ein letztes Mal von den anderen Dingen zu erzählen, als über meine Modulverfassung ernsthaften Bericht zu geben. Dann bleibt in der Tat einzig und allein der Ihrerseits vorhandene Grund, welcher dem Einhalten des zu Ostern verabredeten Modus entgegensteht.

Ich kann also gar Nichts Anderes tun, als die Entscheidung in Ihre Hand wieder zurückzugeben, Folgendes aber muß ich dazu bemerken. Die Art, wie ich jetzt an der Sache arbeite, ist von der früheren gar nicht verschieden und kann es nicht sein. Auch jetzt habe ich doch, allerdings mit sehr gebundener Marschroute, aber in Bezug auf die Darstellungsform frei meinen Weg zu suchen. Für den Ausgang des Ganzen nur ist die neue Vorkehrung getroffen, wonach es nicht mehr so gar traurig sein wird, wenn ich eine Partie ganz verfehle od.[er] dgl.[dergleichen]. Dafür, daß Sie jetzt den ganzen Plan zu Abth.[eilung] I umstoßen, kann ich freilich nicht verantwortlich sein. So bedeutsame Abänderungen zu treffen, habe ich mich nie berechtigt gehalten, auch nicht ernsthaft denken können, dgl.[dergleichen] vorzuschlagen; denn immer war ich vollständig durchdrungen von dem Bewußtsein, daß ich nicht <u>mein</u> Buch schreibe, daß ich, wie Gordan mir in Erlangen sehr deutlich auseinandergesetzt hat, nur die „Maschine“ sei, welche die Arbeit zu besorgen hat. Er hat mir wahrlich damit nichts Neues gesagt, wenn es mich auch einen Augenblick gekränkt hat, mit Hn.[Herrn] Kerschensteiner[2] in einen Topf geworfen zu werden.

Um mich nicht selbst ganz fallen zu lassen, tröste ich mich mit der folgenden Formulirung der Erfahrungen des letzten Jahres: Man kann nicht ein fremdes Buch schreiben; man kann dazu höchstens Material liefern. Dieses letztere weiterhin zu tun in der Form von Ausarbeitungen der mir gegebenen Disposition, bin ich vollkommen entschlossen. Vor den Leuten genügt es mir in jeder Weise, wenn die Sache nur überhaupt zu Stande kommt, und ich selbst werde jede Gelegenheit ergreifen, um den <u>bescheidenen</u> Umfang meiner Beteiligung Jedem gegenüber klar zu stellen. Genügt Ihnen diese Versicherung für den Fall, daß Sie den neuen Modus wieder aufnehmen wollen? Übrigens – dem <u>Verständigen</u> wird die Sachlage aus dem Buch selbst sofort klar sein.

Mit größter Hochachtung Ihr ergebener Georg Pick.

1 Hier ist Brief [72] gemeint, in dem Pick begeistert über neue mathematische Ideen berichtet hatte und nur marginal über das Editionsprojekt.

2 Georg Kerschensteiner (1854-1932) edierte Gordans *Vorlesungen über Invariantentheorie* (KERSCHENSTEINER/GORDAN 1885/87). Er hatte an der TH München studiert (bei Klein war er nur in der Vorlesung Analytische Mechanik, WS 1879/80, eingeschrieben) und promovierte 1883 mit dem von A. Brill gestellten Thema *Über die Kriterien für Singularitäten rationaler Kurven vierter Ordnung* an der Universität München. Kerschensteiner erreichte einen Namen als Gymnasiallehrer, Münchner Stadtschulrat und als Vertreter der Arbeitsschulpädagogik. Sein Buch *Wesen und Wert des naturwissenschaftlichen Unterrichtes* (München-Düsseldorf: E. Oldenbourg, [1]1913, [4]1952) enthält die folgende Widmung: „Dem Andenken seines hochverehrten Lehrers Felix Klein, dem unermüdlichen und erfolgreichen Förderer des mathematischen und naturwissenschaftlichen Unterrichts“.

[75] 285

Prag, 23.6.86.

Hochgeehrter Herr Professor!
Verschiedene äußere Umstände haben mich abgehalten, Ihren letzten Brief umgehend zu beantworten, ich bitte wegen der Verzögerung um Entschuldigung. Ich

unterwerfe mich selbstverständlich Ihrem Vorschlage, so sehr Sie indirect seine Aussichtslosigkeit constatiren, und werde also zum Schlusse dieses Monats mein Material übersenden.

Daß Ihr Brief mit den Nachrichten von Ihrem Befinden[1] mich sehr unangenehm berührt hat, brauche ich nicht erst zu sagen; doppelt unangenehm, weil ich gerade in dieser Zeit Ihnen vielleicht mehr als sonst in die Quere gekommen bin. Würden Sie so gütig sein, mir, wenn die nächste Gelegenheit kommt, auch wieder von Ihrem Befinden Nachricht zu geben?

Wegen des Folgenden muß ich nun ausdrücklich bemerken, daß ich gegenwärtig keinerlei Allotria treibe. Ich möchte Ihnen doch mitteilen, daß ich aus den Abel'schen Functionen mit Invariantentheorie glücklich drei Nötchen fabricirt habe: 1) Elliptische Functionen; 2) Abel'sches Integral dritter Gattung bei ebenen C_n ohne Doppelpunkte; 3) Dasselbe im binären Gebiete bei $\sqrt[n]{f(x)}$. *[2] Die invarianten Bildungen auf die ich allenthalben stoße, sind höchst merkwürdig und ich zweifle nicht, daß es möglich sein wird, complicirtere Dinge, wie etwa die[,] die unteren Grenzen des Umkehrspr.[oblems] ausschneidenen Berührungscurven u. dgl.[dergleichen], unmittelbar anzuschreiben. Ich muß nur einmal [Max] Nöther's Rationale Aufstellung ansehn.[3]

Mit größter Hochachtung bin ich Ihr ergebener Georg Pick.

---

1 Klein schrieb am 26.6.1886 an Hurwitz: „Seit ich Ihnen zuletzt schrieb, ist es mir schlecht gegangen. Ich habe einige Wochen Asthma und sonstige Beschwerden gehabt und bin nun zu der Ansicht gekommen, dass ich stark überarbeitet bin und dringend der Ruhe bedarf." [UBG] Math.Archiv 77: 158.

2 Fußnote von Pick: **Dieses ist ein rechtes Schülerstückchen, aber für unsere A.[kademie] gerade gut genug*! Vgl. PICK 1886c, 1886d, 1886e.

3 Pick meinte NOETHER 1883 (vgl. Brief [46]); was Klein in seinem Seminar des SS 1885 durch Wilhelm Weiß hatte analysieren lassen ([Protokolle] Bd. 7: 51–64), vgl. Brief [65]).

[76] 286

Prag, 28.6.86.

Hochgeehrter Herr Professor!

Ihr gestern angekommener Brief soll wo[h]l nichts daran ändern, daß ich Ihnen dieser Tage Manuscript einsende? Ich will das auf jeden Fall tun, da Sie ja immer frei verfügen können, ob Sie dasselbe durchsehn wollen oder nicht. Was sich zuletzt mit dem wird anfangen lassen, was ich in den nächsten Monaten zu Stande bringe, ist von meinem Standpunkte aus keine augenblicklich drängende Frage.

Ich kann nur die Hoffnung aussprechen, daß Sie, hochverehrter Herr Professor, von Ihrem jetzigen leidenden Zustande recht bald sich völlig erholen werden.[1] Vielleicht, daß dann wieder der gewiß normalere Fall eintritt, daß Sie zuversichtlicher (und ich zaghafter) über die Modulfunctionen denken.

Was nun Ihre sehr überraschende Mitteilung bezüglich der Breslauer Privatdocentur[2] anlangt, so habe ich vor Allem meinen besten Dank auszusprechen. Ich glaube nicht annehmen zu können, daß sich augenblicklich etwas Besseres oder ebenso Gutes für mich anderswo ergeben dürfte, und also würde ich meinerseits jetzt ohne langes Besinnen darauf eingehn. Das Zustandekommen ist aber wo[h]l, wie Sie ja selbst bemerken, nicht zu wahrscheinlich. – Ich sehe in der Sache jedenfalls mehrere Vorteile, unter denen der von Ihnen erwähnte, wenn er auf die Beziehung zu meinem Onkel hinauslaufen soll, der geringste ist. Viel lieber deute ich Ihre Worte auf meine hiesige mathematische Umgebung, die in der Tat Alles zu wünschen übrig läßt.

Mit größter Hochachtung Ihr ergebener Georg Pick.

1 Klein notierte über Ende Juni 1886, dass er einen Bericht an den Ministerialdirektor Friedrich Althoff (1839-1908), Preußisches Kultusministerium, verfasst habe und dass es „allerlei Krankheit" gegeben habe ([UBG] Cod. Ms. F. Klein 22 L. Personalia, Bl. 1; in JACOBS 1977).

2 Klein hatte Pick über die Möglichkeit einer Umhabilitation (Privatdozentur mit Stipendium) an die Universität Breslau informiert; Breslau gehörte von 1742 bis 1945 zu Preußen.

[77] 287

Prag, 1.7.86.

Hochgeehrter Herr Professor!

Im Grunde ist es nutzlos, daß ich Ihnen heute einiges Manuscript einsende. Denn erstens befindet sich dasselbe in einer so primitiven Gestalt, daß es nur für den Schreiber selbst brauchbar ist, und zweitens ist es lückenhaft, weil ich zunächst möglich[st] weit kommen wollte, ohne literarische Behelfe, jene Paragraphen weglassend, welche im Wesentlichen Literaturreferate sind. (Etwa Untergruppen nach Gierster u. dgl.).

Im Speciellen habe ich Folgendes zu bemerken. §§ 1–3 fehlen; ich habe sie zwar durchgearbeitet, aber dann keinen Text abgefaßt, weil ich schon zu lange dabei war, und gern vorwärts kommen wollte.

Allgemeine Auseinandersetzungen werden Sie nur oberflächlich skizzirt (für die nächste Überarbeitung fixirt) finden. Dies werden Sie wo[h]l billigen.

Fundamentalpolygon für die specielle Teilungsgleichung ist eine ziemlich heikle[1] Angelegenheit, welche mir schon den zweiten Arbeitstag nimmt. Steht die Sache wirklich dafür?

Mein durchgängiges Schwanken hinsichtlich der Oekonomie der Darstellung (Hinüberziehn von Angelegenheiten eines Kapitels in ein anderes ist ja häufig unabweislich und nur das Maß unterliegt dem Zweifel) ist mir sehr bewußt; aber auch das wird sich, wie ich hoffe, bei nächster Überarbeitung ausgleichen.

Ich brauche kaum zu sagen, daß der Beitrag des kommenden, hoffentlich ruhigeren, Monats viel reichlicher ausfallen wird. Für diesmal habe ich auch wegen fehlender Titel um Entschuldigung zu bitten, falls Ihnen die Durchsicht dadurch erschwert würde.

Ich möchte nun noch die Bitte hinzufügen, mir das Scriptum möglichst bald zurückzusenden, weil ich von den darin enthaltenen Details keine anderweitigen Aufzeichnungen besitze.

Hochachtungsvoll Ihr ergebener Georg Pick.

1 *heikel* schwierig, problematisch, kompliziert.

[78] 288

Prag, 6.7.86.

Hochgeehrter Herr Professor!
Heute habe ich Ihren Brief und Sendung erhalten, und danke bestens. Das Polygon der Teilungsgleichung (für Primzahlgerade) besteht aus $\frac{n-1}{2}$ Modulargleichungspolygonen, welche paarweise durch je zwei $\widehat{\rho i \rho}$ Kanten zusammenhängen. Die Fläche ist sowo[h]l für $J = 1$ als für $J = 0$ schon regulär, bei $J = \infty$ sind aber $\frac{n-1}{2}$ n-fache Cyclen und $\frac{n-1}{2}$ freie Blätter. Geschlecht in allen Fällen $\frac{(n-5)(n-7)}{24}$, wie denn das Polygon übrigens nicht mehr von einem quadratischen Charakter abhängt.

Die Zahlen für zusammengesetzte n herzustellen, ist natürlich leicht, und soll demnächst geschehn.

Wann ich von hier abreise, ist noch sehr unbestimmt; jedenfalls sende ich vorher noch eine zweite Partie roher Ausarbeitung. Ich komme gut vorwärts, trotzdem ich durch eigene Nachlässigkeit von den Manuscripten, welche Sie mir in Göttingen zur Verfügung gestellt hatten, keine Notizen besitze und auch keine zureichende Erinnerung. So habe ich also für den Charakter von $\sqrt[n]{\lambda}, \sqrt[n]{\lambda(1-\lambda)}$ mir neue Beweise machen müssen, die aber an Kürze und Schärfe kaum etwas zu wünschen übrig lassen.[1] Ich bin begierig, inwieweit Sie mit den Ihrigen übereinstimmen, welche ja so einfach waren.

Hochachtungsvoll Ihr ergebener Georg Pick.

1 Klein forderte Pick auf, diesen Beweis für eine Publikation auszuarbeiten (vgl. den folgenden Brief [79]), publiziert in den *Math. Ann.* (PICK 1887a). (Vgl. auch dieses Buch, Teil I, 3.4)

[79] 289

Prag, 9.7.86.

Hochgeehrter Herr Professor!
Ihr heute angelangter Brief läßt mich mit einiger Hoffnung auf das mögliche Zustandekommen meiner Übersiedelung nach Breslau blicken; aber leider bin ich nicht in der Lage (aus bekannten Gründen[1]), ohne sofortige Verleihung des Stipendiums[2] dahin zu gehn. Ich wäre sehr unglücklich, wenn die Sache gerade daran scheitern sollte.

Gewiß bin ich gerne dabei, über die fraglichen Gegenstände kleine Notizen für die Annalen zu verfertigen, wenn ich gleich an der Idee des Buch's ängstlich festhalte, und mich frage, ob dasselbe denn gar kein neues Detail bieten soll? Ich habe die Fundamentalpolygone in abstracto, (d.i. nötigenfalls mit zerstreuten aber in Bezug auf Kanten- und Eckenbindung wo[h]lerklärten Dreieckscomplexen) vollständig hergestellt, mit Ausnahme der bei 2-Potenzen und mehrförmigen

Zahlen vorhandenen Untergruppen ($x^2 \equiv -1$). Ich gestehe aber, daß die Formeln für das Geschlecht ziemlich complicirt und schwer discutirbar sind, so daß mich das Aufsuchen aller Fälle $p = 0$ und 1 allein recht lange und –weilig in Anspruch nimmt. Aber das ist in der Sache gelegen und also unvermeidlich.

Nun erlauben Sie, daß ich meinen, wie ich glaube, wirklich recht durchsichtigen Beweis für den Charakter von $\sqrt[n]{\lambda}$ skizzire.

1. Wenn $\sqrt[n]{\lambda(1-\lambda)}$ CM. [Congruenzmodul] ist, so gilt dasselbe von $\sqrt[n]{\lambda^3}$. Denn $\sqrt[n]{\lambda(1-\lambda)}$ geht durch eine ω–S.[ubstitution] in cst. [=constant] $\sqrt[n]{\frac{1-\lambda}{\lambda^2}}$ über; Quotient = $\sqrt[n]{\lambda^3}$.
2. Soll $\sqrt[n]{\lambda}$ CM. [Congruenzmodul] sein, so ist die Stufe durch $2n$ teilbar. Denn S^{2n} ist die niedrigste Potenz von S, welche in der Gruppe vorkommt etc.
3. Die Gruppe von $\sqrt[n]{\lambda}$ enthält (am Polygon abzulesen) alle Substitutionen von der Form $\quad S^{-h}TS^2TS^h \quad$ h ungerade
(welche gerade die Gr.[uppe] von <u>log λ</u> erzeugen).

Von dieser Gruppe ist <u>leicht</u> zu zeigen:

a) Sie enthält zwei Substitutionen, welche $\equiv S$ resp. T (mod. g) sind, wenn g eine bel.[iebige] <u>ungerade</u> Primzahl[3] bedeutet.
b) Sie ist charakterisirbar modulo 16 aber nicht mehr modulo 32.

Damit ist der Beweis völlig erbracht. Ich lege auf die <u>wirkliche Erzeugung von S und T (mod. g)</u> Gewicht, welche den Beweis so handgreiflich gestaltet.

Ich reise nach dem 15ten zu meinen Eltern nach Neuberg in Steiermark[4] (Adr.[esse] Kaufmann Veitschegger), zeige aber jedenfalls die genaue Zeit meiner Abreise noch an.

Bald hätte ich vergessen, zu erzählen, daß ich in zerstreuten müßigen Stunden die Integrale dritter Gattung ganz glatt weitergeführt habe: Ich kann jetzt für singularitätenfreie ebene Curven die geraden Functionen 2ter Stufe (ϑ u. σ) anschreiben,[5] vorausgesetzt, daß immer eine der definirenden Berührungscurven (n – 2). O.[rdnung] gegeben wird. Natürlich kann ich auch mannigfache Σ angeben. Diese Dinge sind alle so einfach und schön und ich staune über die Fruchtbarkeit, welche Sie durch Einführung der Invariantentheorie den Abel'schen Functionen erteilt haben (was recht ungeschickt gesagt ist).

Ich will nun auch noch einen Tag (länger wird's nicht dauern) auf die Redaction davon verwenden. Im Ganzen arbeite ich jetzt mit einer Energie, die ich mir nie zugetraut hätte, kann aber doch kaum mehr als 6 – 7 Stunden des Tags vernünftig denken.

Mit größter Hochachtung Ihr dankbarer Georg Pick.

1 Pick meinte seine finanzielle Mittellosigkeit.
2 In Rede stand ein Privatdozentenstipendium vom preußischen Kultusministerium.
3 Pick änderte noch in *beliebige ungerade* Zahl (nicht Primzahl) als Modul, vgl. Brief [80].
4 Der Ausdruck „Neuberg in Steiermark" war damals gebräuchlicn, vgl. PICK 1887a (S. 124).
5 Vgl. PICK 1886e und PICK 1887c.

[80] 290

Prag, 15.7.86.

Hochgeehrter Herr Professor!

Es ist mir in den Sinn gekommen, daß die Möglichkeit nicht völlig ausgeschlossen ist einer Übereinstimmung meines Beweises mit dem von Fricke. Ich bemerke, daß ich in meiner kurzen Skizzirung unnötiger und schlechter Weise immer von einer ungeraden Primzahl anstatt von einer beliebigen ungeraden Zahl als Modul gesprochen habe.

Sollte eine solche Übereinstimmung herrschen, so habe ich mir jetzt die Mühe der Redaction wo[h]l umsonst gemacht.[1] Dies hat nun weiter nichts zu sagen; ich wüßte aber doch gerne, woran ich bin. Würden Sie mich nun gütigst pr. [per][2] Karte darüber aufklären? Ich bitte sehr darum. Ich würde nur bitten, mir jetzt schon nach Neuberg in Steiermark (bei Kaufm. Veitschegger) zu schreiben, wohin ich am 18ten Juli abreisen will.

Nun sollte ich, meinem Versprechen und meinem Vorsatze gemäß, das zu Stande gekommene Material übersenden. Dasselbe ist aber so abgerissen, daß ich heute blos die einzelnen Stücke bezeichne, und abwarte ob Sie die Übersendung jetzt wünschen, worauf sie umgehend erfolgen soll. Es ist vorhanden:

1) Teilungspolygon für Primzahlgerade;

2) Modulargleichung, Teilungsgleichung, Galois'sche Resolvente für ganz beliebigen Grad in paralleler Behandlungsweise (Polygon abstract, Verzweigung, Geschlecht, vollständige Aufzählung der Fälle $p = 0$ u. 1).

3) Nichtcongruenzmoduln ($\sqrt[n]{\lambda}$ etc.) (für das Buch und auch in begonnener und fast vollendeter selbständiger Redaction[3])

4) Excurs über Gruppen von unendlich hohem Index (Schlußparagraph des 2. Kapitels, nicht vollendet.)

Zu diesem Paragraphen muß ich bemerken, was mich auf die Idee bringt, daß ich wo[h]l mit Fricke in demselben Geleise fahre.[4] Die Gruppen von $s\left(\frac{1}{3},\frac{1}{n},\frac{1}{2}\right)J$ lassen sich nämlich auf meine Art sehr hübsch untersuchen und ich vermute das ebenso triviale als wissenswerte Resultat, daß die Gruppe gerade nur nach dem Modul n Eigenschaften besitzt.

Ich habe jetzt so ein ganz verworrenes Gefühl von einer Congruenzgruppe von ∞ hoher Stufe, und natürlich desgleichen Index. Es ist lächerlich und vielleicht doch nicht ganz ohne.

Soll ich nun für die Annalen arbeiten? Ich würde dadurch wo[h]l 14 Tage bis 3 Wochen, keinesfalls länger aufgehalten werden. Andererseits ist auch das schon sehr viel Zeit. Aber ich überlasse das gewiß am Besten ganz und gar Ihrer Entscheidung. Ich würde $\sqrt[n]{\lambda}$ (?), Polygone, elliptische und Abel'sche Functionen bei ebenen Curven ohne Doppelpunkte (vielleicht in zwei Aufsätzen) liefern.[5] Soll es sich um ein bald zu erwartendes Heft handeln oder nicht – Alles das wissen Sie weit besser, als ich.

In größter Hochachtung Ihr ergebener Georg Pick.*[6]

1 Klein nahm die Arbeiten beider Autoren (Fricke, Pick) in Bd. 28 (1887) der *Math. Ann.* auf.
2 *per* [lat.] hier: mit.
3 Das ist die Arbeit PICK 1887a.
4 Die Arbeit FRICKE 1887 berührte das hier genannte Gebiet und war Robert Frickes erste Arbeit in den *Mathematischen Annalen.*
5 Klein empfahl das Ausarbeiten für die *Math. Ann.*: PICK 1887a, 1887b, 1887c.
6* Unter Picks Unterschrift stehen *handschriftliche Notizen* von Klein (offensichtlich für seine Antwort an Pick):
Breslau – Nichts Neues.
$\sqrt[n]{\lambda}$*. Sehr schön.*
Abelsche.
Rascher Druck.
Material. –
Mein Durchgang durch conforme Abbildung.

[81] 291

Neuberg, 20.7.86.

Hochgeehrter Herr Professor!
Bei meiner Ankunft hier (am gestrigen Abend)[1] fand ich Ihren Brief sowie eine Zuschrift von Dr. Fricke vor. Soweit ich die letztere, die ziemlich allgemein gehalten ist, verstehe, ist auch er bei der Gruppe von log λ oder einer verwandten Gruppe als bei dem charakteristischen Bestandteil aller fraglichen Gruppen angelangt, und hat Kettenbruchentwickelung, wo ich (in der Regel) Zerlegung nach S und T setze, gewiß nur eine Differenz in der Schreibweise. Ich will ihm nun die Pointe meines Beweises mitteilen, um zu erfahren, wie es mit der des seinigen steht. Ich fürchte beinahe, daß einiges Mistrauen gegen meine Person seinerseits ihn bewogen hat, mir in so unbestimmter Weise zu schreiben.

Ich schreite also zur Redaction der drei Beiträge: $\sqrt[n]{\lambda}$ (beinahe fertig), elliptische Functionen an der allgemeinen C_3, Abel'sche ϑ (und σ), zu welch letzterem Zwecke ich allerdings noch ein Stückchen Charakteristiken, oder vielmehr ungerade ϑ lernen muß.[2] In Clebsch – Gordan Ab.[elsche] Fu.[nctionen][3] finde ich nicht alles Nötige.

Die gewünschten Entwürfe schicke ich mit; das allgemeine Kapitel über Gruppen von ∞ Index dachte ich allerdings weiter vorgeschritten, als ich es jetzt bei der Durchsicht vorfand. Bezüglich Zeichnung der Polygone halte ich kaum für möglich, weiter vorzudringen, als gewisse, noch anschauliche Complexe zu construiren, deren Zusammenhänge man dann beschreiben muß. In jedem speciellen Falle wird man darnach leicht zu einer geschlossenen Figur gelangen, und eine solche oder deren Mehrere könnten ja beigesetzt werden.

Nun muß ich noch berichten, wie ich dieser Tage in ein Wespennest geraten bin. Ich hielt es für anständig, Ungar bez.[üglich] seines Beweises für $\sqrt[n]{\lambda}$ zu interpelliren, ihm sogar je nach Qualität desselben irgend eine angemessene Art der Publication zu versprechen.[4] Nun stellt sich heraus, was ja erwartet hätte werden müssen, daß er seinen Beweis nicht oder schlecht zu reconstruiren im Stande ist, und daß er, ohne zwar irgend welche Ansprüche zu stellen, doch an der Idee, einen solchen erbracht zu haben, festzuhalten scheint; ein Stand der Dinge, der mein Mitgefühl erregt, ohne daß ich ihm gerecht werden kann. Es ist mein Bedürfnis, da mein Möglichstes zu tun, und ich mache also jedenfalls noch den Versuch, aus seinen schwachen Andeutungen irgend etwas zusammenzustellen. Ich glaube dadurch nur correct vorzugehn.

Ihr stets ergebener
Georg Pick.

---

1 Während Georg Pick bereits (mit den Eltern) im Urlaub war, endeten in Göttingen die Lehrveranstaltungen des Sommersemesters 1886 erst am 15. August.

2 Hieraus entstanden die Arbeiten PICK 1887a, 1887b, 1887c.

3 Vgl. CLEBSCH/GORDAN 1866.

4 *interpelliren* (interpellieren) [lat.] interpellare *unterbrechen, einhaken.* - Pick fühlte sich Max Ungar gegenüber aufgrund ihrer frühen Bekannschaft in Wien und der gemeinsamen Publikation (PICK/UNGAR 1880) verpflichtet; vgl. auch Brief [35].

[82] 292

Neuberg, 20.7.86.

Hochgeehrter Herr Professor!

Die beiliegende Note hatte ich unlängst mit der Bitte um beschleunigte Erledigung an die Wr.[Wiener] Akademie gesandt; da indeß am 15. Juli die letzte Sitzung vor den (bis October) währenden Ferien war, so wurde mir mitgeteilt, daß über dieselbe nicht vor October referirt werden könne. Daraufhin habe ich das Manuscript zurückgezogen, damit nicht vorläufige Mitteilung und ausführlichere Abhandlung gleichzeitig erscheinen. Ich erlaube mir nun, Ihnen die Note zu übersenden; sollte es Ihnen leicht möglich sein, irgend eine rasche Publication zu bewirken, so bitte ich sehr darum. Im anderen Falle hat es ja mit der Sache Zeit bis ich ein zusammenhängendes Manuscript abgefaßt habe, und ich würde dann bitten, die übersendete Note eventuell aufzubewahren oder zu vernichten, je nach Gutdünken.[1]

In den letzten Tagen und auch heute war ich nicht glücklich im Arbeiten. Es ist mir noch nicht gelungen die Untersuchung von log λ in Bezug auf Potenzen von 2 als Stufenzahlen reinlich durchzuführen. Aber ich hatte doch bis morgen damit zu Stande zu kommen; dann folgt in den nächsten Tagen das fertige Manuscript über diesen Gegenstand.[2]

Haben Sie meine letzte Sendung erhalten? Ich bin über deren Schicksal diesmal in Ungewißheit, weil ich unterlassen hatte sie zu recommandiren.[3]

Mit größter Hochachtung
Ihr ergebener
G. Pick.

---

1 Klein sandte die Note zurück; Pick reichte sie wieder in Wien ein, vgl. Brief [85], PICK 1886e.

2 Gemeint ist das Manuskript mit dem Beweis PICK 1887a.

3 *recommandieren* [franz.] recommander *einschreiben.* Gebrauch im österreichischen Postwesen: eine Postsendung *einschreiben lassen.*

[83] 293

Neuberg, 28.7.86.

Hochgeehrter Herr Professor!

Heute habe ich Ihre Karte erhalten und sende nun das Manuscript von $\sqrt[n]{\lambda}$ in dieser ungaren Form, nicht etwa aus Eifer den ersten Platz zu erhalten,[1] sondern weil ich die Sache endlich so oder so los werden will. In Verlegenheit bin ich bezüglich des auf Ihren Beweis bezüglichen Anfangs, welchen ich nicht abfassen möchte, ohne Sie vorher gefragt zu haben, wie ausführlich derselbe gestaltet werden soll. Bezüglich Ungar darf ich noch erwähnen, daß aus dem mir gesandten Material schlechterdings nichts zu machen ist.[2] –

Betrachten Sie also, wenn Sie so für gut finden, die Arbeit als noch nicht officiell in Ihren Händen, bis der Anfang nachgekommen ist. Es fällt mir ein, daß ich ja auch vielleicht <u>ausgeführte</u> Figuren beigeben muß.

Mit möglichster Beschleunigung will ich jetzt die elliptischen Functionen fertig machen. Doch möchte ich eine lesbare Darstellung geben, also nicht gar zu knapp sein.[3] Ich denke auch die Abel'schen ϑ werden sich soweit in wenigen Tagen abrunden lassen, daß eine erste ausführlichere Darstellung möglich wird. Ob aber die ungeraden ϑ werden einbezogen werden können, und ob ich irgend ein Σ wirklich werde hinschreiben können, muß jetzt dahingestellt bleiben. Viel mehr könnte ja geschehn, wollte ich mich etwa auf $p = 3$ beschränken.[4] Das hieße aber geradezu Hn. [Herrn] Wälsch[5] ins Handwerk pfuschen, und würde jedenfalls auch einige Vorstudien erfordern.

Ich will diesen Brief wieder recommandiren, weil ich beinahe fürchte, daß eine meiner letzten Sendungen verloren gegangen ist.

In größter Hochachtung Ihr ergebener G. Pick.

1 Klein hatte offensichtlich etwas Druck erzeugt und mitgeteilt, dass dasjenige Manuskript zuerst im Heft der *Math. Ann.* erscheinen wird, das bei ihm zuerst eingeht. Robert Frickes Manuskript, am 28. Juli datiert, traf zuerst bei Klein ein.

2 D.h., aus Max Ungars Material ließ sich kein Beweis rekonstruieren.

3 Es wurde ein Artikel von zehn Seiten, PICK 1887b.

4 Mit der Zahl p ist bei einer Riemannschen Fläche die Maximalzahl der zugleich möglichen, die Fläche nicht zerstückelnden und einander nicht kreuzenden Rückkehrschnitte gemeint. Clebsch nannte p *Geschlecht* der Fläche bzw. der algebraischen Gleichung $F(\xi z) = 0$. Bei der Frage nach eineindeutigen Beziehungen algebraischer Gleichungen aufeinander ergab sich der Satz, dass sich derartige Gleichungen nur dann eineindeutig und stetig aufeinander beziehen lassen, wenn sie dasselbe p haben. (Vgl. hierzu auch KLEIN 1926: 257–58).

5 Vgl. Brief [65] und Teil I, 3.6.

[84] 294

Neuberg, 3.8.86.

Hochgeehrter Herr Professor!

Eben erhalte ich von meinem Onkel einen Brief, dessen Inhalt ich Ihnen notwendig mitteilen muß. Er hatte dieser Tage Gelegenheit mit Prof. Caro (Historiker)[1] aus Breslau zu sprechen, welcher ihm erzählte, es sei kurz zuvor in Br.[eslau] Staude[2] „weggegessen" worden; worauf mein Onkel ihm von dem Schritte Mitteilung macht, den Sie in Breslau für mich unternommen haben. Ich weiß nicht, ob Ihnen das besonders unangenehm sein wird; keinesfalls so peinlich, wie mir, weil ich das unangenehme Gefühl habe, daß die Sache nun vor unberufene Ohren und vielleicht gar Hände geraten ist.

Von Prof. Caro hat mein O.[nkel] nun erfahren, es sei nicht daran zu denken, daß das Stipendium von vornherein verliehn werde; wo[h]l aber sicher bei „etwas" erfolgreicher Lehrtätigkeit nach einem Semester. Die Habilitation hänge in erster Linie von Schröter und Rosanes, dann von dem Physiker u. Chemiker ab.[3]

H.[err] Caro ist der Ansicht, daß wenn ich (selbstverständlich mit Zustimmung von Seiten Schr.[öter] u. Ros.[anes] etc.) nach Berlin ginge, um mich dem Minister vorzustellen und meine Bereitwilligkeit zur Übernahme der Docentur, zugleich aber die Unmöglichkeit, ohne Stipendium in B.[reslau] zu leben, darzulegen, oder wenn Prof. Schröter bald nach meiner Ankunft in Breslau selbst die nötigen Schritte tun würde – daß dann sofort mir vorerst das Versprechen, sehr bald die Bewilligung des Stipendiums [gewährt] würde. [sic!]

Dies der wesentliche Inhalt des Briefs, von welchem manches mir selbst, Ihnen wo[h]l alles bekannt ist. Ein weiteres ist die Angabe, es seien dort 54 Mathematiker;[4] wenn dies wahr sein sollte, so berechne ich das Collegiengeld pro Sem.[ester] mit 700 Mk. [Mark] ungefähr; das wäre für mich sehr genug zur Existenz. Und nun ziehe <u>ich</u> die Moral, daß ich ja da ruhig auf das Stip.[endium] ein Semester warten könnte. Auch länger!

Es wird noch behauptet, Schröter könnte Alles noch während der Ferien allein, oder per rolam[5] abmachen, so daß ich bis November in Breslau eingeführt sein könnte.

In großer Eile und mit einiger Aufregung

Ihr allzeit ergebener Georg Pick.

P.S. Heute habe ich Ihre letzte Karte erhalten; es ist mir ein wenig angenehm, zuerst für ganz allgemeines p, wenn auch nur in allgemeinen Umrissen, etwas leisten zu können; wovon dann H.[err] Wälsch oder eventuell auch ich selbst zu Speciellerem und zugleich Reichhaltigerem übergehn kann. Ich habe noch vergessen, zu berichten, daß nach H.[errn] Caro's Angabe „Jude (u. Österreicher)" in Breslau zumal an der philosophischen Facultät kein Hinderniß sei. (??) Bei einer Docentur war das vielleicht gar nicht in Frage?

---

1 Jacob Caro (1835-1904) entstammte einer deutsch-polnischen Rabbiner-Familie, seit 1884 o. Professor für Geschichte an der damals preußischen Universität Breslau.

2 Otto Staude (1857-1928) hatte 1881 bei Felix Klein in Leipzig promoviert und sich 1883 in Breslau habilitiert. Er erhielt 1886 einen Ruf auf eine Professur an der Universität Dorpat (damals die einzige deutschsprachige Universiät im russischen Reich), dem er 1888 folgte.

3 Es ging um Picks Umhabilitation nach Breslau, die ihm Klein als Möglichkeit unterbreitet hatte. Heinrich Schröter (1829-1892) und Jacob Rosanes (1842-1922) waren die Ordinarien für Mathematik dort. Schröter (Dissertation über Modulargleichungen, 1854; Habilitationsschrift über die Thetafunktionen, 1858) publizierte später vor allem zur synthetischen Geometrie. Rosanes, aus einer sephardischen Familie stammend, hatte 1865 bei H. Schröter promoviert und auch die weiteren Karrierestufen in Breslau absolviert. Seine Forschungsfelder waren insbesondere Invariantentheorie und algebraische Geometrie.

4 Es war die Zahl der Studenten gemeint, wobei 54 für die damalige Zeit relativ viele waren. Die Einnahmen des Privatdozenten beschränkten sich auf die Hörergelder der Studenten.

5 *per rolam* mit Handschlag.

[85] 295

Neuberg, 8.8.86.

Hochgeehrter Herr Professor!

Ich bin nicht ungeduldig; Ihnen von dem Briefe meines Onkels zu schreiben, schien mir notwendig, schon um des einen Punktes willen, daß ich früher mich so sehr an das Stipendium geklammert hatte. Daß es nicht in meiner Art ist, großen Geschäftseifer zu entwickeln, brauche ich nicht zu versichern, ebenso daß ich recht bedauere, daß mein Onkel*[1] immer für nötig findet, die Angelegenheiten seines „unpraktischen" Neffen in seine „praktischen" Hände zu nehmen. Vielmehr bin ich und bleibe ich Ihnen herzlich dankbar für Ihr Interesse an meiner Person, und werde mich allezeit einzig nach Ihrem Rate richten.

Zwei Separatabdrucke von der Note über elliptische Functionen habe ich mir erlaubt,[2] an Ihre Göttinger Adresse zu senden; hingegen habe ich Hn.[errn] Prof. Hurwitz einen solchen direct nach Borkum eingesandt,[3] was hoffentlich nicht übel genommen wird. Die Note über δ-Functionen habe ich an die Wiener Akademie zurückgeschickt.[4] In Bezug auf diese Note will ich nur sagen, daß ich Ihren Wunsch nach weiterer Untersuchung recht wo[h]l verstehe; die Fundamentalaufgabe ist die: die δ- (resp. σ-) Funktionen, deren Argumente Summen von p Integralen mit allgemeinen oberen und unteren Grenzen, auszudrücken; die zweite Aufgabe: beliebige Integralsummen in covarianter Weise auf p Integrale zurückzuführen. Ich war aber froh, überhaupt im Rohen mit einer Aufgabe durchgekommen zu sein, welche wenigstens so viel Resultate geliefert hat, daß die elliptischen Formeln als Specialfall sich einordnen.

In Bezug auf die endliche Redaction dieser letzteren, möchte ich mir die Frage erlauben, ob es gewagt werden kann, folgendermaßen zu schreiben (z.B.):

$$\wp u = \frac{2a_\kappa a_x^2 \cdot a_\kappa a_y^2 + (a_k a_x a_y)^2 - a_\kappa^2 a_k \cdot a_x a_y^2 - a_\kappa^2 a_y \cdot a_y a_x^2}{3(\kappa x y)^2}, \text{ statt}$$

$$= \frac{2a_\kappa a_x^2 \cdot b_\kappa b_y^2 + \ldots}{\ldots}$$

oder ob das bei der Invariantentheorie Anstoß erregen würde? Andernfalls habe ich nicht übel Lust, die symbolische Schreibweise übh. [überhaupt?] zu verlassen, durch welche die Symmetrie der Formeln für ungeübte Augen verloren geht. – Wenn das Manuscript[5] abgeschlossen ist, so schicke ich es an Ihre Göttinger Adresse, falls Sie nicht anderen Wunsch äußern.

Die Abel'schen verschiebe ich jetzt auf einige Zeit,[6] um sie noch ausruhen zu lassen, und fange wieder Modulfunctionen an.

Mit größter Hochachtung Ihr treu ergebener Georg Pick.

P.S. Soll ich nach Breslau Separatabd.[rucke] schicken?[7]

1 Fußnote von Georg Pick: **der es ja allerdings sehr gut meint.*
2 Es handelt sich um die Note: PICK 1886b.
3 Klein hatte für August 1886 erneut einen (Arbeits-) Urlaub mit Hurwitz auf der Insel Borkum vorgesehen (vgl. auch Brief [86]).
4 PICK 1886e.
5 PICK 1887b.
6 Vgl. PICK 1887c, datiert auf Dezember 1886.
7 Picks Umhabilitation nach Breslau wurde nicht möglich (vgl. Brief [90]). Dorthin wechselte noch 1886 der Weierstraß-Schüler Adolf Kneser (1862-1930) als Privatdozent. Kneser hatte 1884 in Berlin promoviert und sich im selben Jahr in Marburg habilitiert. Er widmete sich damals auch algebraischen Funktionen, elliptischen Funktionen und Raumkurven. 1889 folgte er einem Ruf als ao. Professur nach Dorpat; nach weiteren Stationen kehrte er 1905 als o. Professur an die Universität Breslau zurück. Vgl. SCHARLAU et al. (1990): 68–69; 214.

[86] 296

Neuberg, 24.8.86.

Hochgeehrter Herr Professor!

Endlich komme ich mit dem Manuscript über Curven dritter Ordnung und ell.[iptische] Functionen.[1] Zur Erklärung der außerordentlichen Verspätung muß ich Folgendes erzählen. Ihre Karte kam eine Woche nach ihrer Absendung von Borkum,*[2] als ich eben im Begriffe stand, Manuscript nach Göttingen zu senden. Ich weiß nun nicht, was mich damals antrieb, um jeden Preis noch einmal zu versuchen $\sigma\left(\int_\alpha^x + \int_\beta^y + \int_\gamma^z\right)$ mit Hilfe eines <u>drei</u>fachen Integrals auszudrücken, um Symmetrie in x, y, z zu erzielen. Die Sache hat mich wieder viel Zeit gekostet, scheint auch wirklich schlechterdings unmöglich. So habe ich denn gar keinen Gewinn, als den, das Ganze noch einmal überschrieben, und hoffentlich stylistisch verbessert zu haben.

Inzwischen habe ich auch versucht einen höheren Fall des Abel'schen Theorem's, nämlich die Aufstellung des 6ten Schnittpunkts eines Kegelschnitts zu erledigen, um vielleicht eine allgemeine Regel induciren zu können. Auch da bin ich, und zwar an fürchterlichen Rechnungen gescheitert. Die Ausdrücke für die Coordinaten des 6ten Schnittpunkts drohen von der 9ten Dimension in den Coefficienten der Grundform a_x^3 zu werden.

Bezüglich der Abel'schen ϑ u. σ möchte ich mir eine Frage erlauben, die eigentlich, wie ich vermute, schon in das Gebiet der elliptischen hineinspielt. Wenn es richtig ist, was ja so scheint, daß die Formel[3]

$$\log \frac{\vartheta\left(\int^x - \int^{x_1} - ..\right)\vartheta\left(\int^y - \int^{y_1} - ...\right)}{\vartheta\left(\int^x - \int^{y_1} - ..\right)\vartheta\left(\int^y - \int^{x_1} - ...\right)} = \Sigma\Pi_{xy}^{x_1 y_1}$$

nicht ausreicht zur Aufstellung von ϑ, deren Argumente Integral<u>summen</u> sind, worauf hätte man sich dann beim Fortgange zu stützen? Ich weiß nun nicht, ob es einen Sinn hat, wenn ich eine Bezeichnung für eine dem Integral dritter Gattung analoge Function postulire, welche, von mehreren Punkten abhängend, unstetig wird, wenn diese eine gewisse Configuration annehmen (im Allgemeinen etwa die eines vollständigen Schnittsystems; oder noch präciser: wir haben zwei Gruppen von Punkten, und die Function wird log. ∞, wenn diese corresidual[4] werden.) Man kann ja diese Functionen mit den vorhandenen Mitteln hinschreiben, allein immer mit Aufgeben gewisser Symmetrien; und zum Teil liegt vielleicht gerade in solchen das Wesen der Sache.

Indem ich Ihrer Nachricht in Bezug auf die Langsamkeit meines jetzigen Arbeitens entgegensehe – zum großen Teil durch die gewöhnlichen Ferialabhaltungen bedingt, bleibe ich

mit vorzüglicher Hochachtung

Ihr ergebener

Georg Pick.

1 Pick 1887b.

2 Fußnote von Georg Pick: **mit mehreren Poststempeln versehn und übel zugerichtet*! – Klein weilte – wie erwähnt – mit Hurwitz zum Arbeitsurlaub auf der ostfriesischen Insel Borkum.

3 Vgl. eine modifizierte Form dieser Formel in Pick 1887c: 260. In dieser bereits mehrfach erwähnten Arbeit betonte Pick die „allgemeine Aufgabe, die von Herrn Klein in der Theorie der hyperelliptischen Functionen (insbesondere vom Geschlecht 2) begründeten Fortschritte auf Abel'sche Functionen zu übertragen." (Ebd., 259). Pick verwies auf Klein 1886b.

4 *corresidual* korrespondierend.

[87] 297 [Postkarte]

Neuberg, 28.8.86.

H.H. Professor! Correctur habe ich vorgestern nach Borkum abgesendet. Abel'sche ϑ-Functionen redigire ich soeben. Habe ich das hinter mir, so sollen die Modulfunctionen, die inzwischen wenig Berücksichtigung hatten, frisch angefaßt werden. Ich sehne mich nach einem geordneten Zustand meiner persönlichen Verhältnisse, schon um mir die Ferien nach eigenem Willen einrichten zu können. Sie glauben nicht, wie wenig ich in diesen Monaten Herr meiner Zeit bin.[1]
Hochachtungsv.[oll] G. Pick.

1 Georg Pick verbrachte den Urlaub gemeinsam mit seinen Eltern und dem jüngeren Bruder.

[88] 298

Neuberg, 8.9.86.

Hochgeehrter Herr Professor!

In Bezug auf Ihren heute angelangten Brief erlauben Sie mir noch einmal von den Abel'schen Functionen von Integral<u>summen</u> zu sprechen. Ich habe nämlich die, wie ich glaube, gegründete Überzeugung, daß sich in dieser Hinsicht die wirklichen $2p$-fach periodischen Functionen sehr viel weniger widerspenstig verhalten, als die ganzen transcendenten Functionen, durch welche jene in Form von Quotienten dargestellt werden mögen. Diese „intermed.[iären] Funct.[ionen]"[1] scheinen in der Tat, ich komme da über die Vermutung meines letzten Briefs nicht hinaus, ein eigenartiges Integral dritter Gattung zu erfordern. Es ist mir vorläufig kein schwerwiegender Gegengrund, wenn sich die Sache bei $p = 1$ vollständig erledigen läßt, weil in diesem Falle ja jede Integralsumme doch nur zwei wesentliche unabhängige Veränderliche enthält. Anders eben in höheren Fällen, wo ich nicht absehn kann, wie sich das postulirte Integral dritter Gattung: [2]

$$Q(x_1,...x_p;y_1,...y_p)$$

welches verschwinden soll nur*[3], wenn die x den y corresidual sind, sich in einfachere Elemente könnte zerlegen lassen. –

Aber ich bitte dieses nur als einen Bericht aufzufassen, wie weit ich durch gelegentliches und natürlich unzulängliches Nachdenken gekommen bin; daß ich sehr wahrscheinlich auch gänzlich im Irrtum sein mag, ist also für mich klar.[4]

Die gewünschte Anmerkung sende ich direct an die Druckerei. Wie ich nur deren vergessen konnte![5]

Am 13. dieses [Monats] übersiedeln meine Eltern nach Wien (III. Seidlgasse 4.) und ich kann vorläufig nichts anderes, als mitziehn. Jedenfalls komme ich auch so sofort wieder in ein lebhafteres Arbeitstempo, wiewo[h]l ich gestehe, daß ich um der Arbeit willen gern wieder ordentliche Einsamkeit genießen würde. Ich muß nur doch auch der Ferien dankbar gedenken, da sie mir immer Erholung und im gewisser Beziehung Anregung bringen. So habe ich zum Beispiel jetzt (mit meinem Vater und Bruder[6]) „Dioptrik in geometrischer Behandlungsweise" durchgenommen, wie ich mir's aus der Erinnerung an Mach'sche Vorlesungen reconstruirt habe etc. etc.

In vorzüglicher Hochachtung
Ihr ergebenster
G. Pick.

---

1 Zwischen(stufen)funktionen.

2 Klein verfasste in seinem ersten Artikel über hyperelliptische Sigmafunktionen (KLEIN 1886b) einen Abschnitt „Zur Theorie der Integrale dritter Gattung". Darin erklärte er das erwähnte Integal und gab an, was mit Weierstaß übereinstimmt bzw. differiert. Beim Reprint des Artikels (GMA 3: 323–56) verwies Klein (S. 334–36) in einer zusätzlichen Fußnote auf die Verwendung der von Hurwitz ausgearbeiteten Weierstraß-Vorlesung vom WS 1881/82.

3 Fußnote von Pick: **also im Allgemeinen einander in irgendwelcher Ordnung gleich sind.*

4 Zu Picks weiteren Überlegungen zu diesem Thema, woraus [PICK 1887c] resultierte, vgl. auch die folgenden Briefe [91], [94], [95].

5 In PICK 1887b (datiert August 1886) – bereits im Druck beim Verlag B.G. Teubner – befindet sich zu Beginn der Bezug auf Arbeiten von Weierstraß und Scheibner „zur Form des elliptischen Differentials $\frac{dx}{\sqrt{f(x)}},$ worin $f(x)$ ein Polynom vierten (oder dritten) Grades in x bedeutet […]." Danach folgt die Aussage: „Allein erst von Hrn. Klein [in KLEIN 1886b] ist dieses Formelsystem vervollständigt worden, und, was wichtiger ist, den Ausdrücken eine Schreibweise ertheilt worden, welche ihr wahres Bildungsgesetz aufdeckt, und so den Fortgang zu verwandten höheren Problemen ermöglicht. Es ist dies diejenige Schreibweise, welche den Charakter der verwendeten Ausdrücke als *Covarianten* einer binären Grundform 4ten Grades (des homogen gemachten Polynoms $f(x)$) zum Ausdruck bringt." (PICK 1887b: 309).

6 Georg Picks Bruder Moritz Benjamin Josef Pick, geb. 31. Juli 1871, †1894.

[89] 299

Neuberg, 9.9.86.

Hochgeehrter Herr Professor!

Meinem gestrigen Briefe muß ich diesen sofort nachsenden, um über eine Zuschrift zu berichten, welche ich heute von Prof. Gegenbauer in Innsbruck erhalten habe.[1] Er schreibt, daß er mich nebst einigen anderen jüngeren öst.[erreichischen] Mathematikern für den durch den plötzlichen Tod Migotti's erledigten Lehrstuhl in Czernowitz[2] an die dortigen nächsten Fachgenossen wärmstens empfohlen habe, und fügt ausführliche Ratschläge hinzu, an wen ich mich wegen der Unterstützung seiner Empfehlung zu wenden hätte. Einige dieser Ratschläge glaube ich ohne Bedenken umgehend befolgen zu können, nämlich an Mach schreiben, und den Czernowitzer Physikern „meine Candidatur anzumelden". Denn ich sehe in der Sache keine größere Aussicht als die, in den Vorschlag zu kommen, und zwar an spätere Stelle. Insofern aber doch, wenigstens theoretisch, die Idee der Erlangung der Professur mit der Sache verbunden ist, bin ich (auch abgesehn davon, daß ich das in jedem Falle würde) verpflichtet, Ihnen davon zu schreiben.

Ich muß mich deutlich erklären. Wenn mir die freie Wahl gestellt würde, die Czernowitzer Professur oder die Breslauer Privatdocentur zu übernehmen*[3], wovon weder im einen noch im anderen Fall noch die Rede ist, und ich hätte in aller Welt nur an <u>mich</u> zu denken, so brauche ich nicht zu sagen, daß ich ohne Besinnen für Breslau entscheiden würde. Die letztere Voraussetzung ist so wenig wahr, daß ich, soweit ich klar sehe, wo[h]l genötigt wäre, die entgegengesetzte Entscheidung zu treffen. Sollten nun Sie glauben, daß das Minimum von Aussicht, welches mit meiner „Candidatur" in Cz.[ernowitz] verbunden wäre, ein Grund wäre, um die Breslauer Angelegenheit kurzweg abzubrechen – ich kann nicht anders, als Ihnen dies anheimzustellen – so muß ich bitten dies zu tun. Ich habe ja aus dem angedeuteten Grunde keine Berechtigung, mich gegen Gegenbauer ablehnend zu verhalten.

Ich schließe nun mit der Bitte um Ihren Rat und um Ihre Entscheidung. Daß dieser Brief unklar und eilfertig ist, werden Sie hoffentlich entschuldigen in Anbetracht der Umstände.

Mein Onkel geht zur Naturforscherversammlung,[4] und schreibt mir, er wollte sich sehr angelegen sein lassen, Sie aufzusuchen. Ich finde das natürlich; kann aber nicht unterlassen, die Hoffnung auszusprechen, es möchte Ihnen die Sache nicht unangenehm sein oder werden.

Hochachtungsvoll Ihr treu ergebener Georg Pick.

Vielleicht habe ich nicht klar genug gesagt, was das Verzichten auf Breslau für ein Gemütsopfer meinerseits kosten würde. So tue ich dies noch nachträglich.

---

1 Leopold Gegenbauer war von 1875-78 ao. Professor an der Universität Czernowitz gewesen.

2 Der in Wien geborene Adolf Migotti (1850-1886) bekleidete seit 1883 eine Professur an der Universität Czernowitz. Als Alpinist verunglückte er am 15. August 1886 tödlich.

3 Fußnote von Georg Pick: **indem ich einfach da oder da ja sagte.*

4 Die 59. Jahresversammlung der Gesellschaft deutscher Naturforscher und Ärzte tagte vom 18.-24.9.1886 in Berlin. Klein reiste am 20.9. mit Sophus Lie (gemeinsame Wohnung: Hin-

dersinstr. 12[III]) dorthin, unterstützte dessen Vortrag *Gruppentheoretische Untersuchungen*, pflegte Kontakte mit J.J. Sylvester (1814-1897), R. Lipschitz (1832-1903) und G. Frobenius u.a. ([UBG] Math.Archiv 77, Klein an Hurwitz). – Zu den Vorträgen in der *Sektion 1 Mathematik und Astronomie*, vgl. TOBIES/VOLKERT 1998: 245–46. – Für die *21. Sektion für Dermato- und Syphilideologie* enthielt das Tageblatt die Angabe, dass [Filipp Joseph] Pick einen Vortrag angemeldet hat, vgl. *Tageblatt der 59. Versammlung deutscher Naturforscher und Ärzte*, Berlin 1886: 16. – https://archive.org/details/b2178095x/page/16/mode/2up

[90] 300

Wien, 16.9.86.

Hochgeehrter Herr Professor!

Jetzt bei ruhiger Überlegung sehe ich, daß mein voriger Brief durch die Unklarheit seiner Darstellung notwendig jene Verstimmung bei Ihnen hervorrufen mußte, welche ich aus Ihrer Antwort herauslesen zu müssen glaubte. Erlauben Sie also, daß ich über die Angelegenheit noch Zweierlei bemerke. Erstens, ich hatte niemals irgendwelche Beziehungen zu Gegenbauer, außer derjenigen, welche ich zu sämmtlichen österreichischen Professoren der Mathematik besitze: die besteht darin, daß ich ihnen allemal meine Arbeiten übersende, ohne je (Stolz[1] ausgenommen) mit einer Gegensendung beehrt zu werden. Ich erzähle dies, um meiner Versicherung Nachdruck zu geben, daß ich eine Minute vor Empfang des G.[egenbauer]'schen Briefs völlig ohne Ahnung des Kommenden war, und überhaupt nicht an die Cz.[ernowitz]er Stelle gedacht hatte. Soweit habe ich Ihnen sofort nach der ersten Idee von der Sache Mitteilung gemacht, und also doch wo[h]l correct mich benommen.

Das Zweite betrifft die Breslauer Angelegenheit selbst; hier muß ich erklären, daß dieselbe völlig geheim gehalten worden ist, also in keiner Weise als Treibmittel verwertet worden ist*[2]; eine Falschheit deren Sie mich hoffentlich nicht für fähig halten, wenngleich ich nicht ganz sicher bin, ob Ihnen ein derartiger Verdacht nicht nahe lag.

Nun über die Sache selbst. Es ist allem Anschein nach zu vermuten, daß ich in Cz. in den Vorschlag komme, im Entferntesten aber nicht, daß ich die Stelle erlange. Was mich in eine schlimme Lage bringt, ist, daß sich das jetzt unmöglich entscheiden kann. Ich sitze also förmlich zwischen zwei Stühlen, ganz und gar ohne eigenes Zutun. Was mir hoch erfreulich sein sollte, wird mir so nur zur Verlegenheit, wenn nicht zu Schlimmerem.

Nun erlauben Sie mir eine Frage über Literatur. Ich kann die Abel'schen ϑ nicht fertig redigiren, ohne durch Entwickelung zu constatiren, daß die auf invariantentheoretischer Basis aufgestellten σ eine wirkliche Normaleigenschaft im Sinne von Abel'schen Functionen besitzen. Wo finde ich das Nötige über Entwickelung von Invarianten? Ich kann ohne Hilfsmittel nur ganz unzulängliche Operationen durchführen. Wenn Sie mir hier Rat geben wollten, so würde ich nun endlich dies erledigen können; es schleppt sich jetzt wieder Alles bei mir ewig herum, und ich bin bei allen äußeren scheinbaren Freuden recht übel dran.

In gewohnter Verehrung

Ihr dankbarer G. Pick.

1 Hier ist Otto Stolz, Professor in Innsbruck, gemeint, vgl. Teil I, 3.2.

2 Fußnote von Georg Pick: **Erst jetzt habe ich an Mach davon vertrauliche Mitteilung gemacht, als an einen wo[h]lmeinenden Mann.*

[91] 301

Wien, 1.10.86.

Hochgeehrter Herr Professor!

Seit mehr als acht Tagen liegt ein fast fertiger Brief an Sie da, welchen ich nur (nach Empfang Ihrer vorletzten Karte) als gegenstandslos nicht mehr absenden wollte. Den Gedanken an Breslau aufgeben zu müssen, hat mir weh getan; nicht in der einzelnen Tatsache, sondern vielmehr in der daraus zu ziehenden Moral liegt das Böse. Leider kann ich auch von Cz.[ernowitz] nichts Sonderliches melden: wie sich mir die Sache jetzt darstellt, steht Gegenbauer gewissermaßen in Opposition gegen die meisten Anderen, und ich bin also einer der Oppositionscandidaten, was eine magere Perspective giebt.

Anfangs der nächsten Woche gehe ich nach Prag zurück. Ich habe in den letzten Tagen sehr viel über die Abel'schen spintisirt, und komme zu folgenden Entschlüssen:

1) Entwickelungen zu machen, sehe ich derzeit kein anderes Mittel, als Aufgaben der Homogenität und Anwendung des Taylor'schen Satzes.

2) Zu der Curve gehört eine Art binärer Invariantentheorie, welche sich ohne besondere Anlehnung an die ternäre und leichter als diese ausbilden läßt; aus ihr ergiebt sich alles für die Abel'schen Notwendige (Entwickelungen vorder Hand ausgenommen).

3) Integralsummen leisten hartnäckigen Widerstand.

Wenn ich mir nun überlege, daß für eine Darstellung, die über meine vorläufigen Noten hinausgeht, eine gewisse Abrundung unerläßlich ist, so sehe ich mich, bei Ausschluß von Integralsummen, dem gewünschten Ziele ziemlich nahe;[1] es fehlt eigentlich nur Zusammenfassung aller einzelnen gemachten Versuche. Freilich bleibt eine gewisse Schwerfälligkeit hinsichtlich der Invariantentheorie, welche sicherlich in der hier auftretenden eigentümlichen Richtung einer eleganten und kurzen Entwickelung fähig ist. Das mag denn künftigen Versuchen aufgespart bleiben.

Eben erhielt ich anstatt der bestellten 60 nur die übliche Zahl von Separatabzügen der $\sqrt[n]{\lambda}$.[2] Ich richte sofort eine Anfrage an Teubner, von der ich mir aber nichts verspreche. Diesmal habe ich doch correct auf dem Manuscript die Bestellung verzeichnet.

In dankbarer Verehrung

Ihr ergebener

G. Pick.

1 Dieses Thema spiegelt sich noch in den Briefen bis November 1886 [95]. Georg Pick reichte das zugehörige Manuskript im Dezember 1886 für die *Math. Ann.* (PICK 1887c) ein.

2 Dies bezieht sich auf den *Annalen*-Artikel PICK 1887a.

[92] 302

Prag, 19.10.86.

Hochgeehrter Herr Professor!

Seit bald vierzehn Tagen hier, bin ich doch erst wenige Tage in der Arbeit drin, und diese hat sich in der Tat auf eine Schlußbemerkung zu der Arbeit über ell.[iptische] Funct.[ionen] gerichtet.[1] Eine solche habe ich früher an Teubner nicht gesendet, und bin jetzt, mich das zweitemal bemühend, nicht glücklicher als das erstemal. Die Formeln, wie sie bei Lindemann stehn,[2] abzuschreiben, kann ich mich nicht entschließen, weil sie meiner Meinung nach nicht ganz das Richtige sind: viel zu complicirte Gebilde kommen in Verwendung, weil der Tangentialpunkt der bekannten Grenze benötigt ist. Bessere zu machen ist mir nicht gelungen. Da nicht abzusehn ist, ob mir demnächst das Richtige einfällt, so wird es im Interesse der Erledigung der Correctur wo[h]l am besten sein, es beim bloßen Citat bewenden zu lassen. Aber auch hinsichtlich des Übergangs von meinen Formeln zu Brioschi – Hermite weiß ich nichts, als daß es so sein muß; ich habe keine Formel bei Lindemann gefunden, die eine Umgestaltung meiner Ausdrücke bewerkstelligen würde, nach welcher der Grenzübergang ermöglicht wäre.

H.[err] Waelsch ließ mich eine Formel für ein covariantes Integral zweiter Gattung von Gordan sehn; 3 Symbolreihen kommen im Zähler, eine im Nenner des Integranden vor (abgesehn von den Differentialen); bei mir 2 Symbolreihen im Zähler, keine im Nenner. Ich bin der Überzeugung, daß überhaupt die größte Einfachheit der Formen [sic!] nur durch Verwendung jener Hilfspunkte erzielt werden kann, deren ich mich bediene. Hätte ich die Abel'schen nur halbwegs abgerundet, so würde mir die Fertigstellung eines Aufsatzes leichter fallen. So tappe ich noch vielfach im Finstern; einige Formen [sic!] sind vermutungsweise da, ohne daß ich einen Ansatz zur Verification habe. Ich will aber abstoßen, was abzustoßen geht.

Mit Czernowitz sieht es traurig aus; Gegenbauer protegiert Hn.[Herrn] Hočevar (Innsbruck), und hat mich und Andere (auch Biermann) nur zur Ausfüllung des Vorschlag's empfohlen,[3] wie bestimmt verlautet. B.[iermann] scheint jetzt vielfach als großer Mann zu gelten, weil man ihn für den auserwählten Apostel von Weierstraß nimmt.[4] Es kann nicht meine Sache sein, solchen Meinungen entgegenzutreten.

Hier bewerbe ich mich mit der Wahrscheinlichkeit $1/2$ um eine Assistentenstelle an der deutschen techn.[ischen] Hochschule. Die andere Hälfte besitzt Bobek[5], der seine frühere Stellung aufgeben mußte nach Ablauf der gesetzlichen Maximalfrist.

Die Correctur sammt Schlußbemerkung lege ich hier bei. Sollten Sie letztere doch ausführlicher wünschen, so bitte ich um Benachrichtigung.

In Verehrung und Dankbarkeit Ihr ergebener Georg Pick.

P.S. Die Schlußbemerkung schließt sich wo[h]l am einfachsten unter dem Text an.

---

1 Pick ergänzte in seiner im August bei Teubner eingereichten Arbeit: „Es sei gestattet hier noch folgende Bemerkungen hinzuzufügen. Den Formeln des §2 entsprechen andere, als Umkehrung derselben. Setzt man nämlich die eine Grenze des Integrals (etwa x) als bekannt voraus und ferner $\wp u$ und $\wp' u$, so ist die andere (y) dadurch bestimmt. Man findet Ausdrücke für

die Coordinaten von y bei Clebsch-Lindemann, Vorlesungen über Geometrie, S. 653, Gl. (75). – Die Formeln des letzten Paragraphen sind es, welche beim Uebergange zur Grenze $x=y=s$ in die oben erwähnten Ausdrücke von Hermite-Brioschi sich verwandeln müssen. Denn man lasse dann α, β, γ mit einem der Wendepunkte der Curve zusammenfallen, so lautet das Argument der Functionen $3\cdot\int_a^x \frac{(k\zeta d\zeta)}{a_k a_\zeta^2}$, welches in der That den Hermite-Brioschi'-schen Formeln zu Grunde liegt.“ (PICK 1887b: 318).

2 CLEBSCH/LINDEMANN 1876; vgl. auch Brief [68].

3 Vgl. zu Franz Hočevar Brief [59], und zur Berufungsangelegenheit in Czernowitz auch die Briefe [93], [94], [96], [101].

4 Zu Otto Biermanns Buch vgl. Teil I, 3.6; und Brief [59].

5 Zu Karl Bobek vgl. Teil I, 3.6; und insbesondere die Briefe [6] und [127].

[93] 303

Prag, 24.10.86.

Hochgeehrter Herr Professor!

Heute komme ich mit einer Bitte, deren Gewährung mir allem Anschein nach von großem Nutzen werden kann. Sie betrifft die Czernowitzer Angelegenheit, über welche ich nun im Besitze einiger wo[h]l zuverlässiger Nachrichten bin. Im „Vertrauen“ wurde mir mitgeteilt, daß Gegenbauer etwa folgenden Vorschlag nach Cz. empfohlen habe:

1) Puchta, 2) e. ae.[1] Biermann u. ich, 3) Hočevar.

Andererseits weiß ich, daß für die Angelegenheit in Cz. bereits eine Commission gewählt ist, bestehend aus den Hrn.[Herren] Waßmuth (mathem.[atische] Physik), Becke u. dem Dekan; daß ferner Waßmuth Referent ist, und daß er derzeit die Lehrkanzel supplirt.[2]

Was mich an dem von Gegenbauer construirten Vorschlage am empfindlichsten berührt, ist die Zusammenkoppelung von mir und [Otto] Biermann. Sie tun gerade so, als ob wir Zwillinge am Geiste wären!

Meine Bitte aber geht dahin, Sie möchten an Waßmuth schreiben, wenn Ihnen dies nicht beschwerlich fällt. Wenn Sie dies tun wollten, wofür ich von Herzen dankbar wäre, so würde ich nur noch ersuchen, sich nicht auf die von mir stammenden Nachrichten (dieses Briefs) zu beziehn, und überhaupt nicht auf die von mir ausgegangene Anregung. Wenn ich annehmen darf, daß Sie für mich zu interveniren auch ohne meine Bitte unternommen hätten, falls Sie dies nur als für mich nützlich erkannt hätten, so glaube ich mich zu dem letzten Ersuchen berechtigt.

In der Hoffnung, Ihnen mit meiner Bitte nicht beschwerlich zu fallen, und also auf Gewährung derselben[3] bleibe ich

in Verehrung und Dankbarkeit Ihr ergebener Georg Pick.

---

1 gleichrangig.

2 Anton Waßmuth (1844-1927) hatte in Prag studiert, dort Assistent von Ernst Mach, seit 1876 in Czernowitz, dort seit 1882 o. Professor für theoretische Physik. – Friedrich Becke (1855-1931) hatte seit 1882 die Professur für Mineralogie inne. Vgl. auch ROSNER 2006: 399–400. – *supplieren* [lat. supplere] hier: ausfüllen, vertreten.

3 Klein erfüllte diese Bitte umgehend, vgl. Brief [94].

[94] 304

Prag, 1.11.86.

Hochgeehrter Herr Professor!

Vor allem sage ich meinen besten Dank für die Erfüllung meiner neulichen Bitte.[1] Ihre Anfrage bezüglich der Modulfunctionen betreffend, so möchte ich, wenn Ihnen dies recht ist, von Zeit zu Zeit wieder Partien der Bearbeitung einsenden. Es handelt sich mir dabei, wie schon öfter gesagt, hauptsächlich um die Möglichkeit, geschriebene Kapitel als vorläufig abgeschlossen zu betrachten.

Die Abel'schen Functionen möchte ich nun doch liegen lassen. Ich komme zu keinem Fortschritt, und habe mich in einem Punkt schwer getäuscht: meine vermeintlichen Σ sind Unsinn. So hätte ich nichts zu sagen, als was schon in den Akademienoten steht,[2] und das möchte ich nicht, weil es gar zu unvollkommen ist.

Übrigens habe ich über die erste Note über Abel'sche Functionen (die zweite ist im Druck) von [Max] Nöther einen Brief bekommen, in welchem er gewissermaßen das ganze Problem in dieser speciellen Fassung reclamirt, und besonders auf den Nenner $(\gamma zz')^2$ hinweist, den er Hn. Wälsch ausdrücklich angegeben hat. Ich konnte nur erwidern, daß ich diesen Nenner ganz selbständig gefunden und übrigens darauf Gewicht zu legen habe, den vollen methodischen Wert des willkürlichen Punkts erkannt zu haben, durch welchen ja in der Tat allein die Durchführung gelang. Allerdings, möchte ich jetzt hinzufügen, kann man jedem Ausdruck jeden Nenner geben; ob er aber die naturgemäße Gestaltung im Gefolge hat, ist eine andere Frage.

Hochachtungsvoll Ihr dankbar ergebener Georg Pick.

1 Vgl. Brief [93].

2 Siehe Georg Picks Noten im Organ der Wiener Akademie PICK 1886d und PICK 1886e. – Vgl. aber Brief [95] zum Artikel über dieses Thema für die *Math. Ann.* (PICK 1887c).

[95] 305

Prag, 4.11.86.

Hochgeehrter Herr Professor!

Nehmen Sie eine gewisse Unstetigkeit, die Sie an mir erfahren haben, auch diesmal nicht übel. Ich möchte nun doch um Reservirung eines Plätzchens in den Annalen bitten für eine erste Darstellung Abel'scher $\underline{\Sigma}$ von eingliedrigen Argumenten.[1] Das Richtige lag so nahe, und ich war wieder einmal gar zu lange „mit Blindheit geschlagen".

Man erhält Σ-Functionen folgendermaßen: $a_x^n = 0$ Grundcurve.

$$Z = \frac{1}{\sqrt{a_z a_x^{n-1} \cdot a_z a_y^{n-1}}} \cdot e^{-\cdot\cdot\frac{1}{2}Q(x,y;z)}$$

$Q(x,y;z)$ ist das von der Aufstellung der ϑ (u.[nd] σ) her bekannte modificirte Integral dritter Gattung.

$$\Sigma^{(\nu)} = U^{(\nu)} \cdot Z^{\nu}$$

$U^{(\nu)}$ bedeutet eine rationale und ganze Covariante von den Graden

$$\begin{array}{llll} & \nu & \frac{\nu(n-1)}{2} & \frac{\nu(n-1)}{2} \\ \text{in} & z & x & y\ , \end{array}$$

welche als Function von z angesehn, die ν-mal gezählte Gerade xy darstellt. Das Problem ist durch dieses Resultat wirklich so weit gelöst, daß nur noch die Frage bleibt, wie man den Formenkreis abzugrenzen habe. Dieses ist eine Frage scheinbar der ternären Invariantentheorie, die aber wo[h]l an Schwierigkeit der Beantwortung nur den entsprechenden Fragen der binären Theorie gleichkommt.

Ich möchte nun, was ich habe, zusammenstellen, ohne jedoch auf Entwickelungen etc. einzugehn. Dieses letztere in covarianter Gestalt durchzuführen scheint zwar mittelst des Cayley'schen D_x-Processes[2] nicht allzu schwierig, würde aber im günstigsten Falle noch lange Zeit in Anspruch nehmen. Die Überzeugung von der Qualität der Formeln kann doch in ziemlicher Stärke aus der stricten Analogie mit den hyperelliptischen Sigmafunctionen geschöpft werden.

Wenn Sie mir in Kürze Ihr Einverständnis mit meiner Absicht kund geben wollten, würde ich herzlichst dankbar sein.

Hochachtungsvoll Ihr stets ergebener Georg Pick.

1 Es geht noch immer um die Arbeit PICK 1887c, vgl. dazu auch den folgenden Brief.

2 Es handelte sich um den von Arthur Cayley (1821-1895) eingeführten, nach ihm benannten Cayley's Ω process. Cayley beschrieb diesen Prozess in seiner Arbeit "On linear transformations". *Cambridge and Dublin Mathematical Journal* 1 (1846): 104–122 (Reprinted in Cayley (1889), *The collected mathematical papers.* Vol 1., Cambridge: Cambridge University press, 95–112). Vgl. auch CRILLY (2006: 471), der den Prozess als eine Methode beschreibt, "for finding invariants and covariants using the hyperdeterminant operator. This has the form of a determinant with partial differentiation operators as elements". – Zur Verwendung des Zeichens *D* für Determinante in diesem Kontext und Ω für Differentiationssymbol/Differentiationsprozess vgl. auch HILBERT (1890), speziell 493 und 529–33.

[96] 306

Prag, 7.11.86.

Hochgeehrter Herr Professor!

Anlaß dieser Zeilen ist ein Fehler der sich noch in einer Formel meines Aufsatzes über elliptische Functionen befindet.[1] Formel (II) §2 (zum Schluß) soll richtig lauten:

$$\wp' u = \frac{6a_\kappa a_x a_y \cdot a_\kappa a_x^2 \cdot a_\kappa a_y^2 - 3a_\kappa^2 a_x \cdot a_\kappa a_y^2 \cdot a_x^2 a_y - 3a_\kappa a_y \cdot a_\kappa a_x^2 \cdot a_x a_y^2 + a_\kappa^3 \cdot a_x^2 a_y \cdot a_x a_y^2}{3(kxy)^3}$$

Sollte dieser Fehler (im Coefficienten des letzten Zählergliedes*)[2] noch zu corrigiren sein, so wäre das sehr willkommen. Wo nicht, so würde ich doch ersuchen, mir, wenn möglich, am Schlusse desselben Heftes eine Berichtigung zu gestatten.[3]

Ich muss erklären, wodurch ich so lange mit den Abel'schen Σ-Functionen im Rückstande bin. Diese Σ-Functionen bestanden aus einem transcendenten Factor Z^ν und einer besonderen Gattung von Covarianten $\Phi_\nu(k,x,y)$, welche durch $(k\ x\ y)^\nu$ dividirt von k unabhängig wurden. Für diese wollte ich ein vollständiges Formensystem nachweisen, womöglich mit Einbeziehung gebrochener solcher Größen. Dieser letztere Umstand führte mit Rücksicht auf den Grad von Zähler und Nenner zu Schwierigkeiten, und ich wandte mich, nicht ohne Bedenken, an Hn. Prof. Gordan, in der Meinung, diese Dinge müßten auf bekannten und nur dem Anfänger verschlossenen Wegen der Invariantentheorie zu finden sein. Schade für die Zeit, durch welche ich so die Sache hingezogen habe! Ende dieser Woche wird die Reinschrift des Manuscr.[ipts] bewerkstelligt sein, und ich hoffe, auch die ganzen („rationalen") Jacobi'schen Functionen werden sich ganz gut ausnehmen.[4]

Inzwischen habe ich die Hoffnung begraben, in Czernowitz in den Vorschlag zu kommen. Waßmuth[5] hat sich, guten Nachrichten zufolge, in der Commission sehr energisch gegen mich ausgesprochen. Wie es scheint, werden zwei Vorschläge zu Stande kommen: für ein Ordinariat: Puchta (un.[us] loco); für ein Extraord.[inariat]: Sersavy (Wien), 2) Biermann, 3) Hočevar (Innsbruck).[6] Sie können leicht denken, wie mich diese Dinge freuen.

Mit größter Hochachtung Ihr ergebenster Georg Pick.

---

1 Gemeint ist die Arbeit PICK 1887b.

2 Fußnote von Georg Pick: * *Im Manuscript stand* $\frac{2\ldots-1\ldots-1\ldots+\ldots}{(hxy)^3}$

3 Die in PICK 1887b, Seite 313, angegebene Formel wurde am Ende des Heftes 3, auf Seite 456, vom Bd. 28 (1887) der *Mathematischen Annalen* berichtigt.

4 Pick sandte sein Manuskript mit Brief vom 15.12.1886 an Felix Klein (vgl. Brief [97]). Er begann seinen Aufsatz mit: „Die nachfolgenden Entwicklungen beschäftigen sich mit der allgemeinen Aufgabe, die von Herrn Klein [„Ueber hyperelliptische Sigmafunctionen". *Math. Ann.* Bd. 27] in der Theorie der hyperelliptischen Functionen (insbesondere vom Geschlecht 2) begründeten Fortschritte auf Abel'sche Functionen zu übertragen. Sie unterliegen dabei aber verschiedenen Beschränkungen und betrachten überhaupt nur diejenigen Abel'schen Functionen, welche zu einer ebenen algebraischen Curve ohne Doppel- und Rückkehrpunkte gehören." (PICK 1887c: 259)

5 Zu Anton Waßmuth vgl. Brief [93].

6 Puchta stand allein [unus loco] auf dem Platz für das Ordinariat in Cernowitz und erhielt den Ruf. Dadurch wurde sein Extraordinariat in Prag frei.

[97] 307

Prag, 15.12.86.

Hochgeehrter Herr Professor!

Anbei das etwas magere Manuscript,[1] in welchem ich so und so viele Details nicht habe anbringen können. Indessen glaube ich doch, daß es jetzt so abgerundet ist, als bei meinen heutigen Kenntnissen möglich war. Es fehlen mir auf Schritt und Tritt invariantentheoretische Sätze, mit denen ich mich immer herumplage, ohne viel davon fördern zu können. Im letzten Paragraphen benutze ich den Satz, daß a_x^n keine Covariante in x u. y besitzt [,] deren Grad in diesen Variablen je $\frac{n-3}{2}$ ist (oder kleiner). Ich bin fest überzeugt, daß der Satz richtig ist, kann ihn aber nicht beweisen.[2] Die dortige Auseinandersetzung ist also eigentlich – „bewußter Schwindel“. Ist übrigens der Satz nicht wo[h]lbekannt?

Ich verreise (heute) über Weihnachten nach Neustadt a.d. Mettau, Böhmen.[3] Von dort aus schreibe ich sofort bezüglich des in Ihrer Karte ausgesprochenen Wunsches.[4] Heute bin ich so gedrängt, daß ich abbrechen muß.

Mit vorzüglicher Hochachtung

Ihr ergebener

G. Pick.

---

1 PICK 1887c.

2 Vgl. hierzu Picks Erläuterungen auf der Karte [99] und im Brief [100].

3 heute: Nové Město nad Metují (Tschechien).

4 Entweder fehlt im Klein-Nachlass ein Brief von Pick, in welchem er auf Kleins Wunsch Bezug nahm, oder er antwortete darauf erst am 3. Januar 1887, weil er krank geworden war und nachdem ihm Klein Neujahrsgrüße geschickt hatte, vgl. Brief [98].

[98] 308

Neustadt a/M, 3.1.87.

Hochgeehrter Herr Professor!

Eben von einem heftigen Unwo[h]lsein ziemlich wieder hergestellt, erhalte ich Ihren freundlichen Brief, den ich sogleich beantworte. Gestatten Sie mir vor Allem, Ihre Neujahrswünsche aufs herzlichste zu erwidern, und ebensolche für Ihre verehrte Frau Gemahlin anzuschließen.

Habe ich wirklich eine so erregente [sic! „erregende“, R.To] Einleitung geschrieben, und ganz vergessen können, daß es nur kleine Splitter von Ihren Ideen sind, die ich zur Ausführung bringe?[1] Das tut mir herzlich leid.

Was die Dispositionen für künftige Zeiten betrifft, so will ich nur für meine Person keine Garantien mehr übernehmen. Ich habe nun zur Genüge erfahren, wie sehr meine Beschäftigung von der eigenen Laune abhängt, und ich kann also ehrlicher Weise nichts versprechen. Augenblicklich zieht mich die Invariantentheorie (an sich), und vielleicht ist da mehr als der bloße Reiz der Neuheit schuld; ich habe ja in meinen frühesten Jahren immer an Algebra den meisten Gefallen gefunden. Indes habe ich doch noch nirgends Ausdauer gehabt; ich mache immer nur das, was mich augenblicklich interessiert, und nicht schwer ist. Also, ich bitte mich nicht miszuverstehn; ich fühle mich nicht stark genug, irgend ein Versprechen zu geben.

Stets aber werde ich in größter Hochachtung bleiben

Ihr dankbarer

Georg Pick.

---

1 Dies kann so gedeutet werden, dass Pick die Einleitung zu seiner Arbeit (PICK 1887c), d.h., den Bezug auf Kleins Arbeiten (zitiert in Anmerkung 4 zu Georg Picks Brief [96]), nicht aus eigenem Antriebe geschrieben hatte, sondern Klein dies eingefordert haben könnte.

[99] 309 [Postkarte – Korespondenčni listek]

Neustadt a/M, 8.1.87.

Hochgeehrter Herr Professor!
Bezüglich der Covariante weiß ich mir wirklich augenblicklich keinen Rat.[1] Daß Sie nicht existirt, vermute ich aus folgenden wo[h]l sehr schwachen Gründen. Zugegeben, daß es kein covariantes (rational) Integral erster Gattung giebt, also keine Covariante $(n-3)^{\text{ten}}$ Grades, so müßte die Covariante $\frac{n-3}{2}^{\text{ten}}$ Grades je in x und y die Gestalt $(kxy)^{\frac{n-3}{2}}$ haben oder $k_u^{\frac{n-3}{2}}$ also Covariante vom $\frac{n-3}{2}^{\text{ten}}$ Grade in Liniencoordinaten, was wo[h]l nicht existirt. Ich werde mir die Sache zu Herzen nehmen, vielleicht kommt doch noch etwas heraus.
Hoch.[achtungsvoll] erg.[ebener] Georg Pick.

1 Dies bezieht sich auf den in Brief [97] formulierten Satz, den Pick vermutete, aber nicht beweisen konnte. Klein hatte dazu wohl eine Erklärung erbeten. Vgl. hierzu auch den nächsten Brief [100] und die Schlussbemerkung in PICK 1887c: 270–71.

[100] 310 [Postkarte – Korespondenčni listek]

Prag, 25.1.87.

Hochgeehrter Herr Professor!
Mit der Covariante bin ich nicht weiter gekommen; die Sache scheint gar nicht einfach. Ich dachte aber bei der Correctur die nötige Änderung anzubringen und hatte deshalb die Sache auf sich beruhen zu lassen. Nun scheint es mir, als ob Sie das Manuscript[1] überhaupt noch zu unfertig finden würden. Bitte, sagen Sie mir darüber schonungslos die Wahrheit; in diesem Falle möchte ich es gerne für das „neunte [sic!] Jahr“ zurückbehalten.
Mit gewohnter Hochachtung Ihr stets ergebener G. Pick.

1 PICK 1887c. Klein schickte das Manuskript nicht zurück.

[101] 311

Prag, 17.2.87.

Hochgeehrter Herr Professor!
Mit der Beantwortung Ihrer letzten Karte habe ich sehr lange gezögert. Ich bin froh, Ihnen heute wenigstens über einen wesentlichen Fortschritt berichten zu können, den ich nun gemacht habe. Es ist ein allgemeiner Satz, welcher gestattet, den transcendenten Bestandteil Jacobi'scher Functionen allemal in vollkommen systematischer Weise hinzuschreiben, wobei noch gewisse unbestimmte Größen den Vorteil großer Anpassungsfähigkeit an specielle Fälle gewähren. Man bilde nämlich aus dem Normalintegral $\int_y^x \int_{y'}^{x'} ddQ$

die Größe[1] (modificirtes Normalintegral) $\int_{y}^{x}\int_{y'}^{x'} ddH = \log\left(\frac{\phi(x)\cdot\psi(y)}{\psi(y)\cdot\phi(x)}\right) - \int_{y}^{x}\int_{y'}^{x'} ddQ$

wo φ und ψ adjungirte Curven gleicher Ordnung bedeuten welche bezw. [beziehungsweise] durch x' und y' hindurchgehn. Dann ist allemal der Quotient von

$$\sigma^2\left(\sum_{i=1}^{r}\int_{y^i}^{x^i}\right)$$

durch

$$e^{\left(\sum_{i=1}^{r}\int_{y^i}^{x^i}\right)^2} ddH$$

eine algebraische Function der Coordinaten von den $\underline{x}^i$ u. $\underline{y}^i$. Ich erwähne die allgemeinen sich hieraus ergebenden Folgesätze nicht, die z.B. sich einstellen, wenn die y^i ein volles Schnittsystem bilden u. dgl.[dergleichen]. Ob die Formel aber nicht schon vorhanden ist, weiß ich nicht. Bei [Max] Noether giebts nichts dergl.[eichen].[2] Dagegen bei Frobenius?

Ich weiß nun vor Beschäftigung nicht, wo ich zuerst anpacken soll. Bei der C_3 wäre noch einiges nachzutragen. Dann stecke ich zum Teil in der Raum–C_4', und in der ebenen $C_4^{(3)}$. Endlich schwebt mir die Raum–C_6^4 vor. Daß die beiden letzten Dinge besonders abzuhandeln sind, scheint deshalb erforderlich, weil bei ihnen noch nicht der allgemeine Fall eintritt, daß quadratische Gleichungen zur Definition der Curve ausreichen. – Ich glaube, ich kann nun für ziemlich bald wieder Manuscript in Aussicht stellen, und zwar besseres als das letzte gewesen ist.[3]

Schlimm siehts mit den Teilwerten aus. Ich habe gelegentlich für die niedrigsten mit $p = 0$ Polygone gezeichnet, und werde die Zahl derselben wo[h]l vervollständigen, bitte aber, dies doch nur als Nebenbeschäftigung betrachten zu dürfen.

In Czernowitz bin ich tertio loco, Gott weiß mit wie vielen anderen ex aequo im Vorschlag. Das ist doch schmählich. Allem Anschein nach soll Sersavy hinkommen, offenbar wegen seiner Verdienste um die Fortsetzung der Petzval'schen Entdeckungen auf dem Gebiete der Differentialgleichungen.[4]

Hochachtungsvoll Ihr dankbar ergebener G. Pick.

1 Zur Forsetzung dieses Themas vgl. Briefe [107] und [113]. In Brief [113] ist *ddH* als Differential eines modificirten (Doppel-) Normalintegrals dritter Gattung angegeben.

2 Es handelt sich immer noch um das Thema der Arbeit PICK 1887c, woran Pick nach dem Einreichen des Manuskripts im Dezember 1886 – angeregt durch Klein – weiter feilte. Max Noether ist darin zitiert (S. 262) mit der Arbeit „Ueber die algebraischen Differentialausdrücke" 2. Note (*Sitzungsberichte der phys.-med. Societät zu Erlangen*, 12. Januar 1884).

3 Picks nächster Artikel in den *Math. Ann.* war PICK 1888a.

4 Josef Maximilian Petzval (1807-1891) ist vor allem aufgrund seiner Leistungen in der Optik (Porträtobjektive) bekannt. Er publizierte aber auch über die *Integration der linearen Differentialgleichungen* (I.-II., Wien, 1853-59). – Zu Viktor Sersavy vgl. Brief [59].

[102] 312

Wien, 12.7.87.

Hochgeehrter Herr Professor!

Nach so langer Pause darf ich mir wo[h]l gestatten, Ihnen in Kürze von einigen Versuchen zu berichten, die ich im ablaufenden Semester unternommen habe, und von denen ich hoffe, daß sie Ihre Zustimmung finden möchten. Ich war ursprünglich von [Heinrich] Weber's Abhandlung über Functionen mit eind.[eutigen] Transformationen in sich ausgegangen (Gött. Nachr.[ichten]),[1] in welcher ich nicht die wünschenswerte Symmetrie vorfand. Ich glaube mit Recht zu vermuten, daß dieser Mangel an Symmetrie seinen Grund in gewissen Schwierigkeiten hat, mit denen sich Weber eben nur provisorisch abfinden wollte. Seine unabhängige Variable (u) ist durch die Gleichung

$$[u]_z = -\frac{3}{8}\frac{f'(z)^2 - \frac{2n}{2n-1}f(z)f''(z)}{f(z)^2} - \frac{2C(z)}{f(z)}$$

definirt, wo f ein ganzes Polynom $2n^{\text{ten}}$ Grades, $C(z)$ ein Polynom $(2n\text{-}4)^{\text{ten}}$ Grades mit Coefficienten bedeutet, die von denen von f in sehr complicirter transcendenter Weise abhängen. Bemerkt man, daß der erste Teil von $[u]_z$ im Zähler einfach die Hesse'sche Form von f trägt, so wird man aufgefordert, lieber jene Abbildung zu untersuchen, welche durch

$$[u]_z = +\frac{3n^2}{2}\frac{H(z)}{f(z)^2} \qquad (H = -f_1^2 + ff_2)$$

definirt ist. Ich habe indeß einen vollen Monat vergeblich daran gearbeitet, zu beweisen, daß für diesen Fall die Begrenzungsbögen des Fundamentalpolygons einen gemeinsamen Orthogonalkreis besitzen, wovon ich doch so völlig überzeugt bin. (Für $n = 2$, also elliptische Functionen kommt man in der Tat hier zur Weierstraß'schen Theorie, während Weber auf Rausenberger[2] führt.) In der Meinung, mir durch Beschäftigung mit verwandten Differentialgleichungen höhere Geläufigkeit schaffen zu können, habe ich dann die Literatur über die Lamé'sche Dfgl. [Differentialgleichung][3] studirt, und bin zu dem mich überraschenden Resultat gelangt, daß dieselbe durch die in Hn. Hilbert's Habilitationsschrift[4] auftretenden Determinanten explicite integrirt werden kann. Es giebt geradezu Systeme von „transcendenten Covarianten" als deren Grenzfälle sich die H.[ilbert]'schen „irrationalen Covarianten" darstellen. Ich kann nicht recht beurtheilen, ob dieses Verhältnis allgemein interessiren möchte. Eine kleinere Mitteilung über die Lamé'sche Gleichung habe ich dieser Tage der K.[aiserlichen] Akademie übergeben;[5] eine ausführlichere über allgemeinere Gleichungen, worin ich auch das Verhältnis zu Hilbert eingehender schildern möchte, will ich in den Ferien fertig stellen.[6] Trotzdem ich nun so weit von meinem ursprünglichen Interesse abgekommen bin, habe ich die Hoffnung auf Erledigung der ersten Frage doch nicht aufgegeben. Aber die Sache ist schwer, und es gilt eigentlich, die richtige Methode erst zu erfinden. –

Dr. Fricke, der zu meiner großen Freude sich auf der Durchreise hier aufhält, erzählte mir viel von seinem letzten Aufenthalt in Göttingen.[7] Er bittet mich, Ihnen seine Grüße zu übermitteln.

Beinahe hätte ich vergessen, zu sagen, daß ich im Wintersemester noch eine Anzahl Formeln für Abel'sche Functionen von Integralsummen entwickelt habe. Damals brach ich diesen Gegenstand, höchst ermüdet von der schablonenmäßigen Natur, die die Beschäftigung mit demselben endlich annahm, ab. Sollte Ihnen Einiges darüber auch jetzt noch willkommen sein, so könnte ich wohl[8] eine kleine Note darüber verfassen. –

Sollte [Lazarus] Fuchs ernstlich gemeint haben, daß jede in Bezug auf eine Axe symmetrische Curve hyperelliptisch ist?![9] Man muß es glauben, obwo[h]l es beinahe unglaublich ist.

Verzeihn Sie meine Redseligkeit. Mit der Bitte, mich Ihrer Frau Gemahlin zu empfehlen und mir Ihr altes Wo[h]lwollen zu erhalten, bleibe ich

Ihr stets dankbarer Georg Pick.

---

1 Pick meinte die Arbeit WEBER 1886, in der dieser eingangs sein Ziel erklärte und Arbeiten von Poincaré und Klein einordnete: „Die von *Poincaré* unter dem Namen der *Fuchs*'schen eingeführten Functionen *einer* Veränderlichen [Kleins *automorphe Funktionen*, R.To], welche dadurch charakterisiert sind, daß sie durch gewisse Gruppen linearer Substitutionen ungeändert bleiben, haben auch für die Theorie der algebraischen Functionen große Bedeutung, insofern es durch sie möglich ist, zwei Veränderliche, welche durch irgend eine algebraische Gleichung von einander abhängen, als *eindeutige Functionen einer* Variablen darzustellen, also in einem gewissen Sinne für *alle* algebraischen Functionen einer Veränderlichen das zu leisten, was für eine besondere Art die elliptischen Functionen leisten. Auf diesen Zusam,menhang hat zuerst F. *Klein* in zwei kleinen aber inhaltsreichen Noten im XX^ten^ Bd. der mathematischen Annalen (Ueber eindeutige Functionen mit linearen Transformationen in sich) aufmerksam gemacht. Es ist der Zweck der vorliegenden Mitteilung, an denjenigen algebraischen Functionen, welche durch eine Quadratwurzel ausdrückbar sind, d.h. an den hyperelliptischen Functionen (mit reellen Moduln) solche Betrachtungen durchzuführen. Man kann in diesem Falle zu wesentlich einfacheren Darstellungen gelangen, als sie sich aus den allgemeinen Sätzen von Poincaré ergeben. […]" (WEBER 1886: 359)

2 Vgl. §.6. *Elliptische Functionen* in WEBER 1886: 368–70, und zu Rausenberger auch Anm. 2 zu Brief [1], dieser hatte 1884 zudem ein *Lehrbuch der Theorie der periodischen Functionen einer Variablen mit einer endlichen Anzahl wesentlicher Diskontinuitätspunkte; nebst einer Einleitung in die allgemeine Functionentheorie* (Leipzig: B.G. Teubner, 476 S.) publiziert, auf das Weber in seinem Artikel verwies, WEBER 1886: 368.

3 Klein, dem es anknüpfend an Lamé gelingen sollte, „für zahlreiche Reihenentwicklungen der dreidimensionalen Potentialtheorie das formale Gesetz" aufzuweisen (Klein 1927: 122), würdigte später die von Pick hierzu gewonnnen Ergebnisse in besonderem Maße (KLEIN 1923 GMA 3: 543), vgl. hierzu in Teil I, Kapitel 3.4.; vgl. auch STRUTT 1932.

4 Hilbert hatte wichtige Ergebnisse für seine Habilitationsschrift „Ueber einen allgemeinen Gesichtspunkt für invariantentheoretische Untersuchungen" (*Math. Ann.* 28 (1886) 381–446) im WS 1885/86 bei Klein in Leipzig gewonnen, der sie am 7.12.1885 als „Vorläufige Mitteilung" bei der Sächsischen Gesellschaft der Wissenschaften eingereicht hatte.

5 Vgl. PICK 1888b.

6 In den *Math. Ann.* erschien zu diesem Thema nur ein kurzer Beitrag (PICK 1891a), vollendet im November 1890, ohne einen Bezug zu Hilbert.

7 Robert Fricke hatte seinen Doktorvater Felix Klein in Göttingen getroffen. Als Privatlehrer in Braunschweig blieb ihm nebenher Zeit für mathematische Forschungen.

8 Pick schrieb das Wort *wohl* hier nach neuerer Rechtschreibung richtig, sonst meist ohne „h".

9 Lazarus Fuchs hatte dies in der Arbeit „Über diejenigen algebraischen Gebilde, welche eine Involution zulassen" (*Sitzungsberichte* der Berliner Akademie, Juli 1886) behauptet. Hurwitz, Klein, Pick erkannten den Fehler bei Fuchs. Hurwitz zeigte, dass man diese „[...] Curven durch Gleichungen $f(s^2, z) = 0$, darstellen kann, woraus unmittelbar folgt, dass dieselben keineswegs durch die hyperelliptischen Curven erschöpft werden", wie Fuchs behauptete [UBG] Cod. Ms. F. Klein 9: 1034 (28.12.1886). Hieraus entwickelte sich eine Polemik mit Fuchs, in die Felix Klein einbezogen war (vgl. detailliert TOBIES 2019: 505–07).

[103] 313

Neuberg, 28.8.87.

Hochgeehrter Herr Professor!

Soeben habe ich aus Prag das Manuscript des Herrn Klitzkowsky[1] erhalten. Weil ich einerseits in sträflicher Weise die Beantwortung Ihres letzten Briefes unterlassen habe, andererseits Einiges über Kl.[itzkowsky] mir sofort zu sagen möglich ist, schreibe ich heute; bezüglich der Details hoffe ich das in Kurzem berichten zu können. Ich möchte glauben, daß H.[err] Kl. nicht alle modernen Mittel kennt, welche zur Lösung des gestellten Problems führen können. Insbesondere, wenn es sich nur um Reduction auf algebraische Functionen handelt, giebt es doch eine gemeinsame Schablone für alle algebraischen Differentiale: die Zerlegung des gegebenen Differentials in elementare irreducible Bestandteile (Reduction auf Normalintegrale.) Man paart die logarithmischen Unstetigkeiten, trennt ihnen entsprechende Differentiale 3. Gattung ab; was übrig bleibt, ist zerlegbar in $2p$ linear unabhängige Differentiale, deren Integrale in einem willkürlich zu wählenden Punkt der R.[iemann]'schen Fläche bis höchstens von p^{ter} Ordnung unendlich werden, sonst endlich bleiben; und Differentiale algebraischer Functionen. Fehlen in der Reduction eines gegebenen Differentials logarithmische Unstetigkeiten und jene $2p$ Normalbestandteile erster resp.[ektive] zweiter Gattung, so ist es algebraisch integrirbar, sonst nicht. Es kann keine präcisere und naturgemäßere Lösung geben; wenn man dazunimmt, daß jene Normalformzerlegung wo[h]lbekannt*[2] und, wie mir vorschwebt, rational (sicher algebraisch) durchführbar ist, auch keine praktischere.

Was die logarithmische Reduction anlangt, so ist von Vornherein jeder Gedanke an Kriterien oder dgl.[dergleichen] aufzugeben. Sind zwei gegebene Größen commensurabel? Das kann man doch nicht auf functionentheoretischem Wege entscheiden wollen. Vielleicht entwickeln sich einmal aus der Hermite – Lindemann – Hurwitz'schen Methode zur Feststellung des Charakter's gewisser Zahlen (e, π etc.) hiehergehörige [sic!] Hilfsmittel.*[3] Bis dahin muß man sich wo[h]l mit mehr oder minder systematischer Aufstellung reducibler Integrale begnügen. Das ist ein wenig erquickliches Geschäft, und welche Rechenart man wählt, nicht sehr erheblich. Was H.[err] Kl.[itzkowsky] hier leistet, kann ich vielleicht nach genauerer Durchsicht präcis bezeichnen.

Übrigens ist die Dissertation von Kl.[itzkowsky] nicht frei von zum Teil folgenschweren Fehlern, wie ich wenigstens, durch Prof. [Max] Noether angeregt, mich überzeugt habe. Diese Fehler dürften wo[h]l inzwischen ausgemerzt sein?

Nun habe ich noch für die unverzeihliche Saumseligkeit, die nur durch Ferialunternehmungen halbwegs begründet ist, um Entschuldigung zu bitten. Aber Sie waren wo[h]l keinen Augenblick im Zweifel, daß ich mir nie ein Eigentumsrecht auf Modulfunctionen ?indicirt[4] habe? – Ferner danke ich bestens für die namhaft gemachte Literatur, welche ich sofort nach meiner Rückkehr in die Bibliotheksnähe einsehn will. –

Sollten Sie inzwischen das Manuscript benötigen, so bitte ich mich zu benachrichtigen. Sonst glaube ich nicht mehr als eine Woche zur Durchsicht zu benötigen, welcher Zeitraum indeß leicht durch irgendwelche Umstände verlängert werden könnte.

Stets Ihr dankbarer ergebener Georg Pick.
(z.[ur] Z.[eit] Neuberg i. Steiermark.)

1 Theodor *Felix* Klitzkowski (geb. 19.3.1865 in Danzig) war durch Hurwitz (seit 1884 Extraordinarius in Königsberg) zu Klein empfohlen worden. Hurwitz hatte Klein am 19.3.1887 geschrieben, dass K. bei ihm eine einstündige Vorlesung über elliptische Funktionen gehört hatte und in seiner Dissertation mit Methoden von Biot und Bouquet die Frage behandelte, wann ein Abel'sches Integral algebraisch, wann einfach, wann doppelt periodisch ist. Hurwitz beurteilte K. als „talentiert, aber noch unreif". ([UBG] Cod. Ms. F. Klein 9: 1048). Klitzkowskis Dissertation (*Ueber die Integration der* m^{ten} *Wurzel aus einer rationalen Function* (Greifswald: F.W. Kunike, 1887) war dem Ordinarius Ferdinand Lindemann gewidmet. In Kleins Kolloquium sprach K. über „Bewegung eines Punctes auf einem Ellipsoid, der vom Centrum proportional der Entfernung angezogen wird" (24.6.1887) und „Ueber gewisse Integrale, die sich algebraisch oder logarithmisch ausdrücken lassen" (22.7.1887). Vom Kolloquium sind nur die Titel der Vorträge angegeben ([Protokolle] Bd. 8: 272–73).

2 Fußnote von Georg Pick: **Weierstraß, Vorles.*[ungen]; *Weber, Recension v. Koenigsb.*[erger] *hyp.[erelliptische] Int.[egrale] (Schlöm.[ilch] Journ.*[al] = *Zeitschrift f. Mathematik und Physik) ausgeführt bei Ungar, Wr.*[Wiener] Ber.[ichte]*1884?; spec.[iell] für* $\sqrt[m]{R(z)}$ *Ungar u. ich Wr. Ber. 82; ferner Noether? etc.*

3 Fußnote von G. Pick: **Vielleicht existirt dergl.[eichen] bei Zolo-Tareff?* – Dem Petersburger Mathematiker Jegor I. Solotarjow (Zolotareff) war es gelungen, anknüpfend an ein Problem von Tschebycheff, elliptische Integrale einer bestimmten Form durch Logarithmusfunktionen auszudrücken. Er publizierte seit 1872 mehrfach in den *Math. Ann.*, vgl. ZOLOTAREFF 1872.

4 Das Wort ist unklar geschrieben, gemeint ist: kein Eigentumsrecht „angeeignet" oder „eingebildet". – Picks Satz könnte ein Hinweis darauf sein, dass Klein nun berichtet hatte, das Projekt elliptische Modulfunktionen an Robert Fricke übergeben zu wollen.

[104] 314

Wien, 20.9.87.

Hochgeehrter Herr Professor!

Wie ich vorausgesehn hatte, muß ich diesen Brief mit der Bitte beginnen, mir die lange Verzögerung zu verzeihn; ich habe mich in Neuberg nur höchst flüchtig mit der Abhandlung von Kl.[itzkowski][1] beschäftigen können, und wollte doch meine Bedenken gegen verschiedene Punkte derselben nicht aussprechen, ohne einigermaßen sicher zu sein. Auch hier bin ich erst gestern Abends wieder zur Ruhe gekommen, da mich verschiedene dringende Abhaltungen in Anspruch genommen hatten, unter Anderm ermüdende und zeitraubende Wege in Angelegenheit einer Subvention, die leider alle vergeblich waren.

Ich beginne mit dem Schlusse der fraglichen Abhandlung, auf dessen Beurteilung Sie ja auch das Hauptgewicht gelegt haben. Dieser scheint mir ganz verfehlt, was ich gerne näher begründen möchte. Es handelt sich bei Kl.[itzkowski] wie in meiner von ihm citirten Note[2] um quadratische Formen

$$(a, b, c) = ax^2 + 2\,bxy + cy^2,$$

in welchen a, b, c, x, y ganze Polynome einer Variablen bedeuten, mit dem Unterschiede, daß bei Kl.[itzkowski] die Determinante

$$R = b^2 - ac$$

ein Polynom von geradem, bei mir von ungeradem Grade ist. Kl.[itzkowski] definirt reducirte Formen (genau wie ich) durch die Bedingungen

$$\bar{b} \leq \bar{a} - 1, \quad \bar{a} \leq \bar{c} - 1, \qquad *^3$$

unter $\bar{a}, \bar{b}, \bar{c}$ die Grade der Polynome a, b, c verstanden. Kl.[itzkowski] schließt nun aus dem Bestehen der Gleichung (Seite 46.)

$$a_1 = a\lambda^2 + 2b\lambda\mu + c\mu^2,$$

welche eine Folge der Aequivalenz

$$(a, b, c) \sim (a_1, b_1, c_1) \quad \text{verm.[öge]} \quad \begin{pmatrix} \lambda & \nu \\ \mu & \rho \end{pmatrix} \quad \text{ist,}$$

daß $\mu = 0$ sein muß. Denn sonst würde, so muß ergänzt werden, der Grad von $c\mu^2$ das Maximum für den Grad von a übersteigen. Das ist auch unbedenklich in meinem Falle, wo die Grade von a und c um eine ungerade Zahl differiren, also ein Wegheben der höchsten Potenzen von $a\lambda^2$ und $c\mu^2$ nicht möglich ist. Aber gerade dieser Umstand kann und wird eintreten im Falle des Herrn Kl[itzkowski]. So trivial diese Bemerkung ist, so ist sie doch hier principiell. Nach meiner Meinung kann die Defintion der reducirten Formen bei Determinanten geraden Grades überhaupt nicht so eingerichtet werden, daß aequivalente reducirte Formen immer wesentlich identisch wären; vielmehr giebt es immer eine Periode *[4] aequivalenter reducirter Formen, und die Verhältnisse sind analog denen bei den positiven Determinanten der Zahlentheorie. So hat auch Abel die Sache aufgefaßt, ich habe also auch eine Autorität für mich, wenn es deren bedürfen sollte. Dem Gefühl wird die Sache nahe gebracht, wenn man bedenkt, daß $\sqrt{R_{2n}}$ hinsichtlich seines Grades mit ganzen Polynomen in Vergleich gesetzt werden kann, aber nicht $\sqrt{R_{2n-1}}$; gerade wie $\sqrt{\Delta}$ mit ganzen rationalen Zahlen der Größe nach verglichen werden kann, nicht aber $\sqrt{-\Delta}$.

Nicht ganz verständlich ist mir, warum Kl. [itzkowksi] (Seite 45.) die Behandlung der „Pell'schen Gleichung" als überflüssig erklärt, da er doch die Relation

$$1 = p^2 - q^2R$$

studirt, welche gerade das ist, was man hier Pell'sche Gleichung nennen muß. Überhaupt wird doch nach Dirichlet's Vorgange[5] die Pell'sche Gleichung und das Problem der reducirten Formen als ein und dasselbe anzusehn sein.

Ich lasse nun zu den früheren Teilen der Arbeit einige Bemerkungen folgen, die mir beim Lesen aufgestoßen sind.

Seite 7. Der erste unterstrichene Satz scheint mir zu viel zu behaupten. Ich kann nur folgern, daß *u* nicht Wurzel von f_m (oder f_o) sein kann. Weiter unten: In der Entwickelung von *dz/du* darf gewiss, damit *z* algebraisch bleibe, kein Glied mit u^{-1} vorkommen. Wieso soll aber hieraus das Fehlen eines Gliedes in der Entwickelung von $\frac{du}{dz} = 1 : \frac{dz}{du}$ folgen?

Die Bedingung $A_q = 0$, welche da aufgestellt wird, und später auch immer wiederkehrt, scheint also nicht die richtige zu sein. Vielmehr muß man, glaube ich, wirklich *dz/du* ausrechnen und sehn, ob kein Glied mit u^{-1} vorkommt.

Seite 28. Die Berechnung der Polynome *A*, *B* erfordert <u>nicht</u> die Kenntnis der einzelnen Größen a_i, b_i, sondern ist auf vollständig <u>rationalem</u> Wege aus den Polynomen f_o, f_m zu bewerkstelligen.

Dergleichen kleinere Incorrectheiten sind mir noch hie und da mehrere aufgestoßen, so daß ich sagen möchte, die Arbeit bedarf im Einzelnen noch einer sorgfältigen Revision.[6]

In Bezug auf das Ganze möchte ich Ihnen gegenüber zwei Bemerkungen nicht unterdrücken. Was erstens algebraische Integrabilität anbelangt, so glaube ich meine erste Behauptung aufrecht erhalten zu sollen: daß durch Klitzkowski kein Fortschritt weder in theoretischer noch in praktischer Hinsicht gegenüber der gewöhnlichen Methode (S.[iehe] z.B. Pick & Ungar 1880)[7] gemacht worden ist. Bezüglich der logarithmischen Reduction aber ist nach Ausscheidung des letzten Teils (dessen correcte Herstellung geradezu auf Abel zurückführt) ein Rest von eigentlich bekannten Sätzen übrig, deren Beweis nicht mehr als ein Drittel einer Druckseite in Anspruch nehmen sollte.

Studirt habe ich die Arbeit nicht; ob alle die „Gruppen“untersuchungen correct sind, kann ich also nicht sagen, will aber hier doch das Beste annehmen.

Die Kriterien für algebraische Reduction habe ich mir, um die Absendung nicht zu verzögern, copirt, und will sie nochmals genau mit den sonst erhältlichen vergleichen.

Nochmals wegen der langen Hinausschiebung um Entschuldigung bittend, bin ich Ihr stets dankbarer Georg Pick.

---

1 Es könnte Klitzkowskis ausgearbeiteter Kolloquiumsbeitrag vom 22.7.1887 gewesen sein, vgl. Brief [103], Anm. 1. – Klein bezog jeweils Experten als Gutachter für die *Math. Ann.* ein.

2 Klitzkowski zitierte in seiner Dissertation, Seite 3, die Arbeit PICK 1882.

3 Fußnote von Georg Pick: **Beiläufig bemerkt sei, daß der Zusatz, den Kl. machen zu müssen glaubt:* $\bar{a} = 0$, *wenn* $\bar{b} = 0$ *nicht ganz correct ist. Vielmehr muß folgerichtiger Weise, wenn a eine Constante ist, b identisch verschwinden, also eine Function vom Grade* $-\infty$ *sein.*

4 Fußnote von Georg Pick: **Wenn ein Fall logarithmischer Reduction vorliegt; sonst sogar* ∞ *viele red.*[ucirte] *Formen. S.*[iehe] *bei Abel.*

5 Dies bezieht sich auf Dirichlets Einheitensatz, vgl. (https://de.wikipedia.org/wiki/Dirichletscher_Einheitensatz).

6 Die Arbeit wurde nicht publiziert. Außer Klitzkowskis Dissertation (vgl. Brief [103] Anm. 1) konnte keine weitere Publikation von ihm festgestellt werden.

7 Vgl. Brief [35] und PICK/UNGAR 1880.

[105] 315

Prag, 15.10.87.

Hochgeehrter Herr Professor!

Heute möchte ich mir nur erlauben, Ihnen von der Ernennung Puchta's zum prof. ord. nach Czernowitz, von welcher Sie sonst wo[h]l nichts erfahren würden, Mitteilung zu machen. Es knüpft sich für mich hieran eine geringe theoretische Hoffnung, nämlich in dem zu gewärtigenden Vorschlag hier primo loco[1] zu figuriren; daß aber daraus ein wirklicher Erfolg resultirt, ist mehr als unwahrscheinlich.

Sie haben gewiß das Buch von Biermann[2] schon gesehn; auf eine Stelle möchte ich aber nicht unterlassen, Sie noch besonders aufmerksam zu machen. Pag. 426 heißt es: „M.[onsieur] Poincaré hat zwar die Existenz der (eind[eutigen] mit lin.[earen] Tr.[ansformationen] i.[n] s.[ich]) Functionen – wenigstens im Principe – bewiesen und die Abhängigkeit der zu derselben Gruppe gehörigen Functionen erschlossen, und der Verf.[asser] machte dann die Unterscheidung der Functionen ρ^{ten} Ranges etc."[3] Ist das nicht charakteristisch für Intelligenz und Charakter des „Verf.[assers]"? Ich würde gar zu gerne wissen, was man denn in Deutschland zu dem Buche sagt.[4]

Auch wüßte ich gerne, ob Sie meine lückenhaften Bemerkungen zu Klitzkowski genügend gefunden haben. Das Problem selbst angehend, möchte ich noch sagen, daß es wo[h]l noch einiges zu tun giebt. Nämlich in Bezug auf Ausschließung aller fremdartigen Größen und Irrationalitäten (also so zu sagen invariantentheoretisch) fehlt noch Alles. Überhaupt wäre die sogenannte Normalformzerlegung algebraischer Differentiale in diesem Sinne noch einer Bearbeitung bedürftig;[5] das würde sehr gut zu der Tendenz, welche Sie mich in Bezug auf Abel'sche Integrale festhalten gelehrt haben, stimmen.

S. Kantor[6] hat sich gänzlich von der Universität zurückgezogen. Der Arme, der schon die deutlichsten Spuren einer beginnenden geistigen Zerrüttung gezeigt hat, soll jetzt als Postvolontär in einer Provinzstadt Verwendung finden.

In gewohnter Verehrung

Ihr dankbar ergebener

Georg Pick.

---

1 *primo loco* [lat.] an erster Stelle.

2 Vgl. BIERMANN 1886.

3 Vgl. https://archive.org/details/theoriederanalyt00bieruoft/page/426/mode/2up?view=theater

4 Wie erwähnt, wurde bereits in Teil I, 3.6 des vorliegenden Buches aus A. Hurwitz' kritischer Rezension über das Buch von Otto Biermann zitiert (*Jahrbuch über die Fortschritte der Mathematik* 19 (1890) 361).

5 Vgl. hierzu PICK 1888a.

6 Zu S. Kantor vgl. Brief [36], Anm. 1. BEČVÁŘOVÁ 2022 zeigte, dass es Kantor bis zum Privatdoztenten mit Professorentitel an der Deutschen Universität in Prag brachte, eine Position, die er von 1883 bis 1887 wahrnahm. Seine psychische Verfasstheit bedingte, dass er andere Mathematiker des Plagiats beschuldigte (E. Schröter, G. Veronese, G. Castelnuovo) bzw. kritisierte (A. Hurwitz), sich mit Personen der Universitätsverwaltung überwarf. Er erzielte jedoch noch weitere wichtige mathematische Ergebnisse, publizierte ab 1891 bis zu seinem frühen Tode 1903 noch zwei Monographien und zahlreiche Artikel.

[106] 316

Prag, 20.10.87.

Hochgeehrter Herr Professor!

Ihre Aufforderung, meine alten Formeln für σ von beliebigen Integralsummen wieder hervorzusuchen, ist mir sehr willkommen.[1] Ich hoffe so einige Tage von der beständigen Erinnerung an eigene und fremde Streberei abgezogen zu werden, die mir umsomehr zum Ekel wird, als ich mich fortdauernd mit Biermann verglichen sehe, während ich doch so unbescheiden bin, mit solchen Leuten überhaupt nicht verglichen werden zu wollen. Ein entschiedener Protest (ich bin nicht bange, daß ein solcher nicht endlich sich einstellen wird) gegen das Buch wäre für mich in diesem Momente äußerst wünschenswert gewesen.[2] Es steht zwar auch so die Sache hier nicht allzu ungünstig; aber da nicht zu erwarten ist, daß ein einschneidender Unterschied zwischen den beiderseitigen Qualitäten constatirt wird, so knüpft sich doch keine praktische Aussicht für mich an den zu gewärtigenden Vorschlag. Könnte ich hier, oder könnte ich beim Ministerium veranlassen, daß in Deutschland angefragt wird, so würde ich mir doch eine geringe Hoffnung machen. Denn ich glaube, selbst von Berlin aus würde die Auskunft für mich vergleichsweise günstig lauten. Aber Derartiges durchzusetzen, sehe ich gar kein Mittel.

Hätte ich jetzt die nötige Gemütsruhe, so würde ich mich für einige Wochen neuen Versuchen bezüglich der zu hyperelliptischen Gebilden gehörigen Functionen mit l.[inearen] Tr.[ansformationen] i.[n] s.[ich] hingeben.[3] Nie hat mich ein Gegenstand so gereizt wie dieser, wo ich einen fundamentalen Satz vermute, ohne irgend ein Beweismittel ahnen zu können. Wie aber die Umstände sind habe ich jetzt gar nichts getan, als flüchtig über alles mögliche gedacht; z.B. auch über p = 3, wo mir die Schwierigkeit immer darin zu bestehen schien, jene (irrationale) Form ausfindig zu machen, welche der Grundform a_x^4 zu adjungiren ist, damit simultane Covarianten der beiden die Entwickelungscoefficienten ergeben. Ich habe aber natürlich nichts herausgebracht.

Die allgemeinen Formeln will ich also zu einer kurzen Note gestalten; die fragmentarische Natur des Stoffs leidet ohnedies keinen ausführlichen Text. Darf ich sie Ihnen dann schicken? Und würde dann eine baldige Publication möglich sein?[4]

In größter Hochachtung
Ihr dankbarer
G. Pick.

---

1 Hieraus entstand die Arbeit PICK 1888a.

2 Die kritische Rezension zum Buch von Otto BIERMANN (1886/1887) erschien – wie gesagt – im deutschen Review-Journal *Jahrbuch über die Fortschritte der Mathematik* erst in Bd. 19 (1890).

3 Hier sind die Funktionen gemeint, die Klein 1890 *automorphe Funktionen* nennen sollte.

4 Klein sorgte für den schnellen Druck: PICK 1888a.

[107] [UBG] Cod. Ms. F. Klein 22 D, Bl. 34-35

Prag, 1.12.87.

Hochgeehrter Herr Professor!

Die Ankunft Ihrer Note,[1] für deren Übersendung ich bestens danke, mahnt mich dringend meine Lässigkeit hinsichtlich der einschlägigen Formeln wieder gut zu machen. Daß sich die in meinem Besitz befindlichen Resultate zu einer Publication doch nicht recht eignen, war der Grund, der mich von der Zusammenstellung (nach abermaliger Prüfung) abhielt; Ihnen die Resultate brieflich mitzuteilen, habe ich sträflicher Weise von Tag zu Tag verschoben. Ich tue dies endlich heute, in der Hoffnung, daß Ihnen die Formeln noch willkommen sein möchten.

Um größte Vielseitigkeit (in formaler Hinsicht) zu erlangen, definire ich ein „modificirtes Integral dritter Gattung" etwas allgemeiner als früher:[2]

$$H_{xy}^{x'y'} = \int_y^x \int_{y'}^{x'} ddH_{\xi\xi'}$$

$$= lg \frac{\begin{vmatrix} \varphi(x) & \varphi(x') \\ \psi(x) & \psi(x') \end{vmatrix} \begin{vmatrix} \varphi(y) & \varphi(y') \\ \psi(y) & \psi(y') \end{vmatrix}}{\begin{vmatrix} \varphi(x) & \varphi(y') \\ \psi(x) & \psi(y') \end{vmatrix} \begin{vmatrix} \varphi(y) & \varphi(x') \\ \psi(y) & \psi(x') \end{vmatrix}} - \Pi_{xy}^{x'y'} \quad ,$$

wobei unter φ, $\psi = 0$ zwei beliebige Curven gleicher Ordnung verstanden sind. Ist diese die erste, so erhält man das früher (*Ann.*[*alen*]) verwendete modificirte Int.[egral] 3$^{\text{t.[er]}}$ Gttg. [Gattung] – Ich gehe nun davon aus, daß die Differenz

$$\log\theta\left(\sum_{r=1}^{m}\int_{y_r}^{x_r} du\right) - \frac{1}{2}\left(\sum_{r=1}^{m}\int_{y_r}^{x_r}\right)\left(\sum_{s=1}\int_{y_s}^{x_s}\right) ddH_{\varsigma_r\xi_s}$$

der Logarithmus einer algebraischen Function der Grenzen ist. Es handelt sich darum jenen Bestandteil dieser Größe zu finden, welcher von φ, ψ abhängt. Dies ist leicht. Erstens folgt für $H_{x_r y_r}^{x_s y_s}$ $(s \gtrless r)$ aus der Definition ein Subtrahend[,] nach dessen Abzug nur mehr die von φ, ψ unabhängige Function $-\Pi_{x_r y_r}^{x_s y_s}$ bleibt, und für $H_{x_r y_r}^{x_r y_r}$ findet man durch Grenzübergang oder umständlicher durch wiederholte Anwendung des Abel'schen Theorem's

$$H_{x_r y_r}^{x_r y_r} = \log \frac{(f\varphi\psi)_{x_r} \cdot (f\varphi\psi)_{y_r}}{\begin{vmatrix} \varphi(x) & \varphi(y) \\ \psi(x) & \psi(y) \end{vmatrix}^2} + \Lambda$$

wo Λ von φ, ψ unabhängig ist. $(f\ \varphi\ \psi)$ soll hie[r]bei die Jacobische Determinante von f, φ, ψ bedeuten. Setzt man ferner zur Abkürzung,

$$[x,y]=\begin{vmatrix}\varphi(x) & \varphi(y)\\ \psi(x) & \psi(y)\end{vmatrix},$$

so lautet jetzt das Resultat:

$$\theta\left(\sum_{r=1}^{m}\int_{y_r}^{x_r}du\right)=\Phi\cdot\frac{\prod_{r,s}[x_r y_s]^2}{\prod_r (f\varphi\psi)_{x_r}\cdot(f\varphi\psi)_{y_r}\cdot\prod_{r\leq s}[x_r x_s]\cdot[y_r y_s]}\cdot e^{\frac{1}{2}\left(\sum_r\int_{y_r}^{x_r}\right)\left(\sum_s\int_{y_s}^{x_s}\right)ddH_{\zeta_r\zeta_s}}$$

wo nun Φ eine von φ, ψ unabhängige Form in den x, y bedeutet.[3]

Will man zweierlei Integrale dritter Gatt[un]g in der Formel zulassen, so kann man einen großen Teil der Factoren ersparen, indem man die *H* zum Teil wieder durch die *Π* ersetzt. – Ich habe noch Verschiedenes mit der Formel versucht. Beispielsweise die Annahme [,] daß die *y* ein voller Schnitt sind. Doch ist keinerlei nennenswerter Erfolg dabei gewesen, so daß ich glaube es könnte nur in den speciellen Fällen ein weiterer Fortschritt gemacht werden, welcher dann erst zu Verallgemeinerungen führen würde.

Ich will also hiermit schließen. In gewohnter Verehrung und Dankbarkeit bleibe ich Ihr ergebenster Georg Pick.

1 Es war KLEIN 1887 (vom 5. Nov. 1887), worin Klein die Untersuchungen zu hyperelliptischen Funktionen auf *beliebig viele* Argumente ausgedehnt hatte.

2 Vgl. Brief [101]. Der Ausdruck $ddH_{\xi\xi'}$ ist hier eine Abkürzung für $\frac{\partial^2 H}{\partial\xi\partial\xi'}\partial\xi\partial\xi'$. – Die Schreibweise *lg* wurde im 19. Jh. auch für den natürlichen Logarithmus *log* benutzt. (Für diese und weitere Hinweise dankt die Autorin Hans Fischer (Eichstätt).)

3 In dieser voranstehenden Formel muss es heißen: s ≷ r (anstelle s ≤ r).

[108] 317

Prag, 17.12.87.

Hochgeehrter Herr Professor!

Heute möchte ich mir nur die Mitteilung erlauben, daß endlich der Vorschlag des Professorencollegiums ergangen ist, und lautet: 1° l.[oco] Ich, 2° l.[oco] [Otto] Biermann, unter besonderer Hervorhebung meiner Qualification als Lehrer. Näheres weiß ich leider nicht; sehr würde es mich interessiren, wie Durège sich durch die beiderseits vorliegenden Publicationen durchgefunden hat. Die Herren werden übrigens jetzt noch mit B.[iermann]'s Anhang einen bösen Stand haben.[1] Und ich glaube doch, daß er eigentlich zufrieden sein dürfte, da er immer noch weitaus die größeren Chancen hat. Ich will Sie aber mit diesen Dingen nicht wieder langweilen und schließe lieber.

Mit größter Hochachtung

Ihr dankbarer

G. Pick.

1 Vgl. hierzu Brief [41].

[109] 318

Wien, 5.1.88.

Hochgeehrter Herr Professor!
Diesmal komme ich mit einer großen Bitte. Meine Prager Freunde, wie ich Mach, Lippich u. Durège doch nach ihren Gesinnungen gegen mich nennen darf,[1] glauben, daß eine Äußerung von Ihnen, in welcher der Prager Vorschlag billigend begrüßt wird, mir sehr nützlich werden könnte. Meine Bitte ist nun, daß Sie an Professor Durège (oder wenn Ihnen angenehmer an Mach oder Lippich) in diesem Sinne schreiben.

Durège war noch am Tage vor meiner (vorgestern erfolgten) Abreise hieher bei mir, um mit mir nochmals über die Sache Rücksprache zu nehmen. Wenn er Ihnen nicht selbst schreibt, so scheint mir der Grund nur darin zu liegen, daß er es für vollwichtiger hält, wenn Sie ohne seine Aufforderung Ihre Ansicht kund geben.

Ich wage diese Bitte in Erinnerung daran, daß Sie mir vordem wiederholt angeboten haben, für mich an Professor Mach oder Durège zu schreiben.[2] Also in der Hoffnung, daß Ihnen mein Ersuchen nicht unbescheiden erscheint, bleibe ich in gewohnter Hochachtung und Verehrung

Ihr dankbarer Georg Pick
(z.[ur] Z.[eit] Wien, III. Seidlg.[asse] 22.)

1 Vgl. Brief [41].
2 Klein erfüllte die Bitte, vgl. Brief [110].

[110] 319

Prag, 26.1.88.

Hochgeehrter Herr Professor!
Nehmen Sie meinen herzlichsten Dank für den Brief an Prof. Durège; hätte sich mein Aufenthalt in Wien nicht durch die Notwendigkeit, mich dem Minister selbst vorzustellen, bis vorgestern hinausgezogen, so würde sich auch dieser mein Brief früher eingefunden haben; ich war in der Tat besorgt, wie Sie meine Bitte möchten aufgenommen haben. Meine Angelegenheit steht jetzt sehr günstig; vielleicht bin ich in wenigen Wochen ein unabhängiger Mann. Rätselhaft bleibt mir vor der Hand immer noch, wie Durège sich in der Angelegenheit so freundlich benommen hat; sollte ich mich so viele Jahre lang gänzlich getäuscht haben?

Dieser Tage werde ich mir erlauben, Ihnen eine kleine Note (Manuscr.[ipt]) einzusenden, welche ich in Wien überlegt habe; sie handelt über die Normalformzerlegung hyperer Integrale in rationaler Form.[1] Was man da machen kann, ist leider heutzutage blos eine Angabe der nötigen Operationen; von expliciter Durchführung kann nicht die Rede sein. Ich führe Alles auf die eine Grundaufgabe zurück: die diophantische Gleichung $A\varphi + B\psi = C$ (A, B, C ganze rat.[ionale] Fu.[nctionen]) für die unbekannten <u>ganzen Polynome</u> φ, ψ aufzulösen. Über die Möglichkeit <u>algebraischer</u> Integration eines hyperell.[iptischen] Differentials kann hiedurch entschieden werden. Was aber die <u>logarithmische</u> Integration anlangt, so scheint noch eine besondere Untersuchung nötig, um Alles rational halten zu können; daran will ich mich nachher machen. Inwieweit Noether Ähnliches (in Bd. 23?) für alg.[ebraische] Differentiale leistet,[2] muß ich mich noch überzeugen. Ich glaube[,] daß er wenigstens die Mittel dazu vollständig angiebt.

In vorzüglicher Hochachtung bleibe ich stets

Ihr dankbarer G. Pick.

---

1 Das Ergebnis erschien in den *Math. Ann.* (PICK 1888a). Ausgehend von der Frage nach der algebraischen Integrabilität eines hyperelliptischen Differentials gab Pick einen Weg an, hyperelliptische Integrale in eine Summe von (irreduciblen) Normalbestandteilen zu zerlegen, der einfacher war, als der durch Leo Königsbergers *Vorlesungen über die Theorie der hyperelliptischen Integrale* bekannte Weg.

2 Max Noether behandelte das analoge Problem für das ternäre Gebiet. Vgl. Noether, M. (1884): „Rationale Ausführung der Operationen in der Theorie der algebraischen Functionen“. *Math. Ann.* 23: 311–58 (datiert: 28.10.1883).

[111] 320

Prag, 4.4.88.

Hochgeehrter Herr Professor!

Herr Professor Mach hat vor mehr als vierzehn Tagen an Professor [Hermann Amandus] Schwarz geschrieben, um sein Urtheil über Biermann und mich bittend, in der Absicht, eben das Urtheil eines Weierstraß nahe Stehenden zu besitzen und eventuell auch verwenden zu können. Wiewohl ich nicht glaube, daß auf diesem Wege die Ansicht des Ministers, welcher sich an die Dickleibigkeit des Biermannschen Buches[1] im Gegensatz zum geringeren Umfang meiner Arbeiten hält, zu ändern ist, trotzdem ich also weit weniger Hoffnung habe, als selbst Mach noch für meine Sache hat, empfinde ich es doch sehr peinlich, daß Professor Schwarz die Anfrage keiner Antwort würdigt, nicht mal einer ablehnenden oder ausweichenden. Ich folge also nicht nur Mach's Aufforderung, Ihnen hievon gelegentlich Mittheilung zu machen, sondern auch meinem eigenen Bedürfnis, wenn ich Ihnen dies heute schreibe; eine Gelegenheit abzuwarten geht nicht gut an, da ich in nächster Zeit kaum einen anderen Anlaß zu schreiben voraussehe.[2]

Nehmen Sie die Versicherung beständiger Hochachtung von

Ihrem dankbar ergebenen Georg Pick.

---

1 BIERMANN (1886/1887), 457 Seiten.

2 Klein erreichte, dass H.A. Schwarz noch eine Antwort an Mach sandte (vgl. Brief [115]).

[112] 321

Prag, 27.5.88.

Hochgeehrter Herr Professor!

Ihr Brief hat mir vor allem in der Beziehung Freude gebracht, daß er meinen Befürchtungen, Sie seien aus irgend welchen Gründen über mich ungehalten, ein Ende gemacht hat. Auch sehe ich darin eine indirecte Aufforderung, Ihnen über meine Versuche zu berichten; ich thue das hiemit, um Sie zu überzeugen, daß ich doch zu einigen Kleinigkeiten noch die nötige Gemütsruhe aufgebracht habe.

Einen großen Teil des Schuljahres habe ich wieder mit vergeblichen, aber belehrenden Versuchen hingebracht, das Vorhandensein eines Orthogonalkreises des Fundamentalpolygons mit der Gestalt der Differentialgleichung in Beziehung zu bringen. Vielleicht gelingt die Sache im nächsten Jahre. Ich lasse mich da nicht abschrecken.

Jetzt bin ich wieder zur Erholung bei den elliptischen Functionen angelangt. Ich habe einige Ergänzungen zu meinen früheren Formeln durchgeführt: die Zahlenfactoren zu g_2 und g_3 bestimmt und den directen Übergang von meinen zu der Hermite-Brioschi'schen Formel ($\gamma^{(3u)}$) durchgeführt.[1] Ferner habe ich analoge Formeln für die Raumcurven 4ter Ordnung 1. Sp. aufgestellt, und bin eben daran auch die Formel $\gamma^{(4u)}$ abzuleiten.[2]

Ein wenig habe ich auch in die Abel'schen gepfuscht und bin da zu einem Resultat gekommen, welches ich mir kaum glauben kann. Ich finde, daß zu jeder Curve von ungerader Ordnung (ohne Doppelpunkte natürlich) ein $\underline{\Sigma}$ vom $\underline{1}^{\text{ten}}$ Grade gehört. Ich möchte hierüber mich näher erklären. Sind $x_1, \ldots x_{mn}$ beliebige Punkte von $f = a_x^n = 0$ so enthält

$$\sigma\left\{\underbrace{\int^{x_1}+\cdots+\int^{x_{mn}}}_{\varphi_m=0}\right\}$$

einen gewissen transcendenten Factor von der Form

$$e^{-\frac{1}{2}\left(\Sigma\int\right)\left(\Sigma\int\right)ddQ}.$$

In diesem Factor kommen eine Anzahl willkürlicher Hilfselemente vor, deren Vorhandensein durch Vorsetzen eines geeigneten „compensirenden" algebraischen Factors aufgehoben werden muß. Dieser compensirende Factor ergiebt sich in jeder Coordinatenreihe x_i von der Ordnung

$$-\left[m+\frac{n-3}{2}\right].$$

Damit das Ganze eine Function werde, ist also noch ein Factor vom Grade $m+\frac{n-3}{2}$ erforderlich. Es sei nun n ungerade und $m \geq \frac{n-1}{2}$ gewählt. Dann giebt es, wie leicht zu sehn, gerade $\underline{mn}$ linear unabhängige Curvenpolygone ψ_i vom Grade $m+\frac{n-3}{2}$ (vermöge $f = 0$). Die Determinante

$$\left|\psi_i(x_k)\right| \qquad (i, k = 1, \ldots mn)$$

ist dann ein Factor von der gewünschten Beschaffenheit. Es fehlt dann allerdings noch der erforderliche Beweis, daß der ganze Ausdruck nur von den p Integralsummen abhängt, der aber kaum wirkliche Schwierigkeiten bietet. Für $n = 3$ kommt in der That die richtige Formel für σ.

Leider bin ich durch zwei zwar kleine Vorlesungen (Variationsrechnung, Quaternionen) ziemlich in Anspruch genommen und kann nicht ausschließlich für mich arbeiten, was ich am liebsten thäte. Die elliptischen Sachen will ich demnächst nach Wien schicken.[3] Bezüglich der Abel'schen aber möchte ich Sie direct fragen, ob Sie die Sache für publictionsfähig halten.[4] Es würde allgemein der transcendente Bestandteil und der compensirende Factor entwickelt, für ungerade n die $\Sigma^{(1)}$ aufgestellt, und endlich für $n = 3$ specialisirt werden.

Nehmen Sie nun nochmals besten Dank für Ihren Brief; die Pedanterie Prof. Schwarz' wird mir, fürchte ich, sehr schaden.

Stets Ihr dankbar

ergebener

Georg Pick.

---

1 Vgl. Brioschi, F. (1886): « Sur quelques formulas hyperelliptiques. » *Comptes Rendus des sèances de l'Académie des Siences* t. CII : 239–42 ; 297–98 (Brioschi, Opere Matematiche. Milano 1909, T. V, 53–58).

2 „1. Sp." vermutlich ist „erste Sparte" gemeint. In seiner Arbeit (PICK 1889) benutzt er den Ausdruck „Raumcurven vierter Ordnung erster Art".

3 Die genannte Arbeit PICK 1889.

4 Vgl. dazu auch die Briefe [113], [115] und [116].

[113] [UBG] Cod. Ms. F. Klein 22 D, Bl. 36-37

Prag, 13.6.88.

Hochgeehrter Herr Professor!

Da ich doch vor den Ferien nicht an die Ausarbeitung der Abel'schen Formeln werde gehen können – meine Vorlesungen nehmen mir stets 2 – 3 Tage der Woche in Anspruch, und die übrige Zeit wird durch die Raumcurven 4ter Ordnung ganz ausgefüllt – so will ich versuchen, Ihnen heute klarer darzulegen, was ich gefunden zu haben glaube. Ich beziehe mich dabei auf einen Satz, den ich Ihnen schon im Winter meine mitgetheilt zu haben,[1] und der lautet:

$$\sigma^2\left(\sum_{i=1}^{m}\int_{y_i}^{x_i}\right) = \mathrm{X}e^{\left(\sum_y\int_y^x\right)\left(\sum\int_y^x\right)ddH}$$

Es bedeutet dabei *ddH* das Differential eines folgenderweise modificirten (Doppel-) Normalintegrals dritter Gattung: Von der Größe

$$\log\left\{\frac{\Phi(x)\,\Psi(x') - \Phi(x')\,\Psi(x)}{\Phi(x)\,\Psi(y') - \Phi(y')\,\Psi(x)}\cdot\frac{\Phi(y)\,\Psi(y') - \Phi(y')\,\Psi(y)}{\Phi(y)\,\Psi(x') - \Phi(x')\,\Psi(y)}\right\}$$

wird das Normalintegral $\int_y^x\int_{y'}^{x'} ddQ$ abgezogen; die Differenz werde mit $\int_y^x\int_{y'}^{x'} ddH$ bezeichnet.[2] Φ u. Ψ sind beliebige Curven gleicher Ordnung.

$\int_{y}^{x}\int_{y'}^{x'} ddH$ wird $lg\,\theta$ wenn x, x' (od.[er] wenn y y') auf einer Curve des Büschels $\Phi + \lambda\,\Psi$ liegen, $-lg\,\theta$ wenn dies für x, y' od. $x'y$ der Fall ist.[3]
X bedeutet eine algebraische Function.
Ich lasse nun die y_i durch Schnitt einer Curve m^{ter} Ordnung mit der Grundcurve $f_n = 0$ entstehn. Dann empfiehlt es sich rechts in den beiden Integralzeichensummen die unteren Grenzen durch zwei verschiedene C_m ausschneiden zu lassen:

$$\varphi = 0 \qquad \psi = 0.$$

Hierauf hängt der transcendente Bestandtheil von σ^2 von 4 Hilfscurven Φ, Ψ, φ, ψ ab und der Factor X erhält nun vor allem die Aufgabe, diesen Umstand zu compensiren. Den Übergang von φ, ψ zu anderen C_m φ', ψ' vermittelt sehr zweckmäßig das Abel'sche Theorem; Jener [Übergang] von Φ, Ψ zu Φ', Ψ' ist mit gewissen Vorsichten durch Grenzübergang leicht zu bewerkstelligen. Es ergiebt sich aus solcher Untersuchung folgender Compensationsfactor (wobei die Punkte $(f\,\varphi)$ mit ξ_i, $(f\,\psi)$ mit η_i bezeichnet sind):

$$\text{Nenner} = \prod_{i,\kappa}\{\Phi(\xi_i)\Psi(\eta_\kappa) - \Phi(\eta_\kappa)\Psi(\xi_i)\}\prod_i \varphi(x_i)\psi(x_i)\prod_i \frac{d(f,\Phi,\Psi)}{d(x_i', x_i'', x_i''')}$$

$$\times \prod_{i<\kappa}\{\Phi(x_i)\Psi(x_\kappa) - \Phi(x_\kappa)\Psi(x_i)\}^2$$

$$\text{Zähler} = [\text{Resultante}(f,\varphi,\psi)]^2 \cdot \prod_{i,\kappa}\{\Phi(x_i)\Psi(\xi_\kappa) - \Phi(\xi_\kappa)\Psi(x_i)\}$$

$$\cdot \prod_{i,\kappa}\{\Phi(x_i)\Psi(\eta_\kappa) - \Phi(\eta_\kappa)\Psi(x_i)\}$$

Der Grad dieses Factors in den Coordinaten eines der Punkte (x_i', x_i'', x_i''') ist

$$-[2m + n - 3].$$

Es sei nun <u>n</u> ungerade, und <u>m</u> so groß gewählt, daß

$$(m + \frac{n-3}{2})n > 2p - 2,$$

also

$$m \geq \frac{n-1}{2}.$$

Dann giebt es genau <u>mn</u> linear unabhängige Curvenpolynome <u>ω_κ</u> von der Ordnung

$$(m + \frac{n-3}{2}).$$

Multiplicirt man demnach die Determinante

$$|\omega_\kappa(x_i)| \qquad (i, \kappa = 1, 2, \ldots mn)$$

mit der Quadratwurzel aus dem gesammten bisher gefundenen Ausdruck (Compensationsfactor $\times$ Transcendente), so erhält man eine Jacobi'sche Function <u>1ten</u> Grades, welche <u>rational</u> ist, falls der Beweis erbracht werden kann, daß die Größe wirklich nur von den Integralsummen erster Gattung abhängt. Dieser Beweis läßt sich mittelst der Nöther'schen Methode des Vexiren's wohl ohne große Schwierigkeit erbringen; allein ich bin, wie gesagt, jetzt nicht im Stande, auf die Sache einzugehn.[4]

Die Endformel läßt Vereinfachungen in mehr als einer Richtung zu. So empfiehlt es sich beispielsweise sehr Φ mit φ, Ψ mit ψ coincidiren[5] zu lassen u. d. gl. m. [und dergleichen mehr].

Prof. Mach hat auf Ihren Rat an [Alfred] Pringsheim u. außerdem an [Max] Noether geschrieben. Namentlich der Brief von Noether soll sehr günstig lauten. Ob die Resultate entsprechend sein werden,[6] muß freilich dahingestellt bleiben.

In gewohnter Verehrung

Ihr dankbarer

G. Pick

---

1 Vgl. Brief [107].

2 Zur Erklärung der abgekürzten Ausdrucksweise für *ddH* vgl. auch Brief [107], Anm. 2. Das gilt analog für *ddQ*.

3 Es sei angemerkt, dass es sich bei dem Ausdruck *lg* θ um das kleine Theta θ handelt, das verschiedene Bedeutungen in den Wissenschaften besitzt, in der Mathematik kann es die Koordinate des Polarwinkels bei Kugelfunktionen sein bzw. der Winkel einer Fläche.

4 Zu diesem Thema konnte keine Publikation von Pick gefunden werden. – Zu Max Noether vgl. insbes. NOETHER 1880, NOETHER 1883. Mit der *Methode des Vexi(e)ren's* könnte eine Art von Probieren gemeint sein, abgeleitet von *vexare* (lat.) stark bewegen, schütteln.

5 *coincidiren* [lat.] zusammenfallen, übereinstimmen.

6 Pick meinte das Resultat einer erfolgreichen Berufung.

[114] 322

Prag, 25.6.88.

Hochgeehrter Herr Professor!

Mitfolgende Skizze erlaube ich mir Ihnen mit der Bitte einzusenden,[1] mir, wenn möglich, mitzutheilen, ob das darin aufgestellte Princip einerseits, andererseits die speciell für den Kegelschnittsbüschel entwickelten Formeln 1) 2) etc. und Normirung (I) bekannt sind.

Ich bin auf diese Dinge gekommen, weil ich mich genötigt sah, zum Zwecke der Anwendung auf elliptische Functionen, das Formelsystem zweier F_2 zu studiren. Hier habe ich eine große Zahl augenscheinlich noch nicht publicirter Resultate; da es sich mir ja hauptsächlich um Combinanten handelt, so war mir das sehr bald erkannte Gruppirungsprincip vom größten Nutzen.[2] Ich sehe übrigens immer mehr und mehr, daß ich gut daran thun werde, die rein formentheoretischen Untersuchungen getrennt von den elliptischen Anwendungen zu publiciren. Leider kann ich mir keine rechte Litteratur zusammenbringen. Außer Clebsch über das Normalenproblem (Crelle 62.)[3] und einigen auf Flächen überhaupt bezüglichen Abhandlungen desselben Verfassers habe ich nichts einschlägiges finden können.[4] Und doch ist die Sache vielfach interessant und namentlich der Vergleich mit dem Formensystem der ebenen Curve dritter Ordnung höchst lehrreich. Da sind ganz verschiedene Bildungen beiderseits und dazugehörige Relationen, die sich doch im höheren Sinne vollständig entsprechen. Selbst für die Geometrie an sich ergiebt sich, wie ich glaube, noch einiger Gewinn.[5]

Indem ich die Hoffnung ausspreche, daß Ihnen meine Bitte nicht ungelegen kommt, bleibe ich in steter Verehrung

Ihr dankbarer

G. Pick.

---

1 Vgl. unten die Anlage Picks zu diesem Brief [114].

2 Zu *Combinanten* (φ, ψ) vgl. Hilbert, D. (1887). „Über binäre Formenbüschel mit besonderer Kombinanteneigenschaft". *Math. Ann.* 30: 561–70.

3 Clebsch, A. (1863): „Ueber das Problem der Normalen bei Curven und Oberflächen der zweiten Ordnung". *Crelle-Journal* 62: 64–109.

4 Dazu notierte Klein: *„Töplitz. Bd. XI. Westphal Bd. XIII." D.h.* Emil Toeplitz (1877), „Ueber ein Flächennetz zweiter Ordnung". *Math. Ann.* 11: 434–63; Gustav Westphal (1878), „Ueber das simultane System zweier quaternären Formen 2ten Grades und eine allgemeine algebraische Parameterdarstellung der Raumcurve 4ter Ordnung $p = 1$". *Math. Ann.* 13: 1–19.

5 Pick trug darüber 1888 in der „Prager deutschen mathematischen Gesellschaft" vor, arbeitete daran weiter und publizierte PICK 1891a. In dasselbe Heft brachte Klein eine eigene Arbeit „Ueber Normirung der linearen Differentialgleichungen zweiter Ordnung". *Math. Ann.* 38 (1891) 144–52. Vgl. dazu detaillierter Anm. 1 zu Brief [121].

Brief [114] Anlage

Normirung des Formensystems zweier Kegelschnitte zum Zwecke der Combinantenbestimmung.

v. Georg Pick.

Ich beziehe mich auf die Tabelle des vollen Systems auf pag. 291 Clebsch-Lindemann.[1] Werden die Formen dieses Systems dem Aronhold'schen δ – Proceß unterworfen,[2] so findet sich:

1) $Sf = f'$, $Sf' = 0$;
2) $\delta F_{11} = 2 F_{12}$, $\delta F_{12} = F_{22}$, $\delta F_{22} = 0$;
3) $\delta A_{111} = 3 A_{112}$, $\delta A_{112} = 2 A_{122}$, $\delta A_{122} = A_{222}$, $\delta A_{222} = 0$;
4) $\delta B_1 = -2 B_2 + A_{122} u_x$, $\delta B_2 = {}^1\!/_3 \, A_{222} u_x$;
5) $\delta N = 0$;
6) $\delta C_1 = N$, $\delta N = 2 C_2$, $\delta C_2 = 0$;
7) $\delta D = 0$;
8) $\delta T_1 = -T_2 + 2 A_{122} N$, $\delta T_2 = {}^2\!/_3 \, A_{222} N$;
9) $\delta \Delta = 0$;
10) $\delta \Phi_{12} = 2 A_{122} f' + {}^2\!/_3 \, A_{222} f$.

Führt man die Bezeichnungen ein:

$$(I) \quad \begin{cases} \mathcal{F} = \mathcal{F}_{11} , \quad \mathcal{F}' = \mathcal{F}_{12} , \quad \mathcal{F}'' = \mathcal{F}_{22} ; \\ \mathcal{A} = \mathcal{A}_{111} , \quad \mathcal{A}' = \mathcal{A}_{112} , \quad \mathcal{A}'' = \mathcal{A}_{122} , \quad \mathcal{A}''' = \mathcal{A}_{222} ; \\ \mathcal{B} = \mathcal{B}_1 - \frac{1}{3} \mathcal{A}_{112} u_x , \quad \mathcal{B}' = - \mathcal{B}_2 + \frac{1}{3} \mathcal{A}'' u_x ; \end{cases}$$

$$
\text{(I)}\quad \left\{ \begin{array}{l}
\mathcal{e} = \mathcal{e}_1,\ \mathcal{e}' = \tfrac{1}{2}\mathcal{N},\ \mathcal{e}'' = \mathcal{e}_2\,; \\
\mathcal{T} = \mathcal{T}_1 - \tfrac{2}{3}\mathcal{A}_{111}\mathcal{N},\ \mathcal{T}' = -\mathcal{T}_2 + \tfrac{2}{3}\mathcal{A}_{222}\mathcal{N}\,; \\
\Phi = \Phi_{12} - \tfrac{2}{3}\mathcal{A}_{112}f' - \tfrac{2}{3}\mathcal{A}_{122}f\,. \ ,
\end{array} \right.
$$

So kann an Stelle der angegebenen Tabelle die folgende gesetzt werden:

$$
\text{(II)}\quad \left\{ \begin{array}{l|l}
\mathcal{N};\ \mathcal{D};\ \Delta;\ \Phi; & \varepsilon = -1;\,-1;\,-1;\,+1; \\
f, f';\ \mathcal{B}, \mathcal{B}';\ \mathcal{T}, \mathcal{T}'; & +1;\,-1;\,-1; \\
\mathcal{F}, \mathcal{F}', \mathcal{F}'';\ \mathcal{e}, \mathcal{e}', \mathcal{e}''; & +1;\,-1; \\
\mathcal{A}, \mathcal{A}', \mathcal{A}'', \mathcal{A}'''. & +1.
\end{array} \right.
$$

Auf diese Weise ist das System in (10) Gruppen zerlegt, deren jede folgende charakteristische Eigenschaften besitzt. Seien

$$M, M', M'', \ldots M^{(k)}$$

die Formen einer solchen Gruppe, so ist

a) $\delta M = k M',\ \delta M' = (k-1) M'', \ldots\ \ \delta M^{(k-1)} = M^{(k)},\ \delta M^{(k)} = 0$;

b) bei Vertauschung von f mit f' geht

$$M,\quad M', \ldots\quad M^{(k-1)},\quad M^{(k)}$$

resp.[ective] über in $\varepsilon M^{(k)}, \varepsilon M^{(k-1)}, \ldots \varepsilon M', \quad \varepsilon M$,

wo ε entweder = +, oder –1 ist (die zugehörigen ε-Werte sind oben angegeben.) Man bilde nun mit jeder solchen Gruppe je eine binäre Form der Veränderlichen λ_1, λ_2 in folgender Weise:

$$\mathcal{M}_\lambda^{k} = \mathcal{M}\lambda_1^{k} + \binom{k}{1}\mathcal{M}'\lambda_1^{k-1}\lambda_2 + \cdots + \mathcal{M}^{(k)}\lambda_2^{k}\,;$$

Dann gilt allgemein der Satz:

Der Inbegriff der Combinanten des Formenbüschels $f + \lambda f'$ ist identisch mit dem Inbegriff aller simultanen Invarianten der soeben definirten (10) binären Formen.

Zur Erläuterung muß bemerkt werden, daß unter Invariante einer Form 0ten Grades diese Form selbst zu verstehn ist; bei simultanen Bildungen treten Formen 0ten Grades einfach als Factoren auf.

Obiger Satz ist leicht zu beweisen. Irgend eine Combinante K läßt sich als ganze rationale Function von (II) ausdrücken. Wendet man dann K auf den Proceß δ an so ergiebt sich genau eine der für die Invarianten des Systems binärer Formen charakteristischen Differentialgleichungen etc.

Hiezu muß noch bemerkt werden, daß dieselbe Combinante im Allgemeinen auf mehrfache Weise durch Invarianten des binären Systems dargestellt werden kann. Auf diese Weise wird das geschilderte Verfahren eine Quelle zahlreicher Identitäten; es entsteht aber gleichzeitig die Aufgabe alle die Identitäten (oder wenigstens alle fundamentalen) anzugeben.

Prag, 25.6.88.

1 Vgl. CLEBSCH/LINDEMANN 1876.

2 Siegfried Aronhold (1819-1884) erbrachte maßgebliche Beiträge zur Invariantentheorie, vgl. insbes. „Ueber eine fundamentale Begründung der Invariantentheorie". *Crelle-Journal* 62 (1863) 281–345.

[115] 323

Neustadt a/Mettau, 31.7.88.

Hochgeehrter Herr Professor!

Endlich komme ich dazu Ihren letzten Brief zu beantworten, und Ihnen die Nachricht von meiner inzwischen erfolgten Ernennung zu geben. Sie kam so unerwartet, als alle früheren Phasen der Angelegenheit wenigstens den nicht an der Quelle Sitzenden unvermittelt erscheinen mußten. Von dem Inhalt des Briefes, den Prof. Schwarz an Mach richtete, bin ich nachträglich unterrichtet worden. Darf ich Sie bitten, Hn. Prof. S.[chwarz] gelegentlich meinen besten Dank zu übermitteln? Und nehmen Sie selbst, hochverehrter Herr Professor, meinen herzlichsten Dank für die thätige Theilnahme, mit der Sie den jetzigen glücklichen Abschluß herbeiführen geholfen haben.

Daß ich augenblicklich mitten in der Redaction der elliptischen Raumcurven unterbrochen bin, wird Sie nicht Wunder nehmen. Doch hoffe ich, schon morgen oder übermorgen weitermachen zu können. Ich habe mich nach einiger Überlegung entschlossen, jetzt so zu redigiren: 1. Theil. Simultane Invarianten u. Covarianten zweier F_2 (nebst allen bestehenden Relationen etc.) 2. Theil. Darstellung der elliptischen Functionen. Ob es mir später gelingen wird, auch alle Contravarianten etc. etc. etc. anzugeben, ist mir zweifelhaft und gehört offenbar nicht hieher.[1]

Was die Abel'schen angeht, so stimmt, wie ich glaube, der transcendente Bestandteil bei mir mit dem, welchen Sie mir mittheilen, im Wesentlichen vollständig überein; es erscheinen bei mir diejenigen Grenzübergänge, welche Sie postuliren, wirklich ausgeführt; ich habe eben nie daran gedacht, daß man da einfach ein *lim* vorsetzen kann. Ich glaube, ich lasse die ganze Sache außer Betracht; ich habe ja doch nichts aufzuweisen, als den zufälligen Fund von rationalen $\Sigma^{(1)}$ bei Curven von ungeradem Grade.[2]

Mit vorzüglicher Hochachtung

Ihr stets dankbarer

Georg Pick.

1 Vgl. PICK 1889.

2 Pick publizierte dazu nicht, vgl. auch den nächsten Brief [116].

[116] 324

Prag, 27.10.88.
Hotel Victoria

Hochgeehrter Herr Professor!

Sie werden es mir hoffentlich nicht anrechnen, wenn ich Ihre letzte freundliche Karte so lange habe unbeantwortet gelassen. Ich bin einfach bis zum heutigen Tage zu keiner Ruhe gekommen; heute zum ersten Male konnte ich mich für einige Stunden hinter meine Papiere setzen, und da ist denn mein erste Pflicht ein Geständnis. Meine geträumten Σ vom 1ten Grade existiren nicht. Die ganze Idee kam von einer consequent wiederholten falschen Abzählung her, und diese konnte nur dadurch so hartnäckig sich immer wieder einstellen, weil ich mich ja stets bei dieser Sache nur in äußerlichen Analogien bewegt habe. Ich habe also in Abel'schen Functionen derzeit überhaupt nichts zu sagen, und kann mich mit Ruhe an die Ausarbeitung des zweiten Theils der Raum-C_4 machen (der erste wurde schon in den Ferien fertig gestellt, und handelt von Combinanten zweier Flächen zweiter Ordnung, wo sich einiges anscheinend neue Material ergeben hat.) Sollten Sie die Grundformeln interessiren, so möchte ich dieselben Ihnen gerne noch vorher mittheilen, weil ich nicht bestimmen kann, wann ich mit der Ausarbeitung fertig werde.[1] Denn meine mir auferlegten 5 wöchentlichen Vorlesungsstunden nehmen mich viel in Anspruch; und die hiesigen Verhältnisse erlauben nicht, über Dinge vorzutragen, bei denen meine speciellen Interessen sich fördern ließen.

In gewohnter Verehrung bleibe ich Ihr treu ergebener G. Pick.[2]

---

1 Publiziert in den *Wiener Berichten*, PICK 1889.

2 Unter Picks Unterschrift steht auf diesem Briefbogen in Felix Kleins Handschrift:
„Sei C_5 ohne Dp.[Doppelpunkt] $p = 6$.
$2p - 2 = 10$. $3(n-3) = 6$.
Die doppeltzählenden C_3 sind rationales System von Berührungscurven. $3(p-1)^{\text{ter}}$ Ordnung!
Daher existirt da doch rationale σ – Function."

[117] 325

Prag, 21.6.89.
Hotel Victoria.

Hochgeehrter Herr Professor!

Nach so langer Pause richte ich wieder die folgenden Zeilen an Sie. Vor wenigen Tagen habe ich zu meinem größten Erstaunen das beiliegende Manuscript von Ihrer Hand unter meinen alten Papieren entdeckt. Ich hatte keine Ahnung, daß dasselbe noch nicht zurückerstattet ist. Sie wollen gütigst die unerhörte Verspätung entschuldigen.

Wenn Dr. Fricke, wie ich wohl annehmen darf, noch an den Modulfunctionen arbeitet, so möchte ihm vielleicht die mitfolgende Bestimmung des Geschlechts der Transformationsgleichung für zusammengesetzten Transformationsgrad willkommen sein. Ich habe dieselbe in den letzten Tagen, da eine tropische Temperatur jede wirkliche Anspannung unmöglich machte, vorgenommen.

Nun möchte ich noch folgenden Satz Ihnen vorlegen. Wenn die Function ξ von x die positive x-Halbebene so auf ein Kreisbogen-n-Eck der ξ-Ebene abbildet, daß 1) die Ecken des Polygon's den willkürlich gegebenen reellen x-Werten $a_1, a_2, \ldots a_n$ entsprechen,
2) die Winkel die beliebig gegebenen Größen $\nu_1\pi, \nu_2\pi, \ldots \nu_n\pi$ haben und
3) die Seiten alle einen gemeinsamen Orthogonalkreis besitzen, so ist

$$\frac{\frac{d^3\xi}{dx^3}}{\frac{d\xi}{dx}} - \frac{3}{2}\left(\frac{\frac{d^2\xi}{dx^2}}{\frac{d\xi}{dx}}\right)^2 = \sum_i \frac{1-\nu_i^2}{2}\frac{1}{(x-a_i)^2} - \sum_{k>i}\sum N_{ik}\frac{1}{(x-a_i)(x-a_k)},$$

wobei

$$N_{ik} = \frac{1}{(n-1)(n-2)}\{s^2 - (2(n-z)-(n-1)(\nu_i+\nu_k))s + (n-1)(n-2)(1-\nu_i)(1-\nu_k)\},$$

und

$$s = \sum_i (1-\nu_i) - 2 \qquad \text{(Exceß!).}$$

So fest ich von der Richtigkeit dieses Satzes überzeugt bin, so wenig ist mir bisher eine genügende Verification gelungen. Hätte ich einen Beweis, so würde ich die Sache für einen bedeutenden Fortschritt auf dem Gebiete der Functionen mit linearen Transformationen in sich halten, und auf Grund dieses Resultats mit Leichtigkeit weiter bauen. So fehlt mir dazu der nötige Mut. –

Vor etwa vier Monaten hatte ich mir erlaubt, Ihnen meine Photographie einzusenden. Ich hoffe, daß dieselbe seinerzeit richtig angelangt ist.[1]

In gewohnter Verehrung Ihr stets dankbarer

G. Pick. (Prag, Hotel Victoria).

Im Falle, daß die Bestimmung des Geschlechts der Modulargleichung schon von anderer Seite durchgeführt worden ist, bitte ich das Blatt einfach zu vernichten.

---

1 Im Klein-Nachlass konnte keine Photographie von Georg Pick gefunden werden.

[118] 326

Weinberge b. Prag, 15.11.89.

Sehr geehrter Herr Professor!

Ihr soeben angelangter Brief ruht auf ganz irrigen Voraussetzungen. Es würde mich sonst nicht wenig verstimmen – und nicht so sehr um <u>meinetwillen</u> –, daß Sie mir jene Verpflichtungen, welche ich doch stets tief dankbar anerkannt habe, vorwerfen, etwa wie ein reicher Mann einem undankbaren Bettler Almosen vorwirft.[1] Sie sind der reiche Mann, das leidet keinen Zweifel, aber ich doch so ganz nicht der Bettler. Wenn ich in langer Zeit nichts als die Raumcurven 4. O.[rdnung] publicirt habe (ein Abdruck geht Ihnen gleichzeitig zu),[2] so ist kaum etwas anderes schuld, als die Schwierigkeit, die ich durch zwei volle Jahre hatte, dem mich reizenden Problem die richtige Seite abzugewinnen. Seit 6 Wochen etwa bin ich auf gutem Wege, wie der Erfolg demnächst beweisen soll. Und was ist das für ein Problem? Kein anderes als die Integration der linearen Differentialgleichungen zweiter Ordnung mit rationalen Coefficienten, specieller die wirkliche Angabe der Natur der Verzweigung ihrer Integrale. Sie sehn, ich habe es nicht nötig, die Differentialgleichungen erst wieder aufzunehmen; ich habe sie vielmehr seit weit über zwei Jahren kaum aus den Augen verloren. Die „Lamé'sche Gleichung" war ein kleiner Abfall,[3] aber für das eigentliche Problem keine Förderung. Die Raumcurven aber u. dgl. schrieb ich in Pausen,[4] da ich an den Differentialgleichungen mich völlig überarbeitet hatte.

Hätten Sie nur meinen gelegentlichen Mitteilungen etwas Aufmerksamkeit geschenkt, so hätte Ihnen nicht entgehn können, wie sehr mich diese Sachen beschäftigen.

Also, bitte ich, lassen Sie mir das Recht der Selbstbestimmung. Ich habe doch auch meine Freude daran, endlich ein ausgewachsener Mathematiker sein zu dürfen.

Daß Ihnen meine Zeit, soweit sie nicht durch eigene Geschäfte in Anspruch genommen ist, zur Verfügung steht, brauche ich nicht zu sagen. Und wenn Sie mir erlauben, Ihnen gelegentlich von meinen Sachen zu erzählen, so würden Sie neuerlich verpflichten

Ihren dankbaren G. Pick.[5]

---

1 Hieraufhin schrieb Klein am 30.12.1889 an Max Noether: „Ich möchte Dir (und Gordan, dem Du diesen Brief mittheilen wolltest), doch auch den letzten Brief von Pick vorlegen. Zum Verständniss muss ich Folgendes vorausschicken. Ehe Pick Professor war hatte ich eine Zeit lang immerzu Briefe von ihm: ich sollte ihn bald hier bald dort empfehlen, bald wieder diesen, bald jenen deutschen Mathematiker bewegen, eine Empfehlung für ihn aufzusetzen. Nun aber er Professor geworden schwieg er sich aus. Er schickte im Sommer gelegentlich seine Photographie [leider nicht auffindbar, R.To], dann einen Brief vom 21/6 (den ich hier beilege, weil er auch sonst interessant ist), in welchem das ominöse Wort Muthlosigkeit vorkommt [Pick schrieb, dass ihm *der nötige Mut fehle*, vgl. Brief [117] R.To], durch welches mich Pick in vergangenene Jahren so sehr geelendet [sic! Offensichtlich eine Kleinsche Wortschöpfung im Sinne von *„in Elend versetzt hat*", R.To]. Ich habe diesen Brief nicht beantwortet, schrieb aber schliesslich doch Anfang November, in dem ich mir sagte, dass es Unrecht sei, einen Mann wie Pick ganz fallen zu lassen. Ich stellte ihm darin vor, dass er, bei dem grossen Talente, welches er besitze, sich nun, wo er Professor geworden, in keiner Weise zur Ruhe setzen dürfe, – ich schlug ihm dann weiter vor, mit mir zusammen die linearen Differentialgleichungen zu verfolgen (denen ich jetzt selbst in meinen Specialvorlesungen zustrebe) und zunächst etwa (um an einem bestimmten Puncte zu beginnen) die frühere Note über Lamé'sche Functionen für die Annalen auszuarbeiten. Hierauf nun die Antwort vom 15. Nov., die ich gleichfalls beilege! [das ist dieser Brief [118], R.To.] Mein Brief lief auf die Forderung hinaus, dass er arbeiten soll; er hat einzig daraus herausgelesen, dass er für die Annalen arbeiten soll! Ich habe darauf mit ein paar Zeilen geantwortet, die ich mir auf der Rückseite des Pick'schen Briefes skizzirt habe. [s.u., Anm. 5, R.To]" ([UBG] Cod. Ms. F. Klein 12: 617)

2 PICK 1889, in *Wiener Berichte.*

3 PICK 1888, in *Wiener Berichte.*

4 Vgl. PICK 1889.

5 Klein notierte (handschriftlich) den Entwurf seiner Antwort an Pick auf diesem Briefbogen: „17/11 89. *Meinen Brief schrieb ich in der That in der Voraussetzung, dass Sie sich von der productiven Thätigkeit abgewandt haben möchten; wenn Sie arbeiten und dazu an einem so grossen Gegenstande arbeiten, so ist das das Beste, was ich wünschen kann; möge der Erfolg Ihren Anstrengungen entsprechen! Ihr ergebener* F. Kl.[ein]"

[119] 327

Weinberge b. Prag, 19.11.90.
N°699.

Hochgeehrter Herr Professor!

Die kleine Note, welche ich mir Ihnen hierbei einzusenden erlaube, enthält Normirungen gewisser Differentialgleichungen, welche ich mir vor mehr als zwei Jahren zurechtgelegt habe, und die ich wo[h]l kaum einer Veröffentlichung wert erachten würde, wenn ich nicht schon mehreren Personen von denselben Mitteilung gemacht hätte, die bei der Durchführung eigener Untersuchungen sich auf jene Normirungen werden beziehn wollen. Wenn Sie nun meine Note in die Annalen aufnehmen, wofür ich mich Ihnen zu Dank verpflichtet fühlen würde, so darf ich mich wo[h]l in Anbetracht des geringen Umfangs der Hoffnung auf raschere Publication hingeben.[1]

Erlauben Sie mir bei dieser Gelegenheit meinen Dank für die so wertvolle Zusendung der „Modulfunctionen" zu wiederholen.[2]

Mit größter Hochachtung Ihr ergebener G. Pick

1 Die Arbeit umfasste 4,5 Druckseiten und erschien in Heft 1 des Jahrgangs 1891 der *Math. Ann.* (PICK 1891a); über dieses Thema hatte Pick bereits am 25. Juni 1888 an Klein geschrieben (Brief [114]).

2 Robert Fricke hatte Georg Pick den Band I (*Grundlegung der Theorie*) der *Vorlesungen über die elliptischen Modulfunctionen* (KLEIN/FRICKE 1890) geschickt.

[120] 328

Weinberge b. Prag, 22.11.90.

Hochgeehrter Herr Professor!

Indem ich für die eben erhaltene Zusendung bestens danke, muß ich gleichzeitig versichern, daß ich den Inhalt derselben bisher nicht gekannt habe, mich also auch nicht darauf beziehn konnte. Mir war die invariante Normirung nur durch die citirte Formel bei [Heinrich] Weber[1] nahegelegt worden, und ich habe dieselbe, wie ich nun genau entscheiden kann, vor mehr als drei Jahren durchgeführt, nämlich bevor ich (leider ohne den gewünschten Erfolg) über die Lamé'sche Differentialgleichung gearbeitet habe.[2]

Ich mußte Ihnen dies zur Rechtfertigung der Abwesenheit eines Citates Ihnen mitteilen. Jedenfalls, glaube ich, könnte meine Note immer noch gedruckt werden. Sie giebt sich doch bis auf die eine Anmerkung hinsichtlich der Abbildung,[3] die ich mir nicht versagen wollte, ganz anspruchslos.

Mit größter Hochachtung Ihr stets dankbarer G. Pick.

1 Vgl. PICK 1891a, 143 (zitiert ist hier H. Weber, „Zu Poincarés Theorie der Fuchs'schen Functionen". *Göttinger Nachrichten* 1886, 363, Gleichungen (13) und (14)).

2 Vgl. dazu PICK 1888b.

3 Eine Abbildung ist in (PICK 1891a) nicht enthalten, auch nicht explizit eine Anmerkung dazu. Pick verweist nur auf seine eigene „Schreibweise der Lamé'schen Differentialgleichung" (eine Differentialgleichung zweiter Ordnung), die er in PICK 1888b benutzt hatte.

[121] 329

Weinberge, 25.11.90.

Hochgeehrter Herr Professor!

Selbstverständlich habe ich gleich nach Empfang Ihrer Zusendung mir dieselbe in allen Punkten klar zu machen gesucht.[1] Das war leicht bei der Angabe, daß man jede Differentialgleichung mit rationalen Coefficienten in die Form

$$(F, f)^2 = \varphi F$$

setzen könne. Ich fand sofort,*[2] daß man den Exponenten in den singulären Punkten (λ_i, μ_i) die Eigenschaft $\lambda_i + \mu_i = \kappa$ erteilen muß, wo κ willkürlich ist. Wegen der Willkürlichkeit von κ kann man auch den Grad der unbekannten Form (welcher sich mir gleich $\frac{2-\kappa m}{2}$ ergiebt, wenn m die Zahl der Verzweigungspunkte ist) beliebig vorschreiben, was ja übrigens bei der Verfügbarkeit eines Factor's $f^{\frac{\kappa}{2}}$ selbstverständlich ist. Auch mit meiner Gradbestimmung ($-\frac{\sigma}{2}$, wo σ der „antisphärische Defect") herrscht Übereinstimmung. Täusche ich mich, wenn ich dieser Größe σ fundamentale Bedeutung zuschreibe?

Für Aufklärung bezüglich des Verschwindens der Poincaré'schen Reihen wäre ich sehr dankbar.[3] Meine Noten über das Verschwinden der g_2, g_3 analogen Reihen war ich freilich doch genötigt zurückzuziehn, weil die Redaction der „Monatshefte"[4] sich da mir gegenüber, wie ich glaube, ganz incorrect benommen hat, indem sie von ihrem „Vertrauensmann" Dr. Wirtinger eine „Ergänzung" verfertigen ließ,[5] in welcher meine Bemerkung als selbstverständliches Corrolar der Poincaré'schen Theorie aufgezeigt, und „das Verhältnis dieser Theorie zu jener der ell.[iptischen] Modulfunctionen endgiltig klargelegt wird."[6] Hievon wurde ich erst im letzten Moment unmittelbar vor der Drucklegung verständigt, nachdem die Note fast ¾ Jahre bei der Redaction gelegen hatte. Die Verständigung geschah natürlich erst, nachdem ich bei Ihnen durch Hn. Fricke angefragt hatte, was ich ja nach Zurückziehung meiner Note wo[h]l unterlassen hätte. Aber ganz abgesehn von diesen Dingen bitte ich um die versprochene Belehrung über die Poincaré'schen Reihen. Kann man denn von irgend einer der holotypischen Reihen beweisen, daß sie nicht verschwindet?

Die Benennung „automorph" ist mir eine wahre Erlösung von der schwerfälligen Art, wie man bisher sich auszudrücken genötigt war.[7]

Mit größter Hochachtung Ihr dankbarer G. Pick.

---

1 Dies betraf KLEIN 1890 (Zur Theorie der Laméschen Functionen) mit der Fußnote: „Das gleiche Mittel der Einführung homogener Variabler gebrauchen bereits in demselben Sinne Pick und Halphen (Berichte der Wiener Akademie von 1887; Traité des Fonctions elliptiques, Bd. II, 1888); nur handelt es sich bei ihnen um eine ganz specielle Untersuchung, nämlich um eine geschickte (nur in diesem Falle mögliche) Transformation höheren Grades der für $n = 3$ geltenden Differentialgleichung (2). Es ist wohl kein Zweifel, daß die geeignete Verwendung homogener Variabler in der Theorie der linearen Differentialgleichungen noch vielfache Vereinfachungen nach sich ziehen wird." (KLEIN 1890: 88–89). Einen Auszug aus dieser Arbeit mit Ergänzung und neuem Titel (Ueber Normirung der linearen Differentialgleichungen zweiter Ordnung), KLEIN 1891, erschien in den *Math.Ann.* direkt hinter PICK 1891a. – Als

Klein seine Arbeiten in KLEIN 1922 (GMA Bd. 2: 540–49) aufnahm, hatte er Picks besondere Ergebnisse hierzu besser erkannt und betonte sie stärker (vgl. dazu Teil I, 3.4).

2 Fußnote von Georg Pick: * *für die Differentialgl.*[eichung] *meiner Note.*

3 Zwei Tage zuvor hatte Klein an Fricke berichtet, dass er mit seiner Vorlesung über Differentialgleichungen begonnen habe, „im Falle der Dreiecksfunctionen auch die Poincaréschen Bildungsgesetze darzulegen und überhaupt eine ausführliche Theorie der automorphen Functionen energisch anzubahnen. Dabei ergeben sich dank der homogenen Schreibweise und der Beschränkung auf einen speciellen, gut übersehenen Fall entschiedene Verbesserungen der Poincaréschen Resultate. So finde ich in der That Regeln, die über die Halphen'schen Zahlen hinausgreifen, für das identische Verschwinden der Poincarèschen Reihen: ich habe eben an Pick eine Zeile darüber geschrieben.“ [Archiv der TU Braunschweig] Nachlass R. Fricke, Klein an Fricke, 23.11.1890.

4 Die Zeitschrift *Monatshefte für Mathematik und Physik* (Wien) wurde 1890 gegründet, unterstützt durch das dortige Ministerium für Kultus und Unterricht. Die ersten Herausgeber waren Gustav von Escherich (1849-1935) und Emil Weyr – der Picks Dissertation mit begutachtet hatte. Da Pick seine für den ersten Band der *Monatshefte* vorgesehene Arbeit zurückzog, publizierte er darin erstmals 1907 (vgl. PICK 1907a, 1907b), unter der Herausgeberschaft von Escherich, Franz Mertens und Wilhelm Wirtinger.

5 Wilhelm Wirtinger hatte an der Universität Wien bei Emil Weyr 1887 promoviert und sich dort 1890 gerade habilitiert. Zuvor hatte er im SS 1889 Kleins Vorlesung über Abelsche Funktionen in Göttingen gehört und war von ihm maßgeblich angeregt worden ([UBG] Cod. Ms. F. Klein E: Bl. 162v, und TOBIES 2019: 306–07; TOBIES 2021: 340–41; ULLRICH 2022).

6 Wirtinger publizierte drei Beiträge in Jahrgang 1 (1890) der *Monatshefte*; hier handelt es sich um den Artikel „Bemerkung über die elliptischen Modulfunctionen“ (429–32). Darin steht: „Herr Pick (*Wie ich einer (ungedruckten) Mittheilung desselben entnehme.) hat nun bemerkt, dass in den Fällen $m = 2, 3$; $R = 1$ die Reihen $\Theta(\tau, R)$ identisch verschwinden. Es entsteht dadurch die Frage, ob die elliptischen Modulfunctionen überhaupt unter die Formeln Poincarés fallen.“ (S. 429) Wirtinger ergänzte am Ende seines Beitrags: „Nachtrag. Durch Herrn Pick bin ich darauf aufmerksam gemacht worden, dass bis auf einen numerischen Factor $\dfrac{J'(\tau)^6}{(J(\tau)-1)^3 J(\tau)^4}$ gleich $\Delta = g_2^3 - 27g_3^2$ ist. (Vgl. übrigens Hurwitz, Math. Ann. 18, oder Klein-Fricke, Modulfunctionen, pag. 127.“ (S. 432)

7 Klein hatte im erwähnten Beitrag „Zur Theorie der Laméschen Functionen“ den Begriff *automorphe Functionen* wie folgt eingeführt: „Es knüpft sich hieran noch eine weitere neue Bemerkung, welche auf die oben gegebene Einführung homogener Variabler zurückgeht. Bekanntlich sind λ und $\sqrt{f(\lambda)}$ in dem soeben gefundenen η eindeutig; sie stellen solche eindeutige Functionen von η vor, welche sich bei unendlich vielen linearen Substitutionen von η reproduciren (ich möchte vorschlagen, solche Functionen überhaupt a u t o m o r p h e Functionen von η zu nennen).“ (KLEIN 1890: 94; KLEIN 1922 GMA Bd. 2: 548)

[122] 330

Weinberge b. Prag, 6.12.90.

Hochgeehrter Herr Professor!

Die Congruenzen, welche Sie mir mittheilen, stehn allerdings schon bei Poincaré, Acta I.4. §3. (Zéros et infinis) Formel (6) in der Gestalt

$$\alpha + \rho \equiv 0 \pmod{1} \qquad \text{etc.}$$ [1]

Ich bin noch nicht dazu gekommen, zu prüfen, ob die abweichende Form

$$2\alpha + 2\rho \equiv 0$$

etwa in dem speciellen Fall der Dreiecksfunctionen genügt. Nehme ich Poincaré's Relation an, so wird die Lösbarkeit von

$$\left(\frac{\alpha}{l}\right)+\frac{\beta}{m}+\frac{\gamma}{n}+\delta=\rho\left(1-\frac{1}{l}-\frac{1}{m}-\frac{1}{n}\right)$$

in ganzen Zahlen eine blose Folge der drei Congruenzen. Es ist dann für

$$\rho+\alpha=\alpha_1 l$$
$$\rho+\beta=\beta_1 m$$
$$\rho+\gamma=\gamma_1 n$$

$\rho=\alpha_1+\beta_1+\gamma_1+\delta,$
wodurch wirklich alle Bedingungen dargestellt erscheinen.
Die Ausscheidung der positiven Lösungen ist dann nicht schwer. Ich selbst hatte mich überzeugt, daß die g_2 u.[nd] g_3 analogen Poincaré'schen Reihen

$$\sum\frac{1}{\begin{vmatrix}\alpha\omega_1+\beta\omega_2 & a_1\\ \gamma\omega_1+\delta\omega_2 & a_2\end{vmatrix}^4} \quad \text{u.[nd]} \quad \sum\frac{1}{\begin{vmatrix} & \\ & \end{vmatrix}^6}$$

identisch verschwinden. Doch scheint dies auch direct aus Poincaré's Angaben (a.a.O. § 2) hervorzugehn, wie wenigstens Wirtinger behauptet.[2] Ich zweifle nicht, daß auch alle höheren holotypischen Reihen dieser einfachen Gestalt verschwinden, obzwar die Begründung hievon nicht ganz einfach sein dürfte. Für den Grad (–12) müßte der Wert der Reihe $C\cdot\Delta(\omega_1,\omega_2)\cdot\Delta(a_1,a_2)$ sein, wo C eine numerischen Constante. Die nähere Untersuchung dieses Falls könnte vielleicht ein allgemeines Princip zur Entscheidung der Frage liefern.

Ihr stets dankbar ergebener G. Pick.

1 Vgl. Poincaré, H. (1882): « Mémoire sur les Fonctiones Fuchsiennes ». *Acta mathematica* 1: 193–294, Abschnitt § 3. *Zéros et Infinis*, 215–27.

2 Zu Wilhelm Wirtinger vgl. auch Brief [127].

[123] 331

Weinberge, 10.1.91.

Hochgeehrter Herr Professor!

Durch meine Abwesenheit während der Weihnachtsferien bin ich erst am 7ten J.[anuar] in den Besitz der Teubner'schen Correctur gelangt;[1] da inzwischen Ihr Brief mir zugekommen ist, hat sich die Absendung bis zum heutigen Tage verzögert, weshalb ich um Entschuldigung bitte.

Vor allem nun besten Dank für den Inhalt Ihres Briefes, der mich vor einer unnötigen Vorwitzigkeit bewahrt. Ich habe die Anmerkung einfach gestrichen. – Eine andere Anmerkung jedoch hätte ich gerne angebracht (zu Beginn der Note), welche constatirt, daß ich seit 1888 im Besitze der frgl. [fraglichen] Normalformen bin. In dieser Hinsicht nämlich thut mir Ihre Fußnote auf S. 4 ein wenig Unrecht.[2] Sie werden es selbst nicht glaublich finden können, daß jemand die invariante Schreibweise bei der Lamé'schen Gleichung im engeren Sinne sieht, ohne sie gleichzeitig bei den höheren Fällen zu sehn. Für mich selbst ist da beweisend mein Ausgangspunkt: die citirte Formel bei Weber, aus der ich gleich ursprünglich den höheren Fall herausgezogen habe; andererseits die Beziehung auf Hilbert, wobei eine Verallgemeinerung in anderer Hinsicht nicht übersehn werden kann. Ich möchte also Ihre Zustimmung für eine Fußnote zu Beginn des Artikels erlangen, etwa folgender Fassung: „Der Verfasser bedient sich der im Texte entwickelten Normirungen seit dem Jahre 1888, und hat über dieselben vor mehr als einem Jahre in der Prager deutschen mathematischen Gesellschaft Bericht erstattet.“[3]

Wie es mir mit dergleichen Dingen überhaupt geht, dafür gestatten Sie mir noch eine Bemerkung. Sie werden es mir gewiß glauben, daß ich lange vor den Weihnachtsferien mich mit höheren Differentialgleichungen, deren Verzweigung durch *T*-Funktionen ausdrückbar ist, beschäftigt habe, wobei ich mich genau der Schreibweise bestimmter Integrale bediente, welche Sie in dem zweiten Theil Ihrer Abhandlung angaben. Ich beabsichtigte eine Publication in den Wr. [Wiener] Berichten, die natürlich jetzt unterbleiben soll.

Ich bin eben mit zuviel verschiedenartigen Projecten hinsichtlich der Differentialgleichungen gleichzeitig angefüllt, und bringe so nichts rechtzeitig zu Wege.

Mit nochmaligem besten Dank Ihr treu ergebener G. Pick

1 Gemeint sind die Korrekturbögen vom Verlag B.G. Teubner zum Artikel PICK 1891a.

2 Pick hatte sich schon 1888 mit mehr als einem speziellen Fall befasst, was aus Kleins Fußnote mit Bezug auf Pick in seinem Artikel (*Math. Ann.* 38 (1891) 147) nicht hervorgeht; es war dieselbe Fußnote, die Klein zuvor in seinem Beitrag in den *Göttinger Nachrichten* publiziert hatte. Vgl. das Zitat in Anm. 1 zu Brief [121].

3 Picks Fußnote in der publizierten Arbeit lautet: „*Ich bediene mich dieser Normirung seit dem Jahre 1888, und habe vor mehr als einem Jahre über dieselbe in der Prager deutschen mathematischen Gesellschaft Bericht erstattet.“ (PICK 1891a: 139).

[124] 332

Prag, 2.7.91.

Hochgeehrter Herr Professor!

In der Arbeit des Hn.[Herrn] H.S. White über Abel'sche Functionen (Nova Acta Leop.),[1] welche ich dieser Tage durch einen Zufall in die Hand bekam, fand ich die Angabe, daß H.[err] stud. Osgood über „binomische Gebilde“ demnächst Resultate zu veröffentlichen gedenkt, welche analoge Zwecke verfolgen, wie die allgemeinen Entwickelungen des Hn. White. Aus dem Umstande, daß H.[err] White meine in den Wr.[Wiener] Berichten veröffentlichten Angaben über die binomischen Integrale reproducirt,[2] darf ich wohl schließen, daß dieselben auch von Hn.[Herrn] Osgood ohne Weiters angenommen worden sind?[3] Ich hege Zweifel darüber, ob das aufgestellte Integral 3[t.[er]] Gattung wirklich den gestellten Anforderungen genügt, und war schon einmal daran, die Sache genauer zu untersuchen, eventuell eine Berichtigung zu veröffentlichen. Jedenfalls glaube ich jetzt, Ihnen darüber schreiben zu sollen; vielleicht komme ich dieser Tage dazu, eine kleine Untersuchung anzustellen, und will dann, wenn Sie es wünschen, darüber berichten.

Gestatten Sie, daß ich bei dieser Gelegenheit noch nachträglich für die gütige Erlaubnis, Ihre Vorlesungen zu beziehn, bestens danke; ich habe dieselben inzwischen mit großem Interesse studirt.[4]

Mit vorzüglicher Hochachtung Ihr stets ergebener Georg Pick

---

1 Henry Seely White (1861-1943): „Abel'sche Integrale auf singularitätenfreien, einfach überdeckten, vollständigen Schnittcurven eines beliebig ausgedehnten Raumes". *Nova Acta der Kaiserlichen Leop.-Carol. Deutschen Akademie der Naturforscher* 57 (1891), Nr. 2: 41–128. https://www.biodiversitylibrary.org/item/46051#page/57/mode/1up. (Dissertation bei Klein). White bezog sich darin (bes. S. 46–57) mehrfach auf Arbeiten von Pick; S. 46–47 auf PICK 1886c (diese Arbeit betrachtete Pick selbst als nicht ausgereift) und PICK 1889. Über Letztere schrieb White (S. 48): „Herr Pick hat neuerdings den ganz speciellen Fall der ‚elementaren' C_4 im R_3 behandelt [...], erreicht dort aber ein insofern vollständigeres Resultat, als dasselbe durch die Eigenschaft, *combinant* zu sein, völlig festgelegt wird." – Zum Begriff Combinante und Picks Combinatenbestimmung vgl. auch Brief [114].

2 Hier ist die Arbeit PICK 1886c gemeint.

3 William Fogg Osgood (1864-1943) hatte von WS 1887/88 bis WS 1888/89 bei Klein studiert, der ihn zur Dissertation „*Zur Theorie der zum algebraischen Gebilde* $y^m = R(x)$ *gehörigen Abelschen Functionen*" (Göttingen: Dieterich'sche Univ.-Buchdruckerei, 1890) anregte; https://archive.org/details/zurtheoriederzu00osgogoog/page/n4/mode/2up. Osgood vollendete die Arbeit bei Kleins befreundeten Kollegen in Erlangen. In der Einleitung (S. 3–5) bezog sich Osgood vor allem auf Kleins Vorlesungen und Arbeiten sowie auf PICK 1887c, PICK/UNGAR (1880) sowie die hier in Rede stehende Arbeit Picks zur Theorie der binomischen Integrale (PICK 1886c). Zu Letzterer schrieb Osgood, dass darin „[...] der Ausdruck für den Integranden II. Gattung im allgemeinen Falle der binomischen Gleichung auf Polarenbildung zurückgeführt [ist], was im vorliegenden Falle mit unserer invarianten Darstellung desselben identisch wird." (S. 5) Zudem benutzte Osgood M. Noethers Ansatz zur Charakteristikentheorie und deren geometrische Deutung auf Berührungskurven.

4 Dies bezog sich auf Kleins Vorlesung über *Lineare Differentialgleichungen* (I) vom SS 1890 (hauptsächlich eine Theorie der bestimmten Integrale und der hypergeometrischen Funktion enthaltend), ausgearbeitet durch zwei seiner Studenten. – Dazu kamen die Teile II und III (WS 1890/91; SS 1891), erschienen als Autographie *Ausgewählte Kapitel aus der Theorie der linearen Differentialgleichungen zweiter Ordnung* (1891/92). In einer bearbeiteten Version davon (SS 1894), besorgt durch Ernst Ritter, steht mit Bezug auf diese Vorlesungen von 1890-91: „[...] daß verschiedenes, was ich damals behauptete, bei schärferer Überlegung sich nicht als stichhaltig erweist." (KLEIN 1894b: 3)

[125] 333

Weinberge b. Prag, 12.12.91.

Hochgeehrter Herr Professor!

Die soeben in meine Hände gelangte Autographie Ihrer Vorlesung über Differentialgleichungen vom vergangenen Sommersemester[1] enthält (wie ich beim ersten Durchblicken bemerke) auf S. 140 ff. einige Andeutungen, welche mich veranlassen, Ihnen eine Kleinigkeit mitzutheilen, von der ich bisher immer im Zweifel war, ob Sie Ihr Interesse haben könnte.

Ich habe mich in den letzten Jahren wiederholt mit infinitesimalen conformen Abbildungen von Kreisbogenpolygonen auf einander beschäftigt, ohne zu einem greifbaren Resultate zu gelangen. Erst in der letzten Zeit, da ich mich bescheiden auf den Fall beschränkt habe, wo das eine Polygon die Halbebene selbst ist, haben sich Resultate ergeben, die hoffnungsreich scheinen. Meine Furcht, daß eine Verallgemeinerung derselben noch weit im Felde steht, hat mich veranlaßt, eine Note darüber an unsere Akademie zu senden, welche hoffentlich noch in diesem Jahre ausgegeben werden wird.[2] Gestatten Sie, daß ich den anscheinend interessanten Satz, der sich ergiebt, mittheile:

Es sei $$(A,\varphi)^2 + 2(B,\varphi)' + C\varphi = 0$$
eine Diffgl. [Differentialgleichung] $2^{\text{t.[er]}}$ O.[rdnung] (Normalf.[orm] nach Hilbert, A vom Gr.[ad] n, B .. n–2, C.. n–4, φ …g). Wenn g der Einheit unendlich nahe ist, so liefert die Gleichung eine infinitesimale Abbildung der Halbebene (bei günstigen Realitätsverhältnissen). Diese Abbildung besitzt einen (imag.[inären]) Orthogonalkreis dann und nur dann, wenn dieselbe Gleichung für $g = 2$ ein ganzes rationales Integral ($2^{\text{t.[en]}}$ Gr.[ades]) besitzt.

Für gegebenes A und B erscheint hiedurch C mehrdeutig (als irr.[ationale] simultane Covariante) bestimmt. Ich bin eben daran, diesen Umstand zunächst für $n = 4$ näher zu untersuchen; er war mir sehr auffallend, und widerspricht ja auch Ihrer Angabe b) pag. 141 der Autographie.[3] Wenn Sie es gestatten, werde ich von dem Erfolg meiner Untersuchung weiteren Bericht erstatten. – Beschränkt sich die Giltigkeit obigen Satzes auf infinitesimale Abbildungen? Dieser Frage kann ich vorläufig noch gar nicht beikommen.

Mit ausgezeichneter Hochachtung Ihr ergebener G. Pick

1 Hier ist die Vorlesung *Lineare Differentialgleichungen* (III) gemeint, die Klein im SS 1891 hielt, vgl. dazu Anm. 4 zum vorangegangenen Brief [124].

2 Vgl. PICK 1891c.

3 Vgl. Brief [124] Anm. 4.

[126] 334

Prag, 13/10 92[1]
(Weinberge b. Prag 699.)

Hochgeehrter Herr Professor!

Als ich vor Kurzem Dr. Fricke bat, Ihnen meinen Dank für die Übersendung des zweiten Bandes der Modulfunctionen zu übermitteln, hatte ich nicht die Erwartung, bald in die Lage zu kommen, Ihnen zu schreiben. Nun der Anlaß hiezu da ist, kann ich meine Freude über den Empfang des Buchs nochmal auszudrücken nicht unterlassen.[2]

Ich habe eben eine Arbeit über das Formensystem eines Kreisbogenpolygons vom Geschlecht Ø [= Null, R. To] bis auf die Schlussredaction abgeschlossen, und eben gestern kam mir der Gedanke, daß meine Resultate Ihnen und den Lesern der Annalen interessant sein möchten. Ich möchte die Sache also, wenn Sie zustimmen, für die Annalen redigiren, wobei ich nur in einer Hinsicht meinen endgiltigen Entschluss noch vorbehalte. Es könnte ja sein, daß Sie gerade eben jetzt viel Stoff vorrätig haben, wo ich dann allzulange auf die Publication warten müßte.[3]

Ihrer frdl. [freundlichen] Antwort entgegensehend bleibe ich mit gewohnter Hochachtung

Ihr ergebener G. Pick

---

1 Seit diesem Brief schrieb Georg Pick an Klein nicht mehr in der deutschen Kurrentschrift, sondern in lateinischer Schrift (vgl. z.B. Abb. 15), was Felix Klein in den erhaltenen Briefen an Gaston Darboux seit 25.3.1870, und an Sophus Lie seit 1.1.1872 getan hatte.

2 KLEIN/FRICKE 1892.

3 Es gab tatsächlich viel Material, sodass im Jahrgang 1893 der *Math. Ann.* drei Bände erschienen (41, 42 und 43), in Bd. 42 befindet sich PICK 1893, worin Pick Kleins Bezeichnung *automorphe Functionen* übernahm, verweisend auf den Artikel von Kleins Schüler Ernst Ritter (1893): „Die eindeutigen automorphen Functionen vom Geschlecht Null, eine Revision und Erweiterung der Poincarè'schen Sätze". *Math. Ann.* 41: 1–82.

[127] 335

Prag, 16. 12.92

Hochverehrter Herr Professor!

Ich muss Sie heute mit einer Bitte belästigen, durch deren Erfüllung Sie mir eine sehr wesentliche Beruhigung verschaffen würden, und einer guten Sache (wie ich bestimmt glaube) Nachdruck geben würden.

Es ist gegenwärtig meine Aufgabe, einen Vorschlag für die Besetzung des hier frei gewordenen Extraordinariats auszuarbeiten. Nun werden, wie üblich, allerhand Beeinflussungen in dieser Angelegenheit versucht; während z.B. von [Emil] Weyr (Wien) Dr. Kohn[1] sehr dringend candidirt wird, hatte ich dieser Tage Gelegenheit einen Brief eines Wiener Mathematikers über Dr. [Wilhelm] Wirtinger zu lesen, in welchem der letztere geradezu als der <u>originellste</u> österr.[eichische] Mathematiker bezeichnet wird, der aus dem Verkehr mit Ihnen „<u>Impulse</u>" mitgebracht habe, sie ihn in Forschungsrichtungen geführt hätten, <u>welche in Öst.[erreich] überhaupt noch nicht vertreten sind</u>![2] Man möge nur officiell bei Ihnen über W.[irtinger] anfragen. –

Ich befürchte nun in der That, daß der Versuch gemacht werden könnte, Sie in der Art zu misbrauchen, daß man unter Verschweigung aller übrigen Namen ausschliesslich über W.[irtinger] Ihr Urtheil einzuholen versucht. Dem möchte ich zuvorkommen.

Ich selbst befinde mich nun in folgender Lage. Aus den gewichtigsten Gründen wäre es mir <u>persönlich</u> am wünschenswertesten, gerade Wirtinger hieherzubekommen. Aber ich muß es doch für meine Pflicht halten, den geraden Weg zu gehen, d.h. einen der Qualification der in Betracht kommenden Privatdocenten entsprechenden Vorschlag zu machen, und weiters zu bedenken, daß die Heranziehung eines <u>Geometers</u> für uns von Wichtigkeit ist. Ich beabsichtige also im Einverständnis mit den nächsten Fachverwandten folgenden Vorschlag:

1) Waelsch, 2) ex aequo Bobek, Kohn, 3) Wirtinger. – Daß Waelsch den anderen ganz bedeutend an Ideenreichtum und Arbeitsenergie überlegen ist, ist meine festeste Überzeugung. Andrerseits finde ich nichts, was rechtfertigen würde, daß

man Wirtinger den beiden alten, und gewiß verdienten Docenten K.[ohn] u. B.[obek] vorzieht.[3]

Es würde mir nun große Beruhigung gewähren, wenn Sie mir Ihre Meinung über obige Anordnung schreiben würden. Wenn Sie Ihre Antwort so einrichten, daß darin der Vorschlag wiederholt erscheint, und mir gestatten von derselben eventuell weiteren Gebrauch zu machen, so wäre mir das besonders wertvoll. Aber auch, wenn Sie anderer Meinung sein sollten (was ich kaum glauben kann), würde ich für Ihren Rat auf Höchste dankbar sein.

Mit großer Hochachtung Ihr stets erg.[ebener] G. Pick

---

1 Gustav Kohn (1859-1921) studierte von 1877 bis 1883 in Wien (bei Leo Koenigsberger und Emil Weyr), Berlin und Straßburg. Nach Promotion („Ueber algebraische Raumcurven" *Wiener Berichte*, math.-nat. Kl., Abt. II, 1882) und Habilitation 1884 an der Universität Wien wurde er dort 1894 ao. Prof. und 1912 o. Titularprof. Kohn verfasste u.a. „Ebene Kurven dritter und vierter Ordnung" (1908) für die *ENCYKLOPÄDIE*, Bd. 3.2.1. (Geometrie): 457–570.

2 Pick meinte offensichtlich, dass er selbst dieser Richtung angehörte. – Der bereits erwähnte Wirtinger folgte Kleins Fußstapfen in starkem Maße; zu seinen wichtigsten mathematischen Arbeiten vgl. ULLRICH 2022. Ausgehend vom Studiensemester 1889 bei Klein in Göttingen gelang Wirtinger ein kontinuierlicher Übergang „in die epistemische Welt der Moderne", wie EPPLE (1999: bes. 240–46) bei der Analyse der Knotentheorie für Verzweigungen algebraischer Funktionen zweier Variabler urteilte. Wirtinger beteiligte sich zudem stark an der *ENCYKLOPÄDIE,* war Autor und zeitweiliger Leiter von Bd. 2 (Analysis); er erfüllte Kleins Wunsch, ein Supplement zu Riemanns Werken (1902 mit M. Noether) zu edieren und verfasste 1919 zu Kleins 70. Geburtstag einen Aufsatz „Klein und die Mathematik der letzten fünfzig Jahre" (WIRTINGER 1919).

3 Klein benutzte in seinen Vorlesungen *Ueber lineare Differentialgleichungen zweiter Ordnung* eine (allgemeingültige) Formel von Waelsch (publiziert 1892 in den *Schriften der deutschen Prager mathematischen Gesellschaft*), um seine Differentialgleichung (für ein „Normal-Π") in homogener, invariantentheoretischer Form aufzustellen (vgl. KLEIN 1894: 20, 26, 28). Auf wichtige Ergebnisse von Waelsch zur Invariantentheorie der reellen orthogonalen Transformationen wird auch verwiesen in KLEIN 1927: 34–35. Wir können davon ausgehen, dass Klein Picks Wunsch unterstützte, wenn auch ein Beleg dafür fehlt. – Den Ruf erhielt Karl Bobek (vgl. Teil I, 3.6).

[128] 336

Kgl. Weinberge (bei Prag) 754
6.11.94

Hochverehrter Herr Professor!

Indem ich Ihnen für den eben erhaltenen Brief bestens danke, möchte ich doch gleich heute sagen, daß ich auf eine wesentlich veränderte Redaction meiner vorläufigen Publikation nicht gerne eingehn wollte.[1] Sie werden gewiß begreiflich finden, daß mir meine allgemeinen Überlegungen Hauptsache sind, und daß mir die Aufstellung der nicht singulären Differentialgleichungen nur als Anwendung erscheint, mir persönlich allerdings wichtig, weil sie mir gezeigt hat, daß die allgemeinen Überlegungen zu etwas gut sind. Ich möchte nun in einer ausführlicheren Arbeit[2] gerne das schließliche Ergebnis, daß f_1, f_2 als unabhängige Variable auf gewöhnlichem invariantentheoretischem Wege zu den richtigen Bildungen führen, zum Ausgangspunkt nehmen. Um mir diese Freiheit der Darstellung zu wahren, muß ich auf die vorläufige Publication, als eine, wenn auch sehr gedrängte, doch treue Darstellung meines ursprünglichen Gedankengangs, hinweisen können.

Wenn Sie nun in den Referaten[3] auf die Abänderung der Form der Differentialgleichung, wie ich sie als nötig nachweise, Bezug nehmen, so ist ja meinem Verdienst um die Sache, wenn von einem solchen schon die Rede sein soll, vollauf Geltung verschafft; und so dankbar ich Ihnen bin, wenn Sie hier noch ein Übriges thun wollen, so ungern würde ich meinen ersten Brief von ihnen dahin misverstanden sehn, daß ich rasche Publication um deswillen gewünscht habe. Vielmehr scheint mir jetzt die Angelegenheit der höheren Überschiebungen auf $p = p$ (vielleicht mit Unrecht) so trivial, daß ich fürchte, überholt zu werden, wenn die Sache lange liegen bleibt.[4]

Im Einzelnen selbstverständlich wird mir jede von Ihnen gewünschte Aenderung, über die Sie mich nur gütigst im Voraus verständigen, recht sein.

Ihr verehrungsvoll ergebener G. Pick

---

1 Bei dem in Rede stehenden Beitrag (PICK 1895), den Klein in einer Sitzung der Göttinger Gesellschaft der Wissenschaften am 27. November 1894 einreichte, steht als Anmerkung: „Auszug aus einem an Hrn. F. Klein gerichteten Briefe." (S. 311) Dazu ist die Datierung Anfang Novemver 1894 angegeben.

2 Die ausführlichere Arbeit dazu erschien in den *Math. Ann.*: PICK 1898.

3 Im Referat zur eigenen Vorlesung des SS 1894 verwies Klein am Beginn des Abschnitts „I. Algebraische Normirung der Differentialgleichung" auf die Korrektur durch Pick: „Ich habe über die hier zu gebenden Entwickelungen in der mathematischen Section der Wiener Naturforscherversammlung gesprochen, doch ist im Texte ein Punkt corrigirt, auf den mich Herr Pick aufmerksam gemacht hat (Nov. 1894)." (KLEIN 1895: 78). Seite 79 hob Klein die Arbeit PICK 1891a hervor; vgl. auch Teil I, 3.4 des vorliegenden Buches, sowie die Briefe [130] und [131].

4 Vgl. hierzu PICK 1895 und PICK 1998.

[129] 337

Kgl. Weinberge, 10.11.94

Hochverehrter Herr Professor!

Es trifft sich gut, daß ich gerade gestern Abends wieder ein wenig über die Formentheorie nachdenken konnte, und deshalb in der Lage bin, Ihre Frage ohne Zögern zu beantworten.

Wenn η und $d\omega$ die bekannten Bedeutungen haben, so ist einfach *[1]

$$d^2\varpi \equiv -\frac{1}{2}\frac{d^3\omega}{d\omega}+\frac{3}{4}\left(\frac{d^2\omega}{d\omega}\right)+\frac{1}{2}[\eta], \qquad \text{wo} \qquad [\eta]=\frac{d^3\eta}{d\eta}-\frac{3}{2}\left(\frac{d^2\eta}{d\eta}\right)^2.$$

Diese letztere Größe darf man als Function des Orts auf der Fläche ansehn; sie näher zu bestimmen ist allerdings erst möglich, wenn man eine unabhängige Variable ausgewählt hat. Wählt man η als solche, so ist

$$[\eta] = 0, \quad \text{u.s.f.}$$

Die Schwarz'sche Invariante steht zu diesem Symbol in folgender einfachen Beziehung:

$$[\eta]_\xi d\xi^2 = [\eta] - [\xi] \,;$$

so kommt man leicht zu den hiehergehörigen Differentialgleichungen dritter Ordnung.

Ich habe noch nicht versucht, specielle Voraussetzungen z.B. den hyperelliptischen Fall durchzurechnen; ich glaube aber, daß sich jetzt auch die Theilbarkeit der dritten Überschiebung durch σ rechnerisch wird nachweisen lassen. Auch für ebene singularitätenfreie Curven u. dgl.[dergleichen], ferner allgemeiner für die Normcurve der φ hoffe ich jetzt zu bestimmten Formeln zu gelangen.

Wie reinlich sich mit dieser Behandlungsweise viele Fragen erledigen lassen, möchte ich noch an einem oder dem andern Beispiel zeigen. Man frage nach den Punkten wo eine φ mindestens p-fach verschwindet. Die Antwort lautet, daß gerade die Nullpunkte der Elementarcombinante der φ:

$$\left| \frac{\partial^{p-1}\phi_k}{\partial f_1^{\,h} \partial f_2^{\,p-1-h}} \right|$$

die fraglichen Punkte sind. Man zählt dieselben ab, indem man den Grad dieser Form bestimmt. Ich glaube bei Hurwitz ist ähnliches irgendwo gemacht, aber wo[h]l nicht so praecis. – Oder es handle sich um überall berührende Formen β; Bedingung ist, daß $(\beta, \beta)_2$ durch β theilbar ist.
Endlich vermute ich noch hübsche Verwendung für die Correspondenzen.

Hoffentlich genügen die eingangs gegebenen Formeln zur vorläufigen Erledigung Ihrer Frage. Bis zur ausführlicheren Bearbeitung muß ich mir jedenfalls Zeit bis über Weihnachten erbitten; denn ich komme bei der ziemlich in Anspruch nehmenden und keine Anregung bietenden Unterrichtsthätigkeit nur wenig zu eigener Arbeit.

Ihr treu ergebener

G. Pick

Noch möchte ich fragen, ob Sie nicht einige gar zu persönliche oder besser geschäftliche Sätze meines ersten Briefs lieber unterdrücken wollen? [3]

1 Fußnote von Georg Pick*: *„Das Congruenzzeichen soll Gleichheit bis auf einen Summanden von der Form $\Phi d\omega^2$ anzeigen."*

2 Die Schwarzsche (Differential-)Invariante ist eine reduzierte Form einer Differentialgleichung, eine Vereinfachung von homogenen linearen Differentialgleichungen zweiter Ordnung, was dem Auffinden einer Lösung dienen kann. (*https://www.spektrum.de/lexikon/mathematik/schwarzsche-differentialinvariante/8883*)

3 Vgl. PICK 1895, *Göttinger Nachrichten.* Dieser publizierte „Auszug aus einem an Hrn. F. Klein gerichteten Briefe" beginnt mit fünf (Auslassungs-)Punkten [.....]. D.h., zu Beginn sind Aussagen weggelassen.

[130] 338

Kgl. Weinberge, 20.12.94

Hochverehrter Herr Professor!

Zwei Umstände veranlassen mich Ihnen wieder zu schreiben. Erstlich die verzeihliche Neugierde, was eigentlich aus meinem invariantentheoretischen Briefe geworden ist, der nach Ihrer letzten Nachricht am 24. vorigen Monats der Göttinger Gesellschaft vorgelegt sein muß, von welchem ich also seit drei Wochen Correctur erwartet habe.[1]

Eine zweite Ursache ist der sonderbare Briefwechsel, den ich in jüngster Zeit mit [Max] Noether hatte, und der wo[h]l zu Ihrer Kenntnis gelangt sein wird. Ich muß Ihnen darüber schreiben, weil ich von Noether so constant misverstanden bin, daß ich fürchte, trotz meines Bestrebens, mich klar auszudrücken, zu Misdeutungen Anlaß gegeben zu haben. Wenn Sie den Theil des Brill – Noether'schen Berichts,[2] der sich auf Ihre Primformen etc. bezieht, ansehn, so werden Sie gewiß mit mir der Ansicht sein, daß mir und vielleicht auch Anderen dort Unrecht geschieht. Es sieht so aus, als hätte ich, nachdem die Theorie ganz fertig gestellt war, eine kleine Anwendung von derselben gemacht. Ich habe mich bemüht, dies Noether auseinanderzusetzen, und ein einfaches Zugeständnis erwartet. Statt dessen setzt mir Noether auseinander, daß die allgemeinen Ideen nicht von mir sind und zur Zeit meiner Noten schon klar vorgezeichnet waren. Er muß mich für sehr dumm halten, da er nötig findet, darüber ein Wort zu verlieren. Ich würde mich nun über seine Ansicht über mich ohne Weiters hinwegsetzen, wenn er mir nicht deutlich die Tendenz unterstellen würde, Ihr und, wenn ich recht verstehe, auch sein Verdienst in diesen Dingen verkleinern zu wollen. Das ist mir doch gewiß nie eingefallen. Ich wüßte auch nicht, was sich an der Hauptsache geändert hätte, wenn meine Noten in dem Bericht in correcter Weise citirt wären.

Daß übrigens Noether für objectiv richtiges Citiren kein Verständnis hat, sehe ich jetzt nachträglich aus der Dissertation von Osgood.[3] Ich habe denn auch den Briefwechsel mit ihm abgebrochen; es scheint mir ganz hoffnungslos, ihn überzeugen zu wollen.

Entschuldigen Sie diese Erörterungen, die leider durch Umstände nötig geworden sind.

Mit größter Verehrung

Ihr

G. Pick

---

1 Klein hatte Picks Ergebnis in der nächstmöglichen Sitzung (vgl. Brief [128], Anm. 1) der Kgl. Gesellschaft der Wissenschaften zu Göttingen präsentiert (PICK 1895).

2 BRILL/NOETHER 1894 zitieren keine Arbeit von Georg Pick bibliographisch exakt. – Sie erwähnen beim Primformen-Problem (S. 466) kurz, dass Pick ein von Klein formuliertes Problem „angegriffen" habe. Bezogen auf das Gebiet der Modulfragen lesen wir auf Seite 469: „Ganz analoge explicite Darstellung gibt Pick für die singularitätenfreie ebene Curve *n*ter Ordnung […]." Pick hatte dagegen ein Ergebnis erzielt, mit dem er einen Fehler Kleins korrigieren konnte (vgl. dazu Teil I, 3.4). – Im Unterschied zu anderen DMV-Berichten floss BRILL/NOETHER 1894 nicht in das große Projekt der *ENCYKLOPÄDIE*.

3 Zur Dissertation von William Fogg Osgood, vgl. Brief [124], Anm. 3.

[131] 338 A

15.1.98

Hochverehrter Herr Professor!

In Beantwortung Ihrer eben angelangten Karte teile ich Ihnen den Wortlaut der Anmerkung mit, welche ich gestern mit der 2ten Correctur abgesendet habe,[1] weil es mir sehr erwünscht wäre, wenn Sie den Druck derselben noch inhibieren[2] würden, falls Sie Ihre Zustimmung nicht findet.

„H.[err] Klein hatte auf die Analogie mit dem hyperelliptischen Falle hin die nirgends singuläre Differentialgleichung (vergl.[eiche] Text) in der Form

$$[\sigma^2, \xi]^2 = \Phi\xi$$

angesetzt, konnte jedoch durch meinen oben erw.[ähnten] Brief aufmerksam gemacht schon in dem Referate Ann. – etc.“[3]

In aufrichtiger Hochachtung

Ihr

Georg Pick[4]

---

1 Es handelt sich um die Arbeit PICK 1898 in den *Math. Ann.*

2 *inhibieren* [lat.] *inhibere* anhalten, hemmen, verhindern. – PICK 1898 ist eine längere Version zum vorläufigen Beitrag PICK 1895, vgl. hierzu Brief [128].

3 Gedruckt wurde: „H. Klein hatte ursprünglich auf die Analogie mit dem hyperelliptischen Falle hin die nirgends singuläre Differentialgleichung (vgl. unten pag. 390) in der Form $[\sigma^2, \xi]^2 = \Phi\xi$ angenommen, konnte jedoch, durch meinen oben erwähnten Brief aufmerksam gemacht, schon in dem Referat Math. Ann. Bd. 46, pag. 78–80 die richtige Gestalt, welche auf der rechten Seite *gebrochene* Bestandteile aufweist, mittheilen.“ (PICK 1998: 381)

4 Das ist der letzte erhaltene Brief von Georg Pick an Felix Klein. Klein vermied es in der Folgezeit, Pick „zum Arbeiten aufzufordern“ und bezog ihn in keine weiteren Projekte ein. Pick veröffentlichte später noch wichtige Ergebnisse auch in den *Math. Ann.* (vgl. Teil I, 3.7); in dieser Zeit hatte Klein den redaktionellen Schriftverkehr dieser Zeitschrift weitgehend Otto Blumenthal überlassen (vgl. dazu TOBIES 2019: 48; auch ROWE 2018, ROWE/FELSCH 2019).

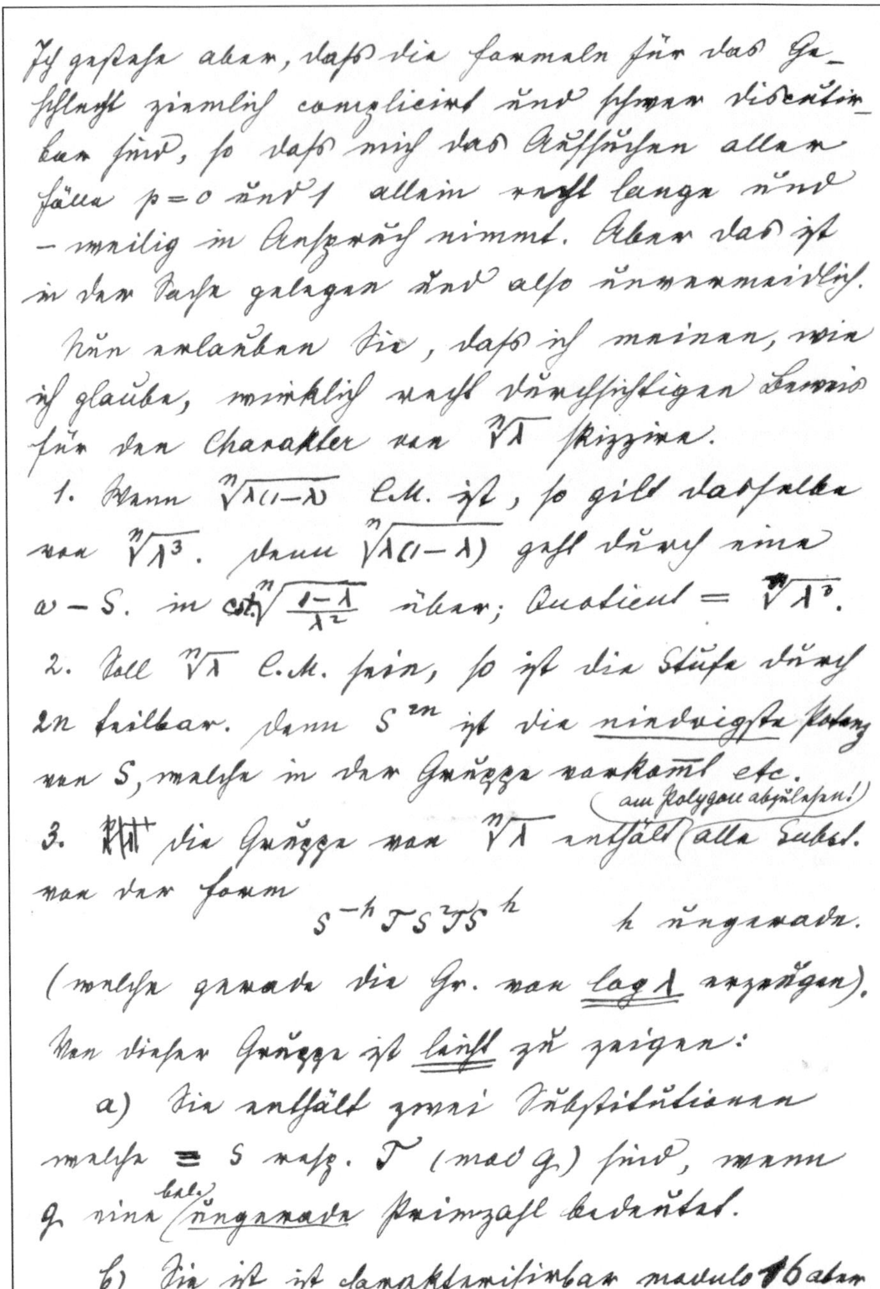

Ich gestehe aber, daß die Formeln für das Geschlecht ziemlich complicirt und schwer discutirbar sind, so daß mich das Aufsuchen aller Fälle $p=0$ und 1 allein recht lange und -weilig in Anspruch nimmt. Aber das ist in der Sache gelegen und also unvermeidlich.

Nun erlauben Sie, daß ich meinen, wie ich glaube, wirklich recht durchsichtigen Beweis für den Charakter von $\sqrt[n]{\lambda}$ skizzire.

1. Wenn $\sqrt[n]{\lambda(1-\lambda)}$ C.M. ist, so gilt dasselbe von $\sqrt[n]{\lambda^3}$. Denn $\sqrt[n]{\lambda(1-\lambda)}$ geht durch eine ω–S. in $c\sqrt[n]{\frac{1-\lambda}{\lambda^2}}$ über; Quotient $= \sqrt[n]{\lambda^3}$.

2. Soll $\sqrt[n]{\lambda}$ C.M. sein, so ist die Stufe durch $2n$ teilbar. Denn S^{2n} ist die niedrigste Potenz von S, welche in der Gruppe vorkommt etc.

3. Die Gruppe von $\sqrt[n]{\lambda}$ enthält (alle Subst. von der Form (am Polygone abzulesen!)

$$S^{-h}TS^2TS^h \quad h \text{ ungerade.}$$

(welche gerade die Gr. von $\log \lambda$ erzeugen).

Von dieser Gruppe ist leicht zu zeigen:

a) Sie enthält zwei Substitutionen welche $\equiv S$ resp. T (mod q) sind, wenn q eine bel. ungerade Primzahl bedeutet.

b) Sie ist ist charakterisirbar modulo 16 aber

Abb. 14. Auszug aus Georg Picks Brief vom 9. Juli 1886 mit Beweis-Skizze,
vollständig publiziert in PICK 1887a.

BIBLIOGRAPHIE

ARCHIVALIEN

[Archiv Leopoldina] Halle, Akte „Mitglieder-Ernennungen 1889“, P2 (Wahlen), 26-02-01.
[Archiv TU Braunschweig] Nachlass R. Fricke; Personalakte R. Fricke.
[Oslo] Nasjonalbibiblioteket, Nachlass Sophus Lie.
[Paris] Bibliothèque de l'Institut de France, Faculté des Sciences de Paris, MS 2719, Lettres de Klein (an Gaston Darboux).
[Protokolle] Protokollbände der Seminare Felix Kleins. https://www.uni-math.gwdg.de/aufzeichnungen/klein-scans/klein/; https://firsching.ch/klein/
[UBG] Niedersächsische Staats- und Universitätsbibliothek Göttingen, Handschriftenabteilung, Cod. Ms. F. Klein 11: Nr. 211–338A; F. Klein 22D: Bl. 34–37 (Briefe und Postkarten Georg Picks an Felix Klein);
Cod. Ms. F. Klein 14 K: Felix Klein: Manuskript zur Vorlesung „Elliptische Modulfunctionen“ vom 5. Mai bis 4. August 1886 (58 Bl.).
Math. Archiv 77 (Briefe Felix Kleins an Adolf Hurwitz).

LITERATUR

BEČVÁŘOVÁ, Martina (2013). „The Union of Czech Mathematicians and Physicists: The First 150 Years“. *The Mathematical Intelligencer* 35: 28–35.
— (2016). *Matematika na Německé univerzitě v Praze v letech 1882–1945*. 1. vydání. Praha: Univerzita Karlova v Praze, Nakladatelství Karolinum.
— (2020). Women and Mathematics at the Universities in Prague.” In E. Kaufholz-Soldat/N. Oswald eds., *Against All Odds. Women's Ways to Mathematical Research Since 1800*. Cham: Springer Nature: 73–111.
— (2022). „Seligmann Kantor from Sobědruhy“. In Ch. Binder (Hg.), *Längs- und Querschnitte / Vertical and horizontal cross sections* (XV. Österreichisches Symposium zur Geschichte der Mathematik), Institut für Analysis und Scientific Computing, TU Wien, 111–20.
BERGMANN, Birgit; EPPLE, Moritz; RUTI, Ungar eds. (2012). *Transcending Tradition. Jewish Mathematicians in German-Speaking Academic Culture*. Heidelberg: Springer.
BIEBERBACH, Ludwig (1955). *Analytische Fortsetzung* (Ergebnisse der Mathematik und ihrer Grenzgebiete. Neue Folge, 3). Berlin/Heidelberg: Springer.
BIERMANN, Otto (1886/1887). *Theorie der analytischen Functionen*. Book on Demand (1. Januar 1886); erneut Leipzig: B.G. Teubner, 1887 (452 S.) https://archive.org/details/theorieanalytisc00bierrich/page/n3/mode/2up
BLASCHKE, Wilhelm; PICK, Georg (1916). „Distanzschätzungen im Funktionenraum, II“. *Math. Ann.* 77: 277–300.
BÖLLING, Reinhard (Hg.) (1994). *Das Fotoalbum für Weierstraß / A Photo Album for Weierstrass*. Braunschweig/Wiesbaden: Vieweg.
— (2016). „Zur Biographie von Karl Weierstraß und zu einigen Aspekten seiner Mathematik“. In W. König/J. Sprekels eds., *Karl Weierstraß (1815–1897). Aspekte seines Lebens und Werkes – Aspects of his Life and Work*. Wiesbaden: Springer Spektrum, 53–121.
BRECHENMACHER, Frédéric (2012). *Un Portrait kaléidoscopique du jeune Camille Jordan*.

R. Tobies (Hrsg.), *Felix Klein und Georg Pick*,
https://doi.org/10.1007/978-3-662-67545-8

http://images.math.cnrs.fr/Un-portrait-kaleidoscopique-du-jeune-Camille-Jordan?lang=fr

BRIEFWECHSEL (1880). *Briefwechsel zwischen Gauss und Bessel.* Hrsg. von A. Auwers auf Veranlassung der Kgl. Preußischen Akademie der Wissenschaften. Leipzig: Wilhelm Engelmann.

BRIESKORN, Egbert; PURKERT, Walter (2021). *Felix Hausdorff. Mathematiker, Philosoph und Literat* (Mathematik im Kontext). Berlin: Springer Spektrum.

BRILL, Alexander; NOETHER, Max (1874). „Ueber die algebraischen Functionen und ihre Anwendung in der Geometrie". *Math. Ann.* 7: 269 – 310 (datiert: Sept. 1873)

BRILL, Alexander; NOETHER, Max (1894). „Die Entwicklung der Theorie der algebraischen Functionen in älterer und neuerer Zeit". *Jahresbericht der Deutschen Mathematiker-Vereinigung (=Jahresbericht der DMV)* 3: I–XXIII + 109–566.

CESÀRO, Ernesto ([2]1926). *Vorlesungen über natürliche Geometrie.* Autorisierte deutsche Ausgabe von G. Kowalewski. Mit einem Anhang „Die verallgemeinerte natürliche Geometrie". Leipzig/Berlin: B.G. Teubner ([1]1901).

CLEBSCH, Alfred; GORDAN, Paul (1866). *Theorie der Abelschen Functionen.* Leipzig: B.G. Teubner (333 S.).

CLEBSCH/LINDEMANN (1876/1891). *Vorlesungen über Geometrie unter besonderer Benutzung der Vorträge von Alfred Clebsch,* bearbeitet von Ferdinand Lindemann. Bd. 1. *Geometrie der Ebene.* Mit einem Vorwort von Felix Klein. Leipzig: B.G. Teubner, 1876 (1076 S.).
https://archive.org/details/vorlesungenberg00clebgoog/page/n7/mode/2up - Franz. Übers. (in 3 Bden.) von Adolphe Benoist, *Leçons sur la géométrie.* Paris: Gauthier-Villars, 1879-1883. https://archive.org/details/leonssurlagomtr00clebgoog/page/n13/mode/2up
Bd. 2. *Die Flächen erster und zweiter Ordnung oder Klasse und der lineare Complex.* Leipzig: B.G. Teubner, 1891 (650 S.)

CONFALONIERI, Sara; SCHMIDT, Peter-Maximilian; VOLKERT, Klaus (Hg.) (2019). *Der Briefwechsel von Wilhelm Fiedler mit Alfred Clebsch, Felix Klein und italienischen Mathematikern* (Siegener Beiträge zur Geschichte und Philosophie der Mathematik, 12). Siegen: Universitätsverlag.

CRILLY, Tony (2006). *Arthur Cayley: Mathematician Laureate of the Victorian Age.* Baltimore: Johns Hopkins University Press.

DEDEKIND, Richard; WEBER, Heinrich (1882). „Theorie der algebraischen Functionen einer Veränderlichen". *Journal für die reine und angewandte Mathematik (=Crelle-Journal)* 92: 181–290.

DEL CENTINA, Andrea (2008). "Weierstrass points and their impact in the study of algebraic curves: a historical account from the 'Lückensatz' to the 1970s". *Annli Dell'Universita' di Ferrara* 54: 37–59.

DICK, Auguste; PINL, Maximilian (1974). „Kollegen in einer dunklen Zeit. Schluß". *Jahresbericht der DMV* 75: 166–208; zu Georg Pick mit Publikationsverzeichnis (54 Titel), 178–80.

ENCYKLOPÄDIE (1898-1935). *Encyklopädie der mathematischen Wissenschaften mit Einschluss ihrer Anwendungen.* 6 Bde. Leipzig: B.G. Teubner. – Franz. Ed. (bearb., unvollendet): *Encyclopédie des sciences mathématiques pures et appliquées.* Paris : Gauthier-Villars, 1904-15.

EPPLE, Moritz (1999). *Die Entstehung der Knotentheorie.* Braunschweig/Wiesbaden: Vieweg.

FORSTER, Otto (1977). *Riemannsche Flächen* (Heidelberger Taschenbücher, 184). Springer. (Engl. *Lectures on Riemann Surfaces,* [4]1999)

FRANK, Philipp; PICK, Georg (1915). „Distanzschätzungen im Funktionenraum, I". *Math. Ann.* 76: 354–75.

FREI, Günther (Hg.) (1985). *Der Briefwechsel David Hilbert – Felix Klein.* Göttingen: Vandenhoeck & Ruprecht.

FRICKE, Robert (1886). *Ueber Systeme elliptischer Modulfunctionen von niederer Stufenzahl* (Dissertation, Leipzig). Braunschweig: Vieweg. – https://books.google.de/books?id=IEdasKtB-G0C&printsec=frontcover&hl=de&source=gbs_ge_summary_r&cad=0#v=onepage&q&f=false.

— (1887). „Ueber die Substitutionsgruppen, welche zu den aus dem Legendre'schen Integralmodul k^2 (ω) gezogenen Wurzeln gehören". *Math. Ann.* 28: 99–118 (datiert 28.7.1886).
— (1913a). unter Benutzung von Vorlagen von James Harkness und Wilhelm Wirtinger, „Elliptische Funktionen". ENCYKLOPÄDIE Bd. 2.2: 177–348.
— (1913b). „Automorphe Funktionen mit Einschluß der elliptischen Modulfunktionen." ENCYKLOPÄDIE Bd. 2.2: 349–470.
— (2011/12). *Die elliptischen Funktionen und ihre Anwendungen.* Erster Teil: *Die funktionentheoretischen und analytischen Grundlagen.* Heidelberg: Springer ([1]1916, Leipzig: B.G. Teubner). Zweiter Teil: *Die algebraischen Ausführungen* ([1]1922, B.G. Teubner). https://archive.org/details/elliptischenfun02ricrich/page/n7/mode/2up
FRICKE/KLEIN (1897/1912). Fricke, Robert; Klein, Felix. *Vorlesungen über die Theorie der automorphen Functionen.* Bd. I: Die gruppentheoretischen Grundlagen. Bd. II: *Die functionentheoretischen Ausführungen und die Anwendungen.* Leipzig: B.G. Teubner. – Trans. A.M. DuPre, *Lectures on the Theory of Automorphic Functions.* Vol. I and II. Beijing: Higher Education Press, 2017.
FRITSCH, Rudolf (2001). „Georg Pick". *Neue Deutsche Biographie* 20: 418–19 [Online-Version]; URL: https://www.deutsche-biographie.de/pnd116178337.html#ndbcontent
GAIER, Dieter (1990). „Über die Entwicklung der Funktionentheorie in Deutschland von 1890 bis 1950". In G. Fischer/F. Hirzebruch/W. Scharlau/W. Törnig (Hg.), *Ein Jahrhundert Mathematik 1890-1990. Festschrift zum Jubiläum der DMV* (Dokumente zur Geschichte der Mathematik, 6). Braunschweig/Wiesbaden: Vieweg, 361–420.
GEYER, Wulf-Dieter (1981). „Die Theorie der algebraischen Funktionen einer Veränderlichen nach Dedekind und Weber". In W. Scharlau (Hg.), *Richard Dedekind 1831 – 1981.* Braunschweig: Vieweg, 109–33.
GISPERT-CHAMBAZ, Hélène (1982). *Camille Jordan et les fondements de l'analyse* (Publications mathematiques d'Orsay, 05). https://www.maths.ed.ac.uk/~v1ranick/jordan/gispert.pdf
GRAY, Jeremy (2000). *Linear Differential Equations and Group Theory from Riemann to Poincaré.* Boston: Birkhäuser/Springer ([1]1986).
HALPHEN, Georges Henri (1886/1888/1891). *Traité des fonctions elliptiques et de leurs applications*, 3 vols. (Première partie (1886): *Théorie des fonctions elliptiques et de leurs développements en séries*; Deuxième partie (1888): *Applications à la mécanique, à la physique, à la géodésie, à la géométrie et au calcul intégral*): Paris: Gauthier-Villars.
HELLER, Henning (2022a). *Integrating History and Philosophy of Mathematica: The Case of Modern Algebra* (Doctoral Thesis). Universität Wien.
— (2022b). „Felix Klein's projective representations of the groups S_6 and A_7." *Archive for History of Ecact Sciences* 76: 431–70.
— (2023). „Felix Klein's Teaching of Galois Theory". *Historia Mathematica* (im Druck).
HENGERER, Mark Sven (Hg.) (2011). *Tradition und Entfremdung: die Lebenserinnerungen des jüdischen Privatdozenten Max Ungar (1850-1930)* (Spuren in der Zeit, 6). Innsbruck [u.a.]: StudienVerlag.
HILBERT, David (1890). „Ueber die Theorie der algebraischen Formen". *Math. Ann.* 36: 473–534.
— (1921). „Adolf Hurwitz". *Math. Ann.* 83: 161–72.
HILLE, Einar (1997). *Ordinary Differential Equations in the Complex Domain.* Mineola, New York: Dover Publications, Inc. ([1]1976 John Wiley & Sons, Inc.)
HURWITZ, Adolf (1881). „Grundlagen einer independenten Theorie der elliptischen Modulfunktionen und Theorie der Multiplikatorgleichungen erster Stufe". *Math. Ann.* 18 (1881) 528–92.
— (1886). „Ueber algebraische Correspondenzen und das verallgemeinerte Correspondenzprinzip". *Math. Ann.* 28: 561–85.
— (1904). „Über die Theorie der elliptischen Modulfunktionen". *Math. Ann.* 58 (1904) 343–60.
— (1922). *Allgemeine Funktionentheorie und Elliptische Funktionen.* Hrsg. und ergänzt durch einen Abschnitt *Geometrische Funktionentheorie* von Richard Courant (Die Grundlehren der

Mathematischen Wissenschaften, 3). Berlin: Springer ([2]1925, [3]1929, [4]1964; Reprint der ersten Auflage ohne den Abschnitt von Courant [5]2000) https://archive.org/details/vorlesungenbera00courgoog/page/n7/mode/2up

JACOBS, Konrad (1977). *Felix Klein. Handschriftlicher Nachlaß* (60 Blatt, Offset-Reproduktion mit Schreibmaschinen-Transskription). Universität Erlangen.

JAMES, Ioan M. ed. (1999). *History of Topology*. Amsterdam / Oxford (UK): Elsevier Science & Technology.

KANUNOW, Nikolai Fjodorowitsch (1983). *Fjodor Eduardowitsch Molin 1861–1941*. Moskwa: Isdatelstwo Nauka. (Russisch).

KERSCHENSTEINER, Georg (Hg.) (1885/1887). *Dr. Paul Gordan's Vorlesungen über Invariantentheorie*. Bd. 1 *Determinanten*, Bd. 2 *Binäre Formen*. Leipzig: B.G. Teubner.

KLEIN, Felix (1878). „Ueber die Transformation der elliptischen Functionen und die Auflösung der Gleichungen fünften Grades". *Math. Ann.* 14: 111–72; KLEIN 1923, GMA Bd. 3: 13–76.

— (1879). „Zur Theorie der elliptischen Modulfunctionen". *Sitzungsberichte der Münchener Akademie der Wissenschaften* (Sitzung v. 6.12.1879). Erneut abgedruckt in *Math. Ann.* 20 (1880) 62–70, und mit dem Titel „Zur [Systematik der] Theorie der elliptischen Modulfunctionen" in KLEIN 1923, GMA Bd. 3: 169–78.

— (1880). „Ueber unendlich viele Normalformen des elliptischen Integrals erster Gattung". *Sitzungsberichte der Münchener Akademie* (Sitzung v. 3.7.1880). Erneut abgedruckt in *Math. Ann.* 17: 133–38 und in KLEIN 1923, GMA Bd. 3: 179–80.

— (1882). *Ueber Riemann'sche Theorie der algebraischen Funktionen*. Leipzig: B.G. Teubner, und in KLEIN 1923 GMA Bd. 3: 500–73).

— (1883). „Neue Beiträge zur Riemann'schen Functionentheorie". *Math. Ann.* 21: 141–218 und in KLEIN 1923, GMA Bd. 3: 630–710.

— (1884a). Vorlesungen über das Ikosaeder und die Auflösung der Gleichungen vom fünften Grade. Leipzig: B.G. Teubner. – Übers. George Gavin Morris. *Lectures on the Ikosahedron and the Solution of Equations of the Fifth Degree*. London: Trübner & Co. 1888 (Paperback Reprint 2007; Dover Publications Inc, New York, N.Y, 1956). – Neue dt. Ausgabe von Peter Slodowy mit einer Einleitung und Kommentaren (Basel: Birkhäuser, 1993); neue engl. Ausgabe: Reprint von Morris' Übers. plus Übers. (Yang Lei) von Slodowys Einleitung und Kommentare. Beijing: Higher Education Press, 2019. – Russ. Übers. Moskau 1989.

— (1884b). „Zur Theorie der elliptischen Functionen n^{ter} Stufe". *Berichte über die Verhandlungen der Kgl. Sächsischen Gesellschaft der Wissenschaften zu Leipzig, Mathematisch-Physische Classe (=Sächsische Berichte)* 36: 61–98 (vorgelegt in der Sitzung am 14.11.1884). https://archive.org/details/berichteberdiev32klasgoog/page/n241/mode/2up?view=theater

— (1884c). „Ueber gewisse Differentialgleichungen dritter Ordnung". *Math. Ann.* 23: 587–96.

— (1885a). „Neue Untersuchungen über elliptische Modulfunctionen der niedersten Stufen". *Sächsische Berichte* 37: 70–91 (am 2.3.1885). Reprint als „Neue Untersuchungen über elliptische Funktionen und Modulfunktionen. Erster Bericht", in Klein 1923 GMA 3: 255–73. https://archive.org/details/berichteberdiev32klasgoog/page/n491/mode/2up?view=theater&q=Klein

— (1885b). „Ueber die elliptischen Normalcurven der n^{ten} Ordnung und zugehörige Modulfunctionen der n^{ten} Stufe." *Abhandlungen der Kgl. Sächsischen Gesellschaft der Wissenschaften zu Leipzig, mathematisch-physische Classe* 22: 337–99 (datiert Düsseldorf, 10.4.1885). Leipzig: Hirzel 1887.
https://archive.org/details/abhandlungender20klasgoog/page/n359/mode/2up
Reprint: KLEIN 1923 GMA 3: 198–254.

— (1886a). „Neuere Untersuchungen im Gebiete der elliptischen Functionen". *Math. Ann.* 26: 455–64 (datiert 17.9.1885). Reprint als „Neue Untersuchungen über elliptische Funktionen und Modulfunktionen. Zweiter Bericht", in KLEIN 1923 GMA 3: 274–82.

— (1886b). „Ueber hyperelliptische Sigmafunctionen" (Erster Aufsatz). *Math. Ann.* 27: 431–64 (datiert 10.4.1886), Reprint: KLEIN 1923 GMA 3: 323–56.

— (1887). „Zur Theorie der hyperelliptischen Functionen beliebig vieler Argumente“. *Göttinger Nachrichten* 515–21.
https://archive.org/details/nachrichtenvond04gtgoog/page/514/mode/2up

— (1888). „Ueber hyperelliptische Sigmafunctionen“ (Zweiter Aufsatz). *Math. Ann.* 28: 431–64 (datiert 24.3.1888), Reprint: KLEIN 1923 GMA 3: 357–87.

— (1890). „Zur Theorie der Laméschen Functionen“. *Nachrichten von der Kgl. Gesellschaft der Wissenschaften und der Georg-Augusts-Universität zu Göttingen* (= *Göttinger Nachrichten*), Nr. 4 (Sitzung v. 1.3.1890), 85–95.
https://archive.org/details/nachrichtenvonde1890akaduoft/page/n95/mode/2up
Reprint unter dem Titel „Zur Theorie der allgemeinen Laméschen Functionen“ in Klein 1922 GMA Bd. 2: 540–49.

— (1891). „Ueber Normirung der linearen Differentialgleichungen zweiter Ordnung“. *Math. Ann.* 38: 144–52 (datiert 23.12.1890).

— (1894a). *Ueber* die hypergeometrische Function. Vorlesung, gehalten im Wintersemester 1893/94, ausgearbeitet von E. Ritter (Autographie). Göttingen. Neu ediert durch Otto Haupt, vgl. KLEIN/HAUPT 1933.
https://archive.org/details/ueberdiehyperge00rittgoog/page/n4/mode/2up

— (1894b). *Ueber lineare Differentialgleichungen zweiter Ordnung.* Vorlesung, gehalten im Sommersemester 1894, ausgearbeitet von E. Ritter (Autographie). Göttingen.
https://archive.org/details/ueberlineardiff00klei/page/n3/mode/2up

— (1895). „Autographirte Vorlesungshefte, II (Ueber lineare homogene gewöhnliche Differentialgleichungen der zweiten Ordnung, Sommer 1894)“. *Math. Ann.* 46: 77–90. Reprint in KLEIN 1922 GMA Bd. 2: 583–600.

— (1897a). „Autographirte Vorlesungshefte. III (Ausgewählte Kapitel der Zahlenlehre). *Math. Ann.* 48: 562–88; Reprint in Klein 1923 GMA Bd.3: 287–314.

— (1897b). „Ueber die zu einem algebraischen Gebilde gehörigen, auf dem Gebilde nirgends singulären linearen Differentialgleichungen der zweiten Ordnung“. *Jahresbericht der DMV* 4: 91–92.

— (Hg.) (1901). „Gauß’ wissenschaftliches Tagebuch 1796–1814. Mit Anmerkungen“. In: *Festschrift zur Feier des hundertfünfzigjährigen Bestehens der Kgl. Gesellschaft der Wissenschaften zu Göttingen* (Beiträge zur Gelehrtengeschichte Göttingens). Berlin: Weidmann’sche Buchhandlung. Reprint in *Math. Ann.* 57 (1903) 1–34.

— (1922). *Gesammelte Mathematische Abhandlungen* [GMA], Bd. 2: *Anschauliche Geometrie. Substitutionsgruppen und Gleichungstheorie. Zur mathematischen Physik.* Berlin: Julius Springer.

— (1923). *Gesammelte Mathematische Abhandlungen* [GMA], Bd. 3: *Elliptische Funktionen, insbesondere Modulfunktionen, Hyperelliptische und Abelsche Funktionen, Riemannsche Funktionentheorie und Automorphe Funktionen.* Hrsg. v. R. Fricke, H. Vermeil und E. Bessel-Hagen. Berlin: Julius Springer.

— (1926). *Vorlesungen über die Entwicklung der Mathematik im 19. Jahrhundert.* T.I. Für den Druck bearbeitet v. R. Courant u. O. Neugebauer. Berlin: Julius Springer. (Engl. 1979, Russ. 1937, [2]1989).

— (1927). *Vorlesungen über die Entwicklung der Mathematik im 19. Jahrhundert.* T.II: *Die Grundbegriffe der Invariantentheorie und ihr Eindringen in die mathematische Physik.* Für den Druck bearbeitet v. R. Courant u. St. Cohn-Vossen. Berlin: Julius Springer. (Russ. 2003)

KLEIN/FRICKE (1890/92). *Felix Klein, Vorlesungen über die Theorie der elliptischen Modulfunctionen*, ausgearbeitet und vervollständigt von Robert Fricke. Bd. 1: *Grundlegung der Theorie*, Bd. 2. *Fortbildung und Anwendung der Theorie*. Leipzig: B.G. Teubner.
https://archive.org/details/vorlesungenberd05kleigoog/page/n7/mode/2up?view=theater
https://archive.org/details/felixkleinvorles027695mbp
Engl. Übers. Arthur M. DuPre, *Lectures on the Theory of Elliptic Functions* (Classical Topics in Mathematics, 1-2). Beijing: Higher Education Press, 2017.

KLEIN/HAUPT (1933). *Felix Klein, Vorlesungen über die hypergeometrische Funktion.* Gehalten an der Universität Göttingen im Wintersemester 1893/94. Ausgearbeitet durch Ernst Ritter. Neu ediert durch Otto Haupt (Grundlehren der mathematischen Wissenschaften, 39). Berlin/Heidelberg: Springer.

KLINE, Morris (1972). *Mathematical Thought from Ancient to Modern Times*. New York: Oxford University Press.

KOENIGSBERGER, Leo (1919). *Mein Leben.* Heidelberg: Winter.

KOWALEWSKI, Gerhard (1925). „Die Identitätsbedingungen der natürlichen Geometrie". *Mathematische Zeitschrift* 23: 246–53.

KRONECKER, Leopold (1891). „Auszug aus einem Briefe von L. Kronecker an Herrn Prof. G. Cantor". *Jahresbericht der DMV* 1: 23–25.

KÜMMERLE, Harald (2022). *Die Institutionalisierung der Mathematik als Wissenschaft im Japan der Meiji und Taishō-Zeit (1868-1926)* (Acta Historica Leopoldina, 77). Stuttgart: Wissenschaftliche Verlagsgesellschaft.

LAMOTKE, Klaus (2009). *Riemannsche Flächen.* Berlin/Heidelberg: Springer.

MANGOLDT, Hans von (1885). „Über eine Darstellung elliptischer Modulfunctionen durch unendliche Producte (Vorläufige Mitteilung)". *Göttinger Nachrichten*: 313–19.

— (1886). „Über ein Verfahren zur Darstellung elliptischer Modulfunctionen durch unendliche Producte nebst einer Ausdehnung dieses Verfahrens auf allgemeinere Functionen (Ausführlichere Mitteilung)." *Göttinger Nachrichten,* No. 1 (3.2.1886, aus der Sitzung v. 5.12.1885, vorgelegt von H.A. Schwarz): 1–29.

MARKUSCHEWITSCH, A.I. (1957): „Die Arbeiten von Gauß über Funktionentheorie". In H. Reichardt (Hg.), *Gauß 1777–1855. Gedenkband anlässlich des 100. Todestages am 23. Februar 1955.* Leipzig: B.G. Teubner: 115–82.

MESCHKOWSKI, Herbert; NILSON, Winfried (Hg.) (^{2}1991). *Georg Cantor: Briefe.* Berlin: Springer.

NABONNAND, Philippe (éditeur) (2017). *La correspondence entre Henri Poincaré et les Mathématiciens.* Basel: Birkhäuser/Springer.

NEUMANN, Carl (^{2}1884). *Vorlesungen über Riemann's Theorie der Abel'schen Integrale.* Leipzig: B.G. Teubner.

NEVANLINNA, Rolf (1919). *Über beschränkte Funktionen, die in gegebenen Punkten vorgeschriebene Werte annehmen.* Akademische Abhandlung, Helsingsfors (= *Annales Academiae Scientiarum Fennicae. Series A*, 13: 1). (72 S.)

NOETHER, Max (1880). „Zur Theorie der Thetafunctionen von beliebig vielen Argumenten". *Math. Ann.* 16: 270–344.

— (1883). *Zur Grundlegung der Theorie der algebraischen Raumcurven* (Abhandlungen der Kgl. Akad. der Wissenschaften zu Berlin. Abhandlungen nicht zur Akademie gehöriger Gelehrter. Math. Abhandlungen 1), 1882 (1883) 1–120; Auszug vorab in *Crelle-Journal* 93 (1882) 271–318.

OSSERMAN, Robert (1999). "From Schwarz to Pick to Ahlfors and Beyond." *Notices of the American Mathematical Society* 46 (8): 868–73.

OSTWALD, Nicola; STEUDING, Jörn (2014). „Complex Continued Fractions – Early Work of the Brothers Adolf and Julius Hurwitz." *Archive for History of Exact Sciences* 68: 499–528.

PASCAL, Ernst (1900). *Repertorium der höheren Mathematik (Definitionen, Formeln, Theoreme, Literatur).* 1. Theil: *Die Analysis*. Leipzig: B.G. Teubner. Übers. aus d. Ital. Von Adolf Schepp, 638 S. (Original: Pascal, Ernesto (1898). *Repertorio di matematiche superiori (definisioni, formole, teoremi, cenni bibliografici)*. Milano).

PARSHALL, Karen Hunger; ROWE, David E. (1994). *The Emergence of the American Mathematical Research Community (1876–1900): J.J. Sylvester, Felix Klein, and E.H. Moore* (Series in the History of Mathematics, 8). Providence RI: AMS/LMS.

PETERSSON, H (1950). „Über Weierstraßpunkte und die expliziten Darstellungen der automorpen Formen von reeller Dimension." *Math. Zeitschrift* 52: 32–59;

PICK, Georg (1882). „Ueber die Integration hyperelliptischer Differentiale durch Logarithmen". *Sitzungsberichte der Kaiserlichen Akademie der Wissenschaften (Math.-Naturwiss. Classe) in Wien (=Wiener Berichte)* 85: 643–62.

— (1884a). „Notiz über ganzzahlige lineare Substitutionen". *Math. Ann.* 24: 588–89.

— (1884b). „Ueber gewisse durch Functionalgleichungen definirte Functionen". *Math. Ann.* 24: 590–92.

— (1885a). „Zur Theorie der complexen Multiplication der elliptischen Functionen". *Berichte über die Verhandlungen der Kgl. Sächsischen Gesellschaft der Wissenschaften zu Leipzig, Mathematisch-Physische Classe (=Sächsische Berichte)* 37: 15–24. https://archive.org/details/berichteberdiev32klasgoog/page/n435/mode/2up?view=theater

— (1885b). „Ueber die complexe Multiplication der elliptischen Functionen." *Math. Ann.* 25: 433–47 (datiert November 1884; ergänzende Fußnote Febr. 1885).

— (1885c). „Zur Lehre von den Modulargleichungen der elliptischen Functionen". *Wiener Berichte* 91: 138–49 (Sitzung vom 8. Januar 1885). https://www.zobodat.at/pdf/SBAWW_91_2_0138-0149.pdf

— (1885d). „Ueber mehrdeutige doppeltperiodische Functionen." *Wiener Berichte* 92: 893–99 (Sitzung, 16. Juli 1885).

— (1886a). „Ueber die complexe Multipication der elliptischen Functionen. II." *Math. Ann.* 26: 219–30 (datiert März 1885).

— (1886b). „Zur Theorie der an einer allgemeinen Curve dritter Ordnung hinerstreckten Integrale und der von ihnen abhängenden elliptischen Functionen". *Wiener Berichte* 94: 71–74 (Sitzung, am 4.6.1886).

— (1886c). „Zur Theorie der binomischen Integrale". *Wiener Berichte* 94: 372–77 (1.7.1886).

— (1886d). „Ueber die Abel'schen Integrale dritter Gattung, welche zu singularitätenfreien ebenen algebraischen Curven gehören". *Wiener Berichte* 94: 739–47.

— (1886e). „Ueber die zu einer singularitätenfreien ebenen algebraischen Curve gehörigen δ-Functionen". *Wiener Berichte* 94: 23 (Sitzung, 15.7.1886) (9 pp.), publiziert Oktober 1886.

— (1887a). „Ueber gewisse ganzzahlige lineare Substitutionen, welche sich nicht durch algebraische Congruenzen erklären lassen". *Math. Ann.* 28: 119–24 (datiert Juli 1886).

— (1887b). „Zur Theorie der elliptischen Functionen". *Math. Ann.* 28: 309–18 (datiert August 1886).

— (1887c). „Zur Theorie der Abel'schen Functionen". *Math. Ann.* 29: 259–71 (datiert Dezember 1886).

— (1888a). „Ueber die Reduction hyperelliptischer Differentiale in rationaler Form". *Math. Ann.* 32: 443–49 (ohne Datum).

— (1888b). „Ueber die Integration der Lamé'schen Differentialgleichung". *Wiener Berichte* 97 (19 S.) (vorgestellt in der Akademiesitzung am 14. Juli 1887).

— (1889). „Ueber Raumcurven vierter Ordnung erster Art und die zugehörigen elliptischen Functionen". *Wiener Berichte* 98: 536–63 (vorgelegt in der Sitzung am 14. März 1889). https://www.zobodat.at/pdf/SBAWW_98_2a_0536-0563.pdf

— (1891a). „Ueber eine Normalform gewisser Differentialgleichungen zweiter und dritter Ordnung". *Math. Ann.* 38: 139–43 (datiert November 1890).

— (1891b): „Ueber das System der covarianten Strahlencomplexe zweier Flächen zweiter Ordnung". *Wiener Berichte* 100: 561–73.

— (1891c). „Ueber die conforme Abbildung einer Halbebene auf ein unendlich benachbartes Kreisbogenpolygons". *Wiener Berichte* 100: 893–96.

— (1892a). „Zur Theorie der linearen Differentialgleichungen zweiter Ordnung". *Mittheilungen der deutschen mathematischen Gesellschaft in Prag* (Tempsky-Verlag).

— (1892b). „Ueber adjungirte lineare Differentialgleichungen". *Wiener Berichte* (Juni 1892).

— (1893). „Ueber das Formensystem eines Kreisbogenpolygons vom Geschlecht Null." *Math. Ann.* 42: 489–96 (datiert: October 1892).

— (1895). „Ueber invariante Processe auf binären Gebieten höheren Geschlechtes“. *Göttinger Nachrichten. Mathematisch-physikalische Klasse aus dem Jahre 1894*: 311–15 (vorgelegt von F. Klein in der Sitzung am 27. November 1894). https://gdz.sub.uni-goettingen.de/id/PPN252457811_1894?tify={%22pages%22:[331],%22view%22:%22info%22}

— (1898). „Zur Theorie der zu einem algebraischen Gebilde gehörigen Formen“. *Math.Ann.* 50: 381–97 (datiert: Juli 1897).

— (1899). „Geometrisches zur Zahlenlehre“. *Sitzungsberichte des Deutschen Naturwissenschaftlich-Medicinischen Vereines für Böhmen „Lotos“ in Prag* vol. 47: 311–19. https://archive.org/details/cbarchive_47270_geometrischeszurzahlenlehre-1906/page/n1/mode/2up

— (1900). „Karl Bobek“. *Monatshefte für Mathematik und Physik* 11: 97–101.

— (1906). „Natürliche Geometrie ebener Transformationsgruppen“. *Wiener Berichte* 115: 139–59.

— (1907a). „Über die zu einer ebenen algebraischen Kurve gehörigen transzendenten Formen und Differentialgleichungen“. *Monatshefte für Mathematik und Physik* 18: 219–34.

— (1907b). „Zur Theorie der hypergeometrischen Integrale am elliptischen Gebilde“. *Monatshefte für Mathematik und Physik* 18: 317–20.

— (1908). „Der Rang der Syvester’schen und der Bezout’schen Determinante“. *Rendiconti del Circolo Matematico di Palermo* 26: 360–62.

— (1909, ²1922). „Mathematischer Anhang“. In: Alfred WEBER (1909/²1922) 225–46.

— (1914a). „Zur Theorie der allgemeinen theta und sigma Funktionen“. *Sächsische Berichte* 66: 3–25.

— (1914b). „Theorie der konformen Abbildung kreisförmiger Bereiche“. *Rendiconti del Circolo Matematico di Palermo* 37: 4pp.

— (1915a). „Über eine Eigenschaft der konformen Abbildung kreisförmiger Bereiche“. *Math. Ann.* 77: 1–6 (datiert: 26. Februar 1915).

— (1915b). „Über die Beschränkungen analytischer Funktionen, welche durch vorgegebene Funktionswerte bewirkt werden“. *Math. Ann.* 77: 7–23 (datiert: 6. März 1915).

— (1918). „Über die Beschränkungen analytischer Funktionen durch vorgegebene Funktionswerte“. *Math. Ann.* 78: 270–75.

— (1936). „Über die Auflösung der Fredholmschen Integralgleichung erster Art“. *Monatshefte für Mathematik und Physik* 43: 29–43.

PICK, Georg; UNGAR, Max (1880). „Grundzüge einer Theorie von einer Classe Abel’scher Integrale“. *Wiener Berichte* 82, Bd. II: 893–930.

PLÜCKER, Julius (1868/1869). *Neue Geometrie des Raumes, gegründet auf die Betrachtung der geraden Linie als Raumelement.* Erste Abtheilung (1868, mit einem Vorwort von Alfred Clebsch). Zweite Abtheilung (1869, hg. von Felix Klein). Leipzig: B.G. Teubner. Publiziert als Ausgabe in einem Band, zweite Abt. nach S. 226 bis 374, plus Inhaltverzeichnis am Ende. https://archive.org/details/neuegeoraum00plucrich/page/n237/mode/2up

POGGENDORFF. *J.C. Poggendorff’s Biographisch-Literarisches Handwörterbuch zur Geschichte der exacten Wissenschaften.* Bd. 3 (1898); Bd. 4 (1904), Leipzig: Johann Ambrosius Barth; Bd. 5 (1926), Leipzig/Berlin: Verlag Chemie.

PRINGSHEIM, Alfred (1883). „Ueber gewisse Reihen, welche in getrennten Convergenzgebieten verschiedene, willkürliche vorgeschriebene Functionen darstellen.“ *Math. Ann.* 22: 109–16.

RAUSENBERGER, Otto (1884). *Lehrbuch der Theorie der periodischen Functionen: einer Variabeln mit einer endlichen Anzahl wesentlicher Discontinuitätspunkte, nebst einer Einleitung in die allgemeine Functionentheorie.* Leipzig: B.G. Teubner (476 S.).

REICH, Karin (1994). *Die Entwicklung des Tensorkalküls: Vom absoluten Differentialkalkül zur Relativitätstheorie* (Science Networks. Historical Studies, 11). Basel: Birkhäuser.

RICCI-CURBASTRO, Gregorio; LEVI-CIVITA, Tullio (1901). “Méthodes de Calcul différentiel absolu et leurs applications”. *Math. Ann.* 54: 125–201. („Berichtigungen hierzu“, ebd.: 608)

RIEMANN, Bernhard (2013). *Gesammelte Mathematische Werke und Wissenschaftlicher Nachlass.*, hrsg. v. R. Dedekind und H. Weber. Cambridge: University Press ([1]1876 Leipzig: B.G. Teubner).

ROSNER, Robert (2006). "Scientists and mathematicians in Czernowitz University". *Natural scientists in the Habsburg monarchy 1848-1918: Career paths and Mobility*. Chapter 14 / Symposium R-6: 394–400. http://www.2iceshs.cyfronet.pl/2ICESHS_Proceedings/Chapter_14/R-6_Rosner.pdf

ROWE, David E. (1986). „'Jewish mathematics' at Göttingen in the Era of Felix Klein." *Isis* 77: 422–49. – https://faculty.math.illinois.edu/~reznick/davidrowe.pdf

— (2007). „Klein, Hurwitz, and the ‚Jewish Question' in German Academia." *Mathematical Intelligencer* 29 (2): 18–30; reprinted in Rowe, D.E. (2018). *A Richer Picture of Mathematics: The Goettingen Tradition and Beyond*. Berlin: Springer, 171–182.

— ed. (2018). *Otto Blumenthal: Ausgewählte Briefe und Schriften I, 1897–1918*. Berlin: Springer Spektrum.

— ; FELSCH, Volkmar eds. (2019). *Otto Blumenthal: Ausgewählte Briefe und Schriften II, 1919–1944*. Berlin: Springer Spektrum.

RUNGE, Iris (1949). *Carl Runge und sein wissenschaftliches Werk*. Göttingen: Vandenhoeck & Ruprecht.

SCHARLAU, Winfried et al. (1990). *Mathematische Institute in Deutschland 1800 – 1945*. Unter Mitarbeit zahlreicher Fachgelehrter bearbeitet von W. Scharlau. Braunschweig/Wiesbaden: Fr. Vieweg & Sohn.

SCHERTZ, Reinhard (2010). *Complex Multiplication* (New Mathematical Monographs, 15). Cambridge University Press.

SCHOLZ, Albrecht; HOLUBAR, K.; BURG, Günter; BURGDORF, Walter H.C.; GOLLNICK H. (2009). *Geschichte der deutschsprachigen Dermotologie / History of German Language Dermatology*. Weinheim: Wiley-Blackwell, Wiley-VCH. (746 S.)

SCHOLZ, Erhard (1980). *Geschichte des Mannigfaltigkeitsbegriffs von Riemann bis Poincaré*. Basel: Birkhäuser.

SCHWARZ, Hermann Amandus (1890). *Gesammelte Mathematische Abhandlungen*. Zweiter Band. Berlin: Julius Springer.

SHAFAREVICH, Igor R. (1983). „Zum 150. Geburtstag von Alfred Clebsch". *Math. Ann.* 266: 135–40.

SIEGMUND-SCHULTZE, Reinhard (Hg.) (1988). *K. Weierstraß, Ausgewählte Kapitel aus der Funktionenlehre* (Teubner-Archiv zur Mathematik, 9). Leipzig: B.G. Teubner.

— (1993). *Mathematische Berichterstattung in Hitlerdeutschland. Der Niedergang des „Jahrbuchs über die Fortschritte der Mathematik"*. Göttingen: Vandenhoeck & Ruprecht.

— (2009). *Mathematicians Fleeing from Nazi Germany. Individual Fates and Global Impact*. Princeton and Oxford: Princeton University Press.

SONAR, Thomas (2011). *3000 Jahre Analysis. Geschichte, Kulturen, Menschen*. Heidelberg: Springer.

STRUTT, M.J.O. (1932). *Lamésche - Mathieusche - und Verwandte Funktionen in Physik und Technik* (Ergebnisse der Mathematik und ihrer Grenzgebiete, 3). Berlin: Julius Springer.

TOBIES, Renate (1994). „Mathematik als Bestandteil der Kultur – Zur Geschichte des Unternehmens ‚Encyklopädie der mathematischen Wissenschaften mit Einschluss ihrer Anwendungen'." *Mitteilungen der Österreichischen Gesellschaft für Wissenschaftsgeschichte* 14, 1–90.

— (2016). „Felix Klein und französische Mathematiker". In Th. Krohn/S. Schöneburg (Hg.), *Mathematik von einst für jetzt*. Hildesheim: Franzbecker, 103–32.

— (2019). *Felix Klein. Visionen für Mathematik, Anwendungen und Unterricht*. Berlin: Springer Spektrum.

— (2021). *Felix Klein. Visions for Mathematics, Applications, and Education* (Vita Mathematica, 20). Cham: Birkhäuser / Springer Nature.

— (2021a). „Felix Klein und Paul Koebe: *Durchführung eines im Grunde doch Kleinen Programms.*" In H. Fischer/T. Sauer/Y. Weiss, (Hg.), *Exkursionen in die Geschichte der Mathematik und ihres Unterrichts*. Münster: WTM-Verlag, 274–91.

— (2022). "Internationalism and Women Mathematicians at the University of Göttingen." In C.G. Jones/A.E. Martin/A. Wolf eds., *The Palgrave Handbook of Women and Science since 1660*. Cham: Springer Nature, 223–43.

— ; ROWE, David E. (1990). *Korrespondenz Felix Klein – Adolph Mayer. Auswahl aus den Jahren 1871 – 1907* (Teubner-Archiv zur Mathematik, 14). Leipzig: B.G. Teubner.

— ; VOLKERT, Klaus (1998). *Mathematik auf den Versammlungen der Gesellschaft deutscher Naturforscher und Ärzte 1843–1890* (Schriftenreihe zur Geschichte der Versammlungen Deutscher Naturforscher und Ärzte, 7). Stuttgart: Wissenschaftl. Verlagsgesellschaft mbH.

TOEPELL, Michael (Hg.) (1991). *Mitgliedergesamtverzeichnis der Deutschen Mathematiker-Vereinigung 1890 – 1990*. München. Universität.

TOLLMIEN, Cordula (2021). *Die Lebens- und Familiengeschichte der Mathematikerin Emmy Noether (1882-1935) in Einzelaspekten*. Bd. 1: *"Kann eine Frau Privatdozentin werden?" – die Umfrage des Preußischen Kultusministeriums zur Habilitation von Frauen 1907*. Bd. 2: *"Wir bitten nur um Dispens für den vorliegenden einzigartigen Fall" – die Habilitation Emmy Noethers*. Hamburg: tredition.

ULLRICH, Peter (Hg.) (1988). *Karl Weierstraß, Einleitung in die Theorie der analytischen Funktionen, Vorlesung Berlin 1878* (Dokumente zur Geschichte der Mathematik, 4). Wiesbaden: Springer.

— (2022). „Die Mathematik Wilhelm Wirtingers (1865-1945) – nicht nur ein Differentialkalkül für Funktionen komplexer Veränderlichen". In Ch. Binder (Hg.), *Längs- und Querschnitte / Vertical and horizontal cross sections* (XV. Österreichisches Symposium zur Geschichte der Mathematik), Institut für Analysis und Scientific Computing, TU Wien, 121–30.

VOLKERT, Klaus (2018). „Vater und Sohn". *Mathematische Semesterberichte* 65: 137–52.

VOSS, Aurel (1919). „Felix Klein als junger Doktor". *Die Naturwissenschaften* 7: 280–87.

VOSS, Waltraud (2008). „Die Schwestern Johanna und Gertrud Wiegandt promovieren in Mathematik: Einflußfaktoren auf ihre Karrieren". In R. Tobies (Hg.), *„Aller Männerkultur zum Trotz" Frauen in Mathematik, Naturwissenschaften und Technik*. Frankfurt/New York: Campus, 125–48.

— (2021). *Mathematiker als Rektoren der Technischen Hochschule Dresden. Höhere Lehrerbildung und Mathematische Gesellschaft im Wandel*. Bielefeld: transcript.

WEBER, Alfred (1909, ^{2}1922). *Ueber den Standort der Industrien. Erster Teil: Reine Theorie des Standorts. Mit einem mathematischen Anhang von Georg Pick*. Tübingen: Verlag von J.C.B. Mohr. – https://archive.org/details/ueberdenstandort00webeuoft/page/n3/mode/2up

WEBER, Heinrich (1886). „Ein Beitrag zu Poincaré's Theorie der Fuchs'schen Functionen". *Göttinger Nachrichten* 359–70.

— (1891). *Elliptische Functionen und algebraische Zahlen*. Academische Vorlesungen. Braunschweig: Vieweg. https://archive.org/details/ellipfuncundalg00weberich/page/n7/mode/2up

— (1895). *Lehrbuch der Algebra*. Erster Band. Braunschweig: Vieweg. https://archive.org/details/lehrbuchderalgeb01weberich/page/n15/mode/2up

— (1896). *Lehrbuch der Algebra*. Zweiter Band. Braunschweig: Vieweg. https://archive.org/details/lehrbuchderalgeb02weberich/page/n459/mode/2up

— (^{2}1908). *Lehrbuch der Algebra*. Dritter Band: *Elliptische Funktionen und algebraische Zahlen*. Braunschweig: Vieweg (1891 als selbständiges Buch erstmals erschienen). https://archive.org/details/lehrbuchderalgeb03webe_0/page/n15/mode/2up

WEIERSTRAß, KARL (1894). *Mathematische Werke*, Erster Band Abhandlungen I. Berlin: Mayer & Müller. – https://archive.org/details/mathematischewer01weieuoft/page/iii/mode/1up

— (1895) Zweiter Band *Abhandlungen II*. Berlin: Mayer & Müller. https://archive.org/details/mathematischewer02weieuoft/page/ii/mode/1up

— (1903) Dritter Band *Abhandlungen III*. Berlin: Mayer & Müller.

— (1902) Vierter Band *Vorlesungen über die Theorie der Abelschen Transcendenten*, bearbeitet von G. Hettner und J. Knoblauch.Berlin: Mayer & Müller.

— (1915) Band 5 *Vorlesungen über die Theorie der elliptischen Functionen*, bearbeitet von J. Knoblauch. Berlin: Mayer & Müller. https://archive.org/details/mathematischewer05weieuoft/page/vi/mode/2up

— (1915) Sechster Band *Vorlesungen über Anwendungen der elliptischen Functionen*, bearbeitet von Rudolf Rothe. Berlin: Mayer & Müller.

WEIERSTRAß/SCHWARZ 1885. *Formeln und Lehrsätze zum Gebrauche der elliptischen Functionen.* Nach Vorlesungen und Aufzeichnungen des Herrn K. Weierstraß bearbeitet und hrsg. von H.A. SCHWARZ. Göttingen: Dieterichsche Universitäts-Buchdruckerei W. Fr. Kästner, [2]1893. https://archive.org/details/formelnundlehr01weierich/page/n1/mode/2up

WENDLAND, Wolfgang L.; STEINBACH, Olaf (2005). *Analysis. Integral- und Differentialrechnung, gewöhnliche Differentialgleichungen, komplexe Funktionentheorie.* Vieweg & B.G. Teubner.

WEYL, Hermann ([3]1955). *Die Idee der Riemannschen Fläche.* Leipzig/Berlin: B.G. Teubner ([1]1913).

WILES, Andrew (1995). „Modular elliptic curves and Fermat's Last Theorem." *Annals of Mathematics* 141 (3): 443–551.

WIRTINGER (1919). „Klein und die Mathematik der letzten fünfzig Jahre." *Die Naturwissenschaften* 7, 287–88.

ZAGIER, Don (1990). „Elliptische Kurven: Fortschritte und Anwendungen." *Jahresbericht der DMV* 92: 58–76.

ZOLOTAREFF, G. (1872). „Sur la méthode d'integration de M. Tchébychef." *Math. Ann.* 5: 560–580.

ABBILDUNGSVERZEICHNIS

R. Tobies (Hrsg.), *Felix Klein und Georg Pick*,
https://doi.org/10.1007/978-3-662-67545-8

PERSONENVERZEICHNIS

R. Tobies (Hrsg.), *Felix Klein und Georg Pick*,
https://doi.org/10.1007/978-3-662-67545-8

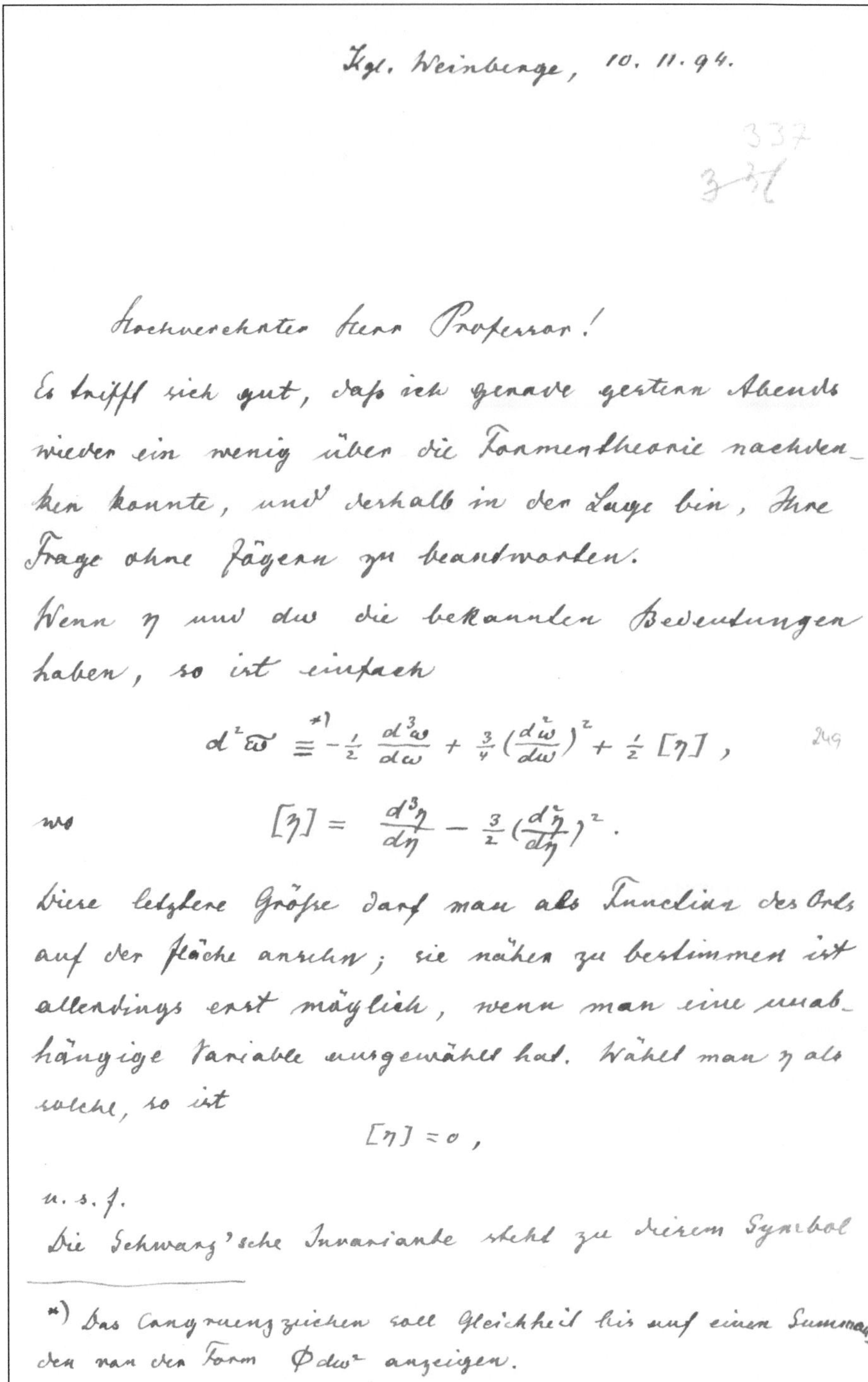

Kgl. Weinberge, 10. 11. 94.

Hochverehrter Herr Professor!

Es trifft sich gut, daß ich genau gestern Abends wieder ein wenig über die Formentheorie nachdenken konnte, und deshalb in der Lage bin, Ihre Frage ohne Zögern zu beantworten.

Wenn η und dw die bekannten Bedeutungen haben, so ist einfach

$$d^2\varpi \overset{*)}{\equiv} -\frac{1}{2}\frac{d^3\omega}{dw} + \frac{3}{4}\left(\frac{d^2\omega}{dw}\right)^2 + \frac{1}{2}[\eta],$$

wo

$$[\eta] = \frac{d^3\eta}{d\eta} - \frac{3}{2}\left(\frac{d^2\eta}{d\eta}\right)^2.$$

Diese letztere Größe darf man als Function des Orts auf der Fläche ansehen; sie näher zu bestimmen ist allerdings erst möglich, wenn man eine unabhängige Variable ausgewählt hat. Wählt man η als solche, so ist

$$[\eta] = 0,$$

u.s.f.

Die Schwarz'sche Invariante steht zu diesem Symbol

*) Das Congruenzzeichen soll Gleichheit bis auf einen Summanden von der Form Φdw^2 anzeigen.

Abb. 15. Erste Seite von Georg Picks Brief an Felix Klein, vom 10. November 1894

SACHREGISTER

R. Tobies (Hrsg.), *Felix Klein und Georg Pick*,
https://doi.org/10.1007/978-3-662-67545-8

ORTSREGISTER

R. Tobies (Hrsg.), *Felix Klein und Georg Pick*,
https://doi.org/10.1007/978-3-662-67545-8

MIX
Papier aus verantwortungsvollen Quellen
Paper from responsible sources
FSC® C105338

If you have any concerns about our products,
you can contact us on
ProductSafety@springernature.com

In case Publisher is established outside the EU,
the EU authorized representative is:
Springer Nature Customer Service Center GmbH
Europaplatz 3, 69115 Heidelberg, Germany

Printed by Libri Plureos GmbH
in Hamburg, Germany